BRAIN
SCIENCE

BRAIN SCIENCE
: 뇌를 어떻게 발달시킬까

초판 1쇄 인쇄일 | 2009년 1월 23일
초판 1쇄 발행일 | 2009년 1월 30일

지은이 | 정갑수
펴낸이 | 정갑수
펴낸곳 | 열린과학
편집인 | 정하선
디자인 | 디자인플랫
마케팅 | 김용구

출판등록 | 제300-2005-83호
주소 | 서울시 마포구 서교동 342-2번지 3층
전화 | 02) 876-5789
팩스 | 02) 876-5795
홈페이지 | www.openscience.co.kr

ISBN 978-89-92985-12-3 03400

BRAIN SCIENCE
: 뇌를 어떻게 발달시킬까 :

정갑수 지음

열린과학

머리말 --

　21세기는 흔히 생명의 시대 혹은 뇌의 시대라고 한다. 인체의 마지막 남은 미지의 영역인 동시에 가장 중요한 부위인 뇌에 대한 관심이 점점 높아지고 있다. 최근 기능성자기공명영상이나 양전자방출단층촬영 같은 최첨단 영상장치의 발달에 힘입어 우리는 복잡하고 미묘한 뇌의 활동을 부분적으로나마 이해할 수 있게 되었다. 또한 뇌과학, 진화심리학, 신경과학, 인지심리학의 연구 성과에 힘입어 뇌의 신비스런 비밀들이 점차 밝혀지고 있다.

　우리는 뇌에 대해 얼마나 알고 있을까? 이 책에는 수많은 과학자들의 창의적이고 새로운 연구 결과와 실험 사례들이 풍부하게 수록되어 있다.

　이 책은 모두 8장으로 구성되어 있다. 1장에서는 생명체의 역사에서 뇌가 어떻게 진화해 왔는지 살펴보았다. 생명을 유지하고 감정을 느끼고 의식을 창조하는 뇌의 구조와 기능을 이해하면 우리가 시간의 강물을 따라 얼마나 변덕스럽고 굴곡진 궤적을 그려왔는지를 알 수 있다. 그리고 진화론적 관점에서 인간의 뇌와 동물의 뇌, 남자의 뇌와 여자의 뇌가 어떻게 다른지 그 차이점을 비교함으로써 우리를 인간답게 만드는 것이 무엇인지 알아보았다.

2장에서는 뇌의 구조와 관련하여 각 부위의 기능들을 자세히 소개하였다. 생각하는 세포인 뉴런의 구조와 기능, 그리고 뇌와 우리 몸을 연결해주는 신경전달물질의 역할을 설명하였다. 또한 좌뇌와 우뇌의 차이점을 살펴보고 감정과 판단에 중요한 역할을 하는 거울 뉴런에 대해 상세하게 언급하였다.

3장에서는 기본적인 감정과 이들이 서로 뒤섞여 나타나는 복합적인 감정을 살펴보았다. 그리고 육체적인 느낌과 정신적인 감정이 어떻게 다른지 알아보고 웃음과 얼굴 표정에 따른 최근 연구 결과들을 소개하였다. 또한 감정과 관련하여 사랑과 섹스의 다양한 측면들을 살펴보았다.

4장에서는 의식이란 무엇인지, 그리고 자유의지는 정말 존재하는지 알아보았다. 또한 신경전달물질의 자극에 따른 각성과 긴장의 물결들이 우리 몸을 휩쓸고 지나갈 때 어떤 생각들을 하는지 살펴보았다. 언어에 따른 뇌의 발달, 자의식의 생성, 꿈의 기능, 무의식에 대해 자세히 소개하였다.

5장에서는 외부 세계와 뇌를 연결해주는 시각, 청각, 후각, 미각을 자세히 설명하였다. 그리고 제3의 뇌라고 불리는 피부와 손이 몸에서 어떤 기능을 하는지 알아보고 소리를 보거나 색깔을 듣기도 하는 공감각이 실제로 어떻게 나타나는지를 소개하였다. 또한 몸의 움직임과 외부 환경의 변화를 통해 뇌가 어떻게 시간의 흐름을 인식하는지 알아보았다.

6장에서는 뇌가 어떻게 정보를 전달하고 기억을 어디에 저장하는지 살펴보았다. 그리고 기억이 어떻게 재구성되는지를 살펴보고 기억과 다른 감각과의 연관성을 소개하였다. 가짜 기억이 진짜 기억을 어떻게 왜곡하는지 살펴보고 경험과 정보, 그리고 기억의 연관성을 통해 나이가 들수록 왜 시간이 빨리 가는 것처럼 느껴지는지 알아보았다.

7장에서는 뇌의 발달에 있어 유전이 큰 영향을 미치지만 외부 환경에 의해 신경세포들 사이의 끊임없는 결합을 통해 뇌의 유연성을 밝혀낸 연구 결과들을 소개하였다. 뇌의 발달은 궁극적으로 우리가 먹는 음식과 경험에 의존할 수밖에 없다. 영양학 측면에서 뇌를 건강하게 하고 노화를 방지할 수 있는 방법을 제시하고 과학적인 연구를 통해 기억을 잘 할 수 있는 방법들과 지능에 대한 잘못된 속설들을 살펴보았다.

　마지막으로 8장에서는 뇌를 효율적으로 활용하기 위해 알아두어야 할 사항들을 언급하였다. 또한 최근 연구 결과들이 알려주는 행복의 비밀을 해부하고 긍정적인 사고방식과 솔직한 감정표현이 우리 뇌에 어떠한 영향을 미치는지 살펴보았다.

　우리는 본질적으로 호기심과 상상력을 가진 타고난 탐험가다. 밤하늘에 반짝이는 별들로 이루어진 우주에서부터 바다 속 깊은 곳까지 그리고 눈에 보이지 않는 원자의 세계에 이르기까지 우리는 지식의 블랙홀을 탐험해왔다. 그럼에도 불구하고 우리가 살고 있는 이 세상을 이해하는 유일한 방법은 우리 자신을 이해하는 것이다. 우리가 생각하고 느끼고 행동하는 모든 것이 뇌에서 이루어지는 것처럼 뇌를 아는 것이야말로 진정으로 우리 자신을 알 수 있는 유일한 방법이다.

정갑수

Contents

Chapter 3
감정은 무엇을 느낄까 EMOTION

Chapter 4
마음은 어디에 있을까 MIND

Chapter 5
감각은 무엇을 인식할까 PERCEPTION

Chapter 6
기억은 어디에 저장될까 MEMORY

Chapter 7
뇌를 어떻게 발달시킬까 DEVELOPMENT

Chapter 8
뇌를 어떻게 활용할까 APPLICATION

뇌는 어떻게 진화했을까

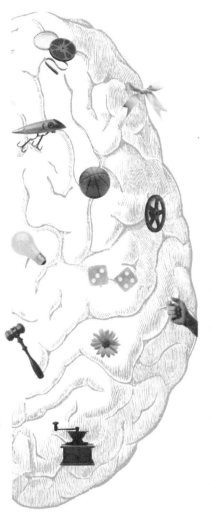

Evolution
뇌는 어떻게 진화했을까

Function
뇌는 어떻게 작동할까

Emotion
감정은 무엇을 느낄까

Mind
마음은 어디에 있을까

Perception
감각은 무엇을 인식할까

Memory
기억은 어디에 저장될까

Development
뇌를 어떻게 발달시킬까

Application
뇌를 어떻게 활용할까

유전자에 감춰진 비밀

모든 역사가 그러하듯 인간의 뇌는 예정된 수순에 따라 형성되지 않았다. 수많은 생물체들은 시간의 강물을 따라 변화하는 환경에 적응해왔다. 진화는 강물처럼 변덕스러운 궤적을 따라 발생, 전진, 후퇴, 우회를 거듭하면서 강 언덕에 굴곡의 역사를 그려왔다. 우리는 생물체의 적응이 점진적이고 발전적이라는 개념을 좋아한다. 하지만 미국자연사박물관의 큐레이터 닐스 엘드리지와 하버드대학의 고생물학자 스티븐 제이 굴드는 화석의 증거를 통해 진화의 과정이 지속적인 변화가 아니라 폭발적이고 단속적인 변형의 시기들로 점철되어 있다고 주장했다. 환경이 빠르게 변하거나 환경에 유리한 돌연변이가 발생할 때는 변형된 생물체들이 폭발적으로 생성될 수 있다는 것이다.

생명이란 무엇인가를 정의하기는 어렵지만, 두 가지 공통점을 가지고 있다. 하나는 자기복제 능력이고 또 다른 하나는 환경으로부터 질서를 유지하는 능력이다. 생명을 구성하는 주된 요소는 화학적으로 암호화된 정보다. 그런데 모든 생물의 98퍼센트는 수소, 탄소, 산소의 세 가지 원소로 이루어져 있다. 생명의 신비는 세 가지 원소를 정교하게 배합하여 탄수화물, 지방, 단백질, 핵산이라는 기본적인 물질을 만들었다는 점에 있다. 그리고 비타민과 무기질은 이들 물질이 제대로 기능을 할 수 있도록 도와주는 윤활유 역할을 한다. 그중에서 단백질은 세포를 이루는 주성분인 동시에 다양한 기능을 수행하기 때문에 생명 현상에서 가장 핵심적인 역할을 하고 있다. 유전자 정보를 구성하고 모든 세포의 활동을 조절하는 핵산은 세포의 핵 속에 있는 산성 물질을 말하는데, DNA와 RNA의 두 가지 종류가 있다.

DNA는 유전자 정보를 복제 또는 교배하는, 생물학자들이 '유전형'이라고 부르는 것들을 만들어낸다. 한편 단백질은 생명체의 화학반응, 호흡, 대사, 행동처럼 '표현형'이라고 부르는 것들을 만들어낸다. 그렇다면 둘 중 어느 것이 더 중요할까? DNA는 화학반응을 일으킬 수 없고 단백질은 스스로를 복제할 수 없기 때문에 이 문제는 "닭과 달걀 중에 어느 것이 먼저인가?"라는 물음과 같다.

생명의 기원에서 또 다른 중요한 역할을 하는 요소로 RNA를 꼽을 수 있다. 이것은 주로 DNA 정보를 단백질로 해독하는 징검다리 역할을 한다. 생물체를 구성하고 본래의 기능을 갖는 유전정보의 집합체를 게놈이라고 부르는데, 이는 유전자gene와 염색체chromosome의 두 단어를 합성해서 만든 용어다.

원래 유전자는 가상의 실체였다. 1800년대 중반 오스트리아의 수도사 그레고르 멘델이 완두콩의 교배실험을 통해 꽃 색깔과 같은 단순한 특징이 어떻게 한 세대에서 다음 세대로 전해지는지 설명하기 위해 제안한 개념이었다. 유전자란 염색체에서 단백질을 합성하도록 만드는 유전정보의 단위를 말한다. 세포 안에 유전정보를 담고 있는 염색체는 세포핵 안에 쌍으로 존재하는 리본 같은 구조물로 디오시리보핵산 DNA이라는 긴 분자 사슬로 이루어져 있다. 모든 종은 고유의 염색체를 가지고 있는데, 우리는 부모로부터 각각 23개씩 물려받아 46개의 긴 끈을 갖고 있다.

1953년 프랜시스 크릭과 제임스 왓슨은 DNA의 분자구조를 해명함으로써 유전자 가설을 실질적인 이론으로 바꿔 놓았다. DNA는 리본처럼 비틀린 사다리 모양의 이중나선 구조를 가지고 있다. 사다리의 양쪽 기둥은 당과 인산으로 만들어져 있는데, 이들 사이에 질소를 함유한 4개의 기본적인 염기인 아데닌A, 티민T, 시토신C, 구아닌G이 서로 쌍을 이루며 결합하고 있다.

포유동물의 DNA는 약 30억 개의 염기쌍으로 이루어져 있다. 이들은 약 8만 개의 서로 다른 유전자로 구성되어 있으며, 하나의 유전자에는 수만 개의 염기쌍이 들어 있다. 세포가 성장 과정에서 분열할 때 아데닌은 티민과, 시토신은 구아닌과 짝을 이뤄 새로운 DNA를 만들어 낸다. 원래는 이중나선이 한 개인데, 똑같은 모양의 이중나선이 두 개가 되고 두 개는 곧 네 개가 되는 과정이 계속 반복되면서 생명체의 유전정보가 후세로 전달되는 것이다.

생명을 유지하는 파충류의 뇌

인간의 두뇌 발달은 계획적이고 치밀하게 완성된 것이 아니라 단지 우연의 산물이다. 신경해부학자인 폴 매클린에 의하면 인간의 뇌는 진화의 시점에 따라 세 개의 뇌로 구성되어 있으며, 각각의 뇌는 진화의 역사에서 서로 다른 시대에 만들어진 것이라고 한다. 세 개의 뇌는 서로 긴밀하게 연결되어 있지만, 어떤 정보는 전달 과정에서 불가피하게 없어지기도 한다. 각각의 뇌가 가지고 있는 기능과 성질, 화학 작용이 서로 다르기 때문이다.

최초의 뇌는 물속에 사는 물고기가 몸체의 각 부분을 신경으로 연결하기 위해 하나의 관을 만들면서 시작되었다. 원시적인 뇌는 척추 끝의 돌출부위에 지나지 않았지만, 신경세포들이 역할을 분담하면서 독립적인 기능이 만들어졌다. 예를 들어 빛에 민감한 부분은 눈이 되고 소리에 반응하는 곳은 귀가 되는 방식이었다. 이러한 기능들이 운동을 지배하는 소뇌와 연결되면서 기계적이고 의식이 없는 뇌간이 되었다.

최초로 만들어진 파충류의 뇌는 식물의 둥근 뿌리처럼 생겼으며, 중추신경계를 이루고 있는 부분이다. 이곳에는 생명을 조절하는 중앙 통제실이 있다. 파충류의 뇌는 살아 있는 동안 심장박동을 유지하고 폐를 확장, 수축시키며, 혈액 속의 염분과 물의 균형을 조절한다. 생존에 필요한 생리 기능을 담당하는 파충류의 뇌는 '뇌사 상태'에 빠진 사람에게도 여전히 작용한다. 파충류의 뇌는 감정이 없으며 공격과 구애, 짝짓기와 세력 다툼 같은 기본적인 본능만을 허락한다.

감정을 느끼는 포유류의 뇌

19세기 후반 외과의사이자 신경해부학자인 폴 브로카는 대뇌 표면의 주름 사이에서 포유동물에게 공통적으로 발견되는 뇌를 발견했다. 인류의 두번째 뇌인 대뇌변연계는 첫번째 뇌를 부드럽게 둘러싸고 있다. 보통 생물책에서는 신체 구조를 기준으로 포유류와 파충류의 차이를 설명하고 있다. 예를 들어 파충류에는 비늘이 덮여 있고, 포유류에는 털이 자란다. 파충류는 햇빛을 이용하여 체온을 조절하지만, 포유류는 스스로 체온을 조절한다. 포유류는 알이 아니라 새끼를 낳는다. 하지만 이러한 이분법적인 분류는 뇌의 구조와 기능에 대해 오해를 불러올 수 있다.

포유류가 파충류의 계통에서 갈라져 나올 때 그들의 두개골에는 새로운 신경구조가 생성되었다. 새로운 부속품은 번식 방법뿐 아니라 양육에 대한 태도까지도 바꾸어 놓았다. 파충류는 알을 낳고 어디론가 사라지며, 자식에 대해서는 무관심으로 반응한다. 반면 포유류는 파충류와 달리 살아 있는 새끼를 낳고, 그 새끼가 성숙할 때까지 젖을 먹이고 보호한다.

대뇌변연계를 가진 포유동물은 부모와 자식 사이에 음성으로 교신한다. 새끼 고양이나 강아지를 어미와 떼어놓으면 새끼들은 끊임없이 울어댄다. 하지만 파충류인 새끼 도마뱀은 부모로부터 격리되어도 얌전하기만 하다. 그들 사이에는 목숨을 부지하기 위한 침묵으로 연결되어 있을 뿐이다.

뇌의 기본을 이루는 뇌간은 파충류의 뇌와 거의 변함이 없지만, 대뇌변연계라고 부르는 또 다른 기능이 추가되었다. 대뇌변연계는 시각,

청각, 후각을 종합적으로 제어하는 시상, 원시적인 기억 시스템인 편도체와 해마, 외부로부터의 자극에 민감하게 반응하는 시상하부 등으로 이루어져 있다. 대뇌변연계를 통해 감정은 생성되었지만 의식은 아직 나타나지 않았다.

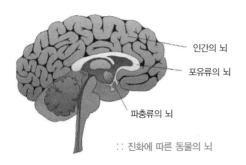

인간의 뇌
포유류의 뇌
파충류의 뇌

:: 진화에 따른 동물의 뇌

의식을 창조하는 인간의 뇌

포유류로 진화하는 동물 가운데 감각 기관에 의해 자극을 받은 얇은 세포들이 형성되면서 많은 신경들이 연결되었다. 인간으로 진화한 포유동물은 이 부위가 상당히 커졌기 때문에 소뇌가 뒤쪽으로 밀려나 버렸다. 이 영역을 신피질 또는 대뇌피질이라고 부르며, 오늘날 우리가 말하는 의식의 근원이 되었다.

신피질은 새로움을 뜻하는 그리스어의 '네오neo'와 껍질을 뜻하는 라틴어 '코텍스cortex'가 결합된 이름이다. 신피질은 뇌간과 대뇌변연계보다 훨씬 큰데, 이처럼 크기가 증가한 것은 진화의 흐름을 잘 보여주고 있다. 원숭이의 신피질은 개나 고양이보다 크고, 인간의 신피질은 원숭이보다 크다. 인간의 신피질은 대칭을 이루는 두 개의 반구로 되어 있으며, 각각의 반구는 두꺼운 냅킨만한 크기로 수많은 주름이 접혀 있다. 신피질을 펼치면 신문지 한 장 정도의 크기가 된다. 인식이라고 알려진 감각적 경험과 의지라고 알려진 의식적 마음은 모두 신피질에서 비롯된다.

신피질이 외부의 경험을 새롭게 편성하는 과정에서 때로는 놀라운 의식의 분열이 발생하기도 한다. 자신의 아내를 모자로 착각하는 남자와 자신의 다리를 무서운 유령으로 착각하는 남자, 좌우 대칭의 개념을 상실한 여자 등, 이 모든 예들이 신피질의 처리 과정에서 문제가 생기는 경우이다.

신피질에서 비롯되는 또 다른 능력은 추상화의 기술이다. 상징적 표현, 전략, 계획, 문제 해결 등을 요구하는 모든 작업은 신피질에서 처리된다. 그중 언어야말로 인간이 발명한 가장 위대하고 유용한 추상화 능력이다. 복잡한 개념을 단순하게 표시해서 자신의 의도를 전달하는 상징화 능력은 말재주를 부리기 위해서가 아니라 생존을 위해 존재했다. 이런 의미에서 우리는 상상과 추상을 통해 정신적으로 미래를 볼수 있게 되었다.

인간은 모든 생물 중에서 신피질의 부피가 가장 크다. 많은 사람들이 진화를 진보하는 일련의 연속적인 과정이라고 생각한다. 하지만 진화를 피라미드와 같은 수직적 개념으로 받아들이는 것은 잘못된 생각이다. 생물종의 형태와 다양성은 끊임없이 변하고 있지만, 특정한 계통이 지향하는 정점 같은 것은 존재하지 않는다. 우리는 자신을 진화의 최종 결과라고 생각할 수 있지만, 그것은 최고라는 의미로서가 아니라 지금 존재하고 있다는 의미로 받아들여야 한다. 신피질은 가장 진화된 뇌가 아니라 단지 가장 최근에 만들어진 뇌일 뿐이다.

오스트랄로피테쿠스 아프리카누스라는 유인원의 뇌는 3억 년 전에 현생 인류의 뇌와 같은 형태를 갖고 있었지만, 그 크기는 3분의 1에 지나지 않았다. 150만 년 전, 인간의 뇌가 폭발적으로 커지면서 두개골이 밖으로 돌출되었고, 높고 평평한 이마에 반구형의 머리를 가지게 되었다. 원시인에서 현생 인류로 진화한 최대의 결정적인 요인은 언어를 가졌다는 점이다. 이로 인해 우리 조상들은 많은 생각을 할 수 있게 되었고 그에 따라 새로운 뇌 조직이 필요해졌다. 전두엽은 처음보다 1.4배나 커져 대뇌피질의 대부분을 차지하게 되었다. 특히 전전두엽이라고 하는 곳이 커지면서 이마 앞으로 튀어나와 현재의 두개골 형태가 완성되었다.

초기 인류 조상인 호모 사피엔스가 타임머신을 타고 우리가 살고 있는 시대로 온다면, 그는 우리보다 힘이 세고 감각이 뛰어나서 모든 분야에서 현대인들을 앞지를 것이다. 석기 시대에는 힘센 육식 동물을 잡아먹거나 혹은 잡아먹히지 않기 위해 인체의 모든 근육들이 골고루 발달했을 것이다. 만약 그러한 인간 조상이 올림픽에 참가한다면 모든 종목을 석권할 것은 자명한 사실이다.

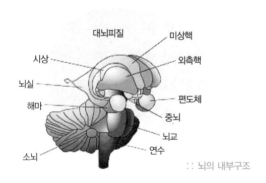

:: 뇌의 내부구조

사람의 뇌와 동물의 뇌는 어떻게 다를까

모든 생명체를 분류하고자 했던 칼 폰 린네는 신과 닮은 존재였던 인간을 '호모 사피엔스homo sapiens'라는 이름의 영장류로 격하시켜 수많은 동물 중의 하나로 추락시켰다. 덕분에 린네는 당시 종교계로부터 고소를 당하기도 했지만, 인간의 지위를 실추시킨 덕분에 과학자들은 인간과 동물이 어떻게 다른지 고민하기 시작했다.

영장류는 크게 원숭이와 유인원으로 분류된다. 원숭이는 아시아, 아프리카 등의 구대륙 원숭이와 콧구멍이 양쪽으로 벌어진 신대륙 원숭이로 나누어진다. 원숭이에 비해 꼬리가 없는 유인원에는 침팬지, 보노보, 고릴라, 오랑우탄, 그리고 인간이 있다. 그렇다면 침팬지와 고릴라 중에서 어느 쪽이 인간에 더 가까울까? 과학적인 분류에 의하면 인간은 침팬지에 더 가깝다. 인류 문명 간의 불평등을 다룬 『총, 균, 쇠』의 저자인 진화생물학자 제레드 다이아몬드는 '인간을 제3의 침팬지'라고 비유했을 정도로 인간과 침팬지는 유전적으로 매우 비슷하다.

우리와 가장 가까운 침팬지와 보노보의 DNA는 인간과 단지 1.6퍼센트의 차이를 보일 뿐이다. 그 다음은 고릴라로 인간의 DNA와 2.3퍼센트의 차이를 보인다. 우리 조상들은 600만 년 전에 침팬지, 보노보의 조상들과 갈라져 진화했으며, 고릴라의 조상과는 900만 년 전에, 오랑우탄의 조상과는 1,400만 년 전에 갈라진 것으로 추정된다.

영국의 인류학자 루이스 리키는 1960년대 아프리카 탄자니아에서 돌로 만들어진 도구 근처에서 인류 화석을 발견했다. 그는 인간을 인간답게 만드는 것은 도구라고 생각하여 이 화석에 도구를 사용하는 인간이라는 의미로 '호모 하빌리스homo habilis'라고 이름 붙였다. 하지만 리키의 권유로 침팬지를 연구하던 제인 구달은 침팬지도 도구를 사용할 줄 안다며 이에 반박했다. 그 후 인간의 고유한 특성으로 직립보행, 문화, 언어, 유머, 큰 뇌 등이 거론되었다. 하지만 동물의 세계에서도 이와 유사한 성질들이 밝혀졌다. 침팬지는 초보적인 문화를 형성하고, 앵무새는 말을 할 줄 알고, 일부 쥐는 신나는 일이 있으면 낄낄대며 웃는 것처럼 보인다.

독일 막스플랑크 연구소의 파보는 언어 유전자가 인간에게만 있다는 연구 논문을 발표했다. 물론 침팬지와 고릴라도 다수의 언어를 갖고 그들끼리 정보를 교환한다는 것은 잘 알려진 사실이다. 하지만 영장류의 언어중추는 본능과 관련된 대뇌변연계에 위치한 반면, 인간의

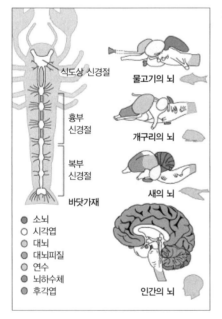

:: 다양한 척추동물의 뇌

식도상 신경절

물고기의 뇌

흉부
신경절

개구리의 뇌

복부
신경절

새의 뇌

바닷가재

● 소뇌
○ 시각엽
● 대뇌
● 대뇌피질
● 연수
● 뇌하수체
● 후각엽

인간의 뇌

언어중추는 사고를 주관하는 대뇌피질에 위치한다. 인간의 언어중추가 안쪽의 '느끼는 뇌'에서 앞쪽의 '생각하는 뇌'로 옮겨진 것이 다른 영장류와 엄청난 차이를 만드는 계기가 되었다.

인간을 인간답게 만드는 것은 무엇일까? 지렁이 같은 무척추동물은 뇌가 따로 있는 것이 아니라 몸 여기저기에 분산된 신경조직을 가지고 있다. 시간이 지남에 따라 물고기 같은 척추동물로 진화하면서 신경조직의 일부는 머리 쪽에 집중되었다. 동물이 움직일 때는 제일 앞부분이 가장 먼저 자극을 받게 된다. 따라서 머리 쪽에 감각세포가 모이고 그와 관련된 신경세포가 형성되면서 뇌가 만들어지게 되었다. 어류, 양서류, 파충류, 포유류와 같은 척추동물의 뇌는 대뇌, 간뇌, 중뇌, 후뇌로 나뉘어져 있으며 연수와 척수에서 끝난다. 외관상 하등동물일수록 뇌가 가늘고 길며, 냄새를 담당하는 후각 부분이 발달되어 있다. 예를 들어 물고기는 대뇌의 대부분이 후각으로 되어 있으며, 새는 대뇌에서 시각이 발달되어 있다.

309종의 포유류 가운데 인간의 몸은 서른 번째로 무거우며, 뇌는 아홉 번째로 무겁다. 어류, 양서류, 파충류의 뇌와 인간의 뇌를 비교할 때 가장 큰 차이점은 몸에 대한 뇌의 크기와 대뇌의 발달을 들 수 있다. 어류, 양서류, 파충류의 뇌의 크기는 몸무게에 비해 150분의 1 정도밖에 안되지만, 인간의 뇌는 약 50분의 1 정도로 가장 크다. 고등 동물일수록 대뇌가 커지고 대뇌피질의 주름도 커진다. 예를 들어 뱀장어의 대뇌피질은 평평하고 고양이는 울퉁불퉁한 반면, 인간의 뇌는 주름투성이다. 인간의 뇌를 꺼내어 주름을 펼쳐보면 신문지 한 장 정도의 넓이가 된다. 그렇다면 주름이 많을수록 머리가 좋을까? 돌고래는 동물 중에서 가장 주름이 많지만, 인간보다 영리하지는 않다. 진화 과정에서 대뇌피질이 크기와 주름을 늘려온 것은 사실이지만, 주름이 많다고 지능이 높다고 말할 수는 없다. 하지만 뉴런 사이의 연결과 정교한 네트워크는 지능과 직접적으로 연관되어 있다.

인류의 진화 과정에서 인간은 동물과는 다른 유전정보를 가지면서 진화했다. 유전자와 염색체의 두 단어를 합성해 만든 게놈은 한 생물의 유전정보뿐 아니라 그 생물의 조상들이 지나온 역사의 흔적을 담고 있다. 과학자들은 1995년 이후 지금까지 180여 가지 이상의 생명체에 대한 게놈을 해독했다. 대부분 박테리아와 바이러스 종류이지만, 침팬지, 고릴라, 쥐, 개, 고양이 등 여러 포유류들에 대한 게놈이 해독되었다. 인간의 게놈은 2003년에 완전히 해독되었다.

침팬지는 600만 년 전 인류의 공통 조상으로부터 갈라져 각자 다른 진화의 강물을 따라 흘러왔다. 침팬지의 게놈은 2005년 공개되었는데, 인간 이외의 영장류로는 첫 번째였다. 연구에 따르면 인간과 침팬지의 DNA 염기서열은 약 98퍼센트 동일하다는 사실이 밝혀졌다. 하지만 유전정보가 들어있지 않은 정크 DNA를 제외하고 유전자로 기능하는 DNA만 따지면 고작 1.23퍼센트밖에 차이가 나지 않는다. 뿐만 아니라 이렇게 비슷한 유전자로 만들어진 단백질 역시 서로 비슷한 것으로 나타났으며, 29퍼센트의 단백질은 완전히 똑같았다. 앞으로 침팬지의 게놈 분석을 통해 인간의 진화과정을 추리해낼 단서를 얻을 수 있을 것으로 보인다. 특히 인간은 알츠하이머병이나 에이즈에 걸리는데, 침팬지는 왜 그렇지 않은지에 대해서도 설명이 될 수 있을 것으로 보인다.

한편 2006년에는 현생 인류의 사촌격인 네안데르탈인의 DNA가 해독되었다. 네안데르탈인의 화석은 독일 네안데르 계곡에서 처음 발견되었는데, 35만 년 전 유럽과 아시아에서 살다가 3만 년 전에 갑자기 사라졌다. 미국과 독일의 공동연구팀이 네안데르탈인 화석의 DNA를 분석한 결과, 현재 인류와 네안데르탈인의 게놈이 99.5퍼센트가 동일하다는 사실이 밝혀졌다. 둘 사이의 게놈은 상당히 비슷하지만 0.5퍼센트의 게놈 차이로 인해 인류는 진화에서 살아남았고 네안데르탈인은 멸종했다. 하지만 침팬지나 네안데르탈인의 게놈만으로 인간을 설명할 수는 없다. 생명체의 나뭇가지에서 오랜 옛날부터 수많은 생명들이 명멸하면서 인류의 진화과정에 많은 영향을 미쳤기 때문이다.

인간과 동물의 유전자 지도는 얼마나 차이가 날까? 연구에 의하면 침팬지 외 다른 유인원의 경우, 95~98퍼센트의 유전자가 동일하다. 쥐나 다람쥐 같은 설치류 동물의 경우 88퍼센트가 동일하고 닭은 75퍼센트가 같다. 하지만 유전자가 비슷하다는 것은 인간이 왜 그렇게 특별한지를 설명해주지 못한다. 그래서 과학자들은 인간의 유전자와 다른 동물의 유전자를 구체적으로 비교함으로써 그 해답을 얻으려고 한다. 예를 들어 인간이 큰 두뇌를 갖도록 하는 유전자를 알아내어 다른 동물들과 비교하는 것이다. 미국 시카고대학의 브루스 란 교수는 뇌 기능과 관련된 유전자의 진화 역사를 조사했다. 이를 통해 영장류는 다른 포유류보다 뇌 관련 유전자가 빠르게 진화했으며, 특히 인류의 진화과정에서 가장 빠르게 진화했다는 것을 알아냈다. 인간을 동물과 달리 특별하게 만든 최초 원인이 직립보행이든 언어든지 간에 그 중심에는 인간의 뇌가 자리잡고 있다.

남자의 뇌와 여자의 뇌는 어떻게 다를까

남자와 여자의 유전자 코드는 99퍼센트가 같다. 3만 개에 달하는 인간 게놈의 유전자에서 남녀 양성의 차이는 단 1퍼센트에 불과하다. 그런데 바로 그 1퍼센트가 신경세포에 영향을 끼쳐 남자와 여자의 결정적 차이를 만들어낸다. 최근에 유전학과 영상기술이 발전함에 따라 신경과학과 뇌과학 분야는 인간에 대한 인식을 근본적으로 바꿔놓았다. 예를 들어 기능성자기공명영상fMRI이나 양전자방출단층촬영PET 같은 영상기술은 인간의 뇌를 실시간으로 들여다볼 수 있게 해줌으로써 남자 뇌와 여자 뇌가 구조적, 기능적으로 차이가 있다는 것을 보여주었다.

연구에 의하면 남자와 여자는 똑같은 감정을 경험할 때조차 뇌의 서로 다른 부위를 사용한다. 여자들은 아주 사소한 일들까지 기억하는 반면, 남자들은 그런 일이 있었는지조차 잘 모른다. 그에 대한 답은 서로 다른 뇌구조와 호르몬에 의한 화학작용 속에 감춰져 있다.

남녀의 행동이나 성격에 차이가 있다면 뇌 구조나 기능에서도 차이가 있을까? 가장 쉽게 비교할 수 있는 것은 뇌의 크기다. 여자의 뇌는 남자의 뇌보다 작기 때문에 한때는 여자의 능력이 남자보다 떨어진다는 남성 우월주의를 뒷받침하는 근거로 이용되기도 했다. 하지만 뇌의 크기와 지능은 아무런 연관이 없는 것으로 밝혀졌다. 심지어 뇌의 생김새와 크기를 비교해 사람의 성격이나 특성을 연구했던 프랑스의 골상학자 프란시스 갈 자신도 당시의 평균적인 남자들에 비해 200그램이나 더 작은 뇌의 소유자였다.

미국 하버드 의대의 질 골드스타인 교수는 자기공명영상장치MRI를 이용해 건강한 남녀를 대상으로 45군데의 뇌 부위를 측정해 크기를 비교했다. 그 결과 의사결정과 문제해결을 담당하는 대뇌의 전두엽은 여자가 남자보다 컸다. 또한 감정을 조절하는 변연계도 여자가 남자보다 큰 것으로 나타났다. 단기기억과 공간기억을 담당하는 해마도 여자가 더 큰 것으로 나타났다. 반면 대뇌피질의 두정엽과 편도체는 남자가 여자보다 컸다. 두정엽은 감각기관으로부터 전달되는 정보를 처리하고 공간을 인식하는 부위인 반면 편도체는 감정을 비롯한 사회적, 성적 행동을 조절한다. 이렇게 남녀 간에 뇌의 크기가 다르다는 사실은 기능적으로도 다르다는 것을 보여준다.

일반적으로 남자의 뇌는 여자의 뇌보다 약 100그램 정도 더 무겁고 신경세포의 수도 더 많다. 인간의 뇌는 동일한 기능을 담당하는 뇌세포로 이루어진 것이 아니라 뇌를 구성하는 세부 영역에 따라 신경세포의 종류도 다르고 연결방식이나 기능도 다르다. 따라서 뇌의 크기를 비교하는 것은 아무런 의미가 없다. 그럼에도 불구하고 뇌의 세부 영역에 따라 남녀의 뇌에는 약간의 차이가 있다. 예를 들어 뇌 전체의 크기는 남자가 더 크지만 대뇌피질에서 회백질의 양은 여자가 더 많고, 대뇌에서 신경세포들 간의 연결 회로가 모여 있는 백질의 양은 남자가 더 많다. 남자는 신경세포의 수가 더 많지만 뉴런 하나하나의 크기는 여자가 더 크고 뉴런 간의 연결구조인 시냅스와 수상돌기도 여자가 더 많다. 또한 언어 기능에 중요한 측두엽과 계획, 판단, 사고 기능에 중요한 역할을 하는 전전두엽의 신경세포 수는 여자가 더 많다.

미국 캘리포니아 주립대학의 뇌과학자 래리 카힐 교수는 여자와 남자에게 기분을 우울하게 만드는 감정적인 내용의 영상을 보여주었다.

그들에게 본 것을 회상하도록 한 다음, 자기공명영상장치로 여자와 남자의 뇌를 촬영했다. 그동안 잘 알려진 것처럼 남녀 모두에게 편도체가 활발하게 작용했다. 그런데 흥미롭게도 남자는 편도체 오른쪽 부위가 활발하게 작용한 반면, 여자의 경우에는 편도체 왼쪽 부위를 주로 사용하는 차이가 밝혀졌다. 또한 남자와 여자는 같은 영상을 보았음에도 불구하고 회상하는데 차이를 보였다. 남자는 요점을 얘기하는 반면, 여자는 구체적인 부분에 관심을 나타냈다. 이것은 여자와 남자의 뇌가 동일한 감정적인 사건에 대해 서로 다른 방식으로 정보를 처리한다는 것을 보여준다.

일반적으로 여자가 남자보다 통증에 대한 고통을 호소하는 경향이 있다. 실제로 만성 통증으로 병원을 찾는 여자가 남자보다 많다. 왜 여자는 남자보다 통증에 예민할까? 캐나다 맥길대학의 제프리 모길 교수는 통증을 억제하는 뇌 회로에도 남녀의 차이가 있다는 것을 발견했다. 그는 통증을 억제하는 뇌 부위의 수용체에 대한 유전적 변이를 조사했다. 연구 결과 이 부위의 유전자가 작동하지 않으면 통증을 잘 차단하지 못하는 것으로 밝혀졌다. 흥미롭게도 머리카락이 빨간색인 여자는 통증에 더 많이 시달리는 반면, 빨강머리를 가진 남자는 아무런 문제가 없었다. 결론적으로 빨강머리 앤은 남들보다 통증에 더 많이 시달린다는 얘기다.

남자와 여자는 뇌를 사용하는 영역에서도 차이를 보인다. 복잡하고 지적인 작업을 할 때 여자는 양쪽 뇌를 모두 사용하는 경향이 있지만, 남자는 그 일에 적합한 한쪽 뇌만 사용한다. 여자는 언어기능에서 좌뇌뿐 아니라 우뇌도 사용하지만, 남자는 우뇌와 좌뇌를 분리해서 사용하고 있다. 좌뇌와 우뇌를 연결하는 신경섬유 다발인 뇌량은 남자보다 여자 쪽이 크다. 또한 대뇌피질과 무의식적인 부분을 담당하는 대뇌변연계 사이를 연결하는 전교련 역시 여자가 크다. 여자가 자신이나 타인의 감정을 잘 파악하는 것은 바로 그런 이유에서 비롯된다. 즉 정서에 민감한 우뇌의 정보가 분석이나 언어에 뛰어난 좌뇌에 그만큼 잘 전달되기 때문이다. 따라서 여자는 남자보다 감정을 말로 표현하거나 사고하는 능력이 뛰어나다.

여자는 기본형이고 남자는 옵션형이다

『성경』의 창세기에 의하면 하나님은 먼저 아담을 만드신 후 그의 갈비뼈를 하나 빼서 이브를 만드셨다고 한다. 남자가 원형이라면 여자는 그에 따른 부속품이라는 의미로 해석할 수도 있다. 하지만 생물학적으로 따지면 오히려 그 반대에 가깝다. 즉 여자가 기본형이라면 남자는 옵션형이다.

수정된 직후의 포유류는 남녀 구분 없이 동일한 신체 구조를 가지고 있으며, 남성 생식기와 여성 생식기를 모두 가진 미분화된 상태로 태어난다. 즉 남녀 모두 동일한 원형에서 출발한다고 할 수 있다. 이 상태에서 여성 생식기는 더 이상의 조건이 없어도 발달하지만 남성 생식기는 테스토스테론이라고 하는 남성 호르몬이 있어야만 발달한다. 따라서 태아의 몸에 테스토스테론이 추가되지 않는 한 모든 아기는 여자로 태어난다. 그런 의미에서 여자는 기본형이라고 말할 수 있다.

태아의 몸에서 테스토스테론이 만들어지기 위해 필요한 것이 바로

Y염색체이다. 아버지로부터 물려받은 염색체가 X일 때는 여자가 되고, Y일 때는 남자가 된다. Y염색체 안에 들어 있는 유전자는 생후 6주 정도부터 미분화된 상태의 생식기를 고환으로 발달하게 만든다. 고환이 발달하면 그 안에서 테스토스테론이라는 남성 호르몬이 만들어진다. 테스토스테론은 고환의 발달을 촉진하며 정낭, 정관 같은 남성 생식기를 발달하게 만든다. 남녀 모두 성이 민감하게 분화되는 결정적 시기가 세 번에 걸쳐 이루어진다. 먼저 임신 8~24주 무렵이 첫 번째 시기이고, 출생 직후부터 5개월 동안이 두 번째 시기, 성 호르몬 분비가 왕성해지는 사춘기가 세 번째 시기이다.

일반적으로 여자아이는 언어습득이 빠르고 어휘력이나 언어 표현력이 풍부한데 비해 남자아이는 언어 발달이 좀 느린 대신 모형 장난감을 조립하는데 탁월한 능력을 보인다. 이러한 차이는 성인이 된 후에도 지속되기 때문에 여자는 언어 능력이 뛰어나고 남자는 공간 능력이 뛰어나다는 말을 한다. 캐나다 웨스턴온타리오대학에서 30년 동안 남녀의 차이를 연구해온 심리학자 도린 기무라는 『성과 인지 기능』이라는 책에서 운동 능력, 언어 능력, 지각 능력, 공간 능력, 수학 계산 및 추론 능력 등에서 나타나는 남녀 차이를 비교했다. 그에 따르면 남자는 공간 기능방향 판단, 3차원 회전, 수학적인 추리, 운동 기능표적 맞추기에 뛰어나다. 한편 여자는 물체의 위치 기억, 단순 계산, 운동 기능섬세한 운동 기술, 언어 기억, 언어 유창성, 지각 속도 등이 뛰어나다고 한다.

공간과제 중에서 남자는 마음속으로 어떤 도형이나 물체를 2차원 혹은 3차원 상에서 회전시키는 도형회전 검사와 선분의 방향을 판단하는 과제에 뛰어나다. 하지만 공간과제 중에서 어떤 물체가 놓여 있는 공간상의 위치를 기억하는 것은 오히려 여자가 더 잘한다. 마찬가지로 여자가 언어 능력이 뛰어나다고 해서 모든 언어 기능에 남녀 차이가 있는 것은 아니다.

언어의 유창성과 언어 산출, 언어 기억에서만 여자가 더 잘하고 다른 언어 영역에서는 남녀 간의 차이가 없다. 수학에서도 보통 남자가 여자보다 뛰어나다고 말하지만, 연구 결과에 의하면 단순 계산에서는 오히려 여자가 더 잘하고 수학적 추론에서만 남자들이 더 뛰어나다. 그밖에 운동 능력에서도 어떤 측면을 관찰하느냐에 따라 달라진다. 예를 들어 남자는 표적 맞추기에 능하고 여자는 섬세한 운동기술에서 더 뛰어나다. 따라서 일반적으로 말하듯 여자는 언어 능력, 남자는 공간 능력이 더 뛰어나다고 이야기하는 것은 지나치게 단순한 설명이다.

연구에 의하면 여자 아이는 남자 아이에 비해 슬픈 얼굴표정이나 동정적인 목소리에 많은 관심을 나타냈다. 그리고 사람들이 생각하거나 의도하는 바를 알아내는 능력이 뛰어나다. 이처럼 여자 아이는 감정이입에 필수적인 이타적인 관계나 상호 관계를 발전시키는데 뛰어나다. 반면 시스템화에 있어서는 남자가 우월한 것으로 나타났다. 남자 아이는 자동차나 무기, 벽돌쌓기 등 기계적인 장난감을 좋아하고 3차원 기구를 조립하는데 여자보다 뛰어나다. 또한 지도를 읽거나 움직이고 있는 물체를 잡는 데도 남자 아이가 더 뛰어난 능력을 보여준다.

공격성에 있어서도 차이를 드러낸다. 남자 아이는 밀고 때리는 등 직접적인 공격성을 드러내는 반면, 여자 아이는 따돌리거나 욕하는 등 간접적인 공격성을 보여준다. 간접적인 공격은 보다 전략적이기 때문에 마음을 읽는 능력이 필요하다. 한편 남자는 변화나 모험, 새로움을 추구하는 경향이 있고 여자는 소심하고 겁이 많으며 쉽게 불안해한다. 또한 남자는 성취 지향적이고 목표 중심적인 반면, 여자는 관계 지향적이고 목표 자체보다는 전체적인 맥락을 중시한다.

　감정이입을 잘 하는 여자는 대화에 있어서도 협조적이다. 여자들의 대화 시간이 더 오래 지속되는 것도 이 때문이다. 동의하지 않는 부분에 있어서도 여자는 이견을 표현하는 방식이 더 섬세하며 질문의 형식을 취한다. 반면 남자는 자기주장이 강한 일방적인 대화가 많다. 여자는 대화할 때 느낌에 대한 이야기가 많은 반면, 남자는 어떤 대상이나 활동에 초점이 맞추어져 있다. 여자가 남자보다 언어능력이 뛰어난 것은 감정이입 능력이 언어발달에 도움을 주기 때문이다.

　새 자동차를 구입할 때 옵션을 선택한다고 가정해보자. 이때 어떤 옵션을 선택하느냐에 따라 자동차에 장착되는 부품들이 다소 달라진다. 그렇다고 해서 기본 형태까지 달라지지는 않는다. 남자의 뇌와 여자의 뇌가 다른 부분은 시상하부, 편도체, 해마, 그리고 일부 피질 영역이다. 이들 영역에서는 신경세포 덩어리나 개별 세포의 크기, 무게가 다르기도 하지만 기능에서도 약간씩 차이가 있다.

　뇌의 덩어리 구조에서 남녀의 성 차이가 큰 부분은 시상하부이다. 시상하부는 뇌의 안쪽 아래 부분에 있는 아주 조그만 신경세포 덩어리인데, 인간의 기본적인 욕구와 관련된 행동들먹고, 자고, 싸우고, 짝짓기와 같은 행동들을 조절하고 관리한다. 쥐의 경우 시상하부 가운데 일부 신경핵의 크기를 비교했을 때 수컷이 암컷보다 2.5~5배나 더 컸다. 이 영역은 특히 수컷 쥐의 성행동을 조절하고 성적 동기유발에 관여하는 것으로 알려져 있다.

언어 기능과 관련된 브로카 영역과 측두엽 윗부분은 여자가 남자보다 더 크고, 공간 능력과 관련된 우반구 두정엽은 남자가 더 크다. 이처럼 특정 기능을 담당하는 영역이 더 큰 이유는 그 기능을 담당하는 뉴런이 더 많고, 따라서 그 기능이 잘 발달되어 있다는 것을 뜻한다. 하지만 언어 기능을 수행할 때 남자들은 주로 좌반구만을 사용하는데 비해 여자들은 좌우 반구를 모두 사용한다. 그런 면에서 기능의 차이를 단지 특정 뇌 영역의 크기만으로 설명하는 것은 무리가 있다.

뇌의 구조나 생김새의 차이는 큰 덩어리 구조뿐 아니라 개별 뉴런의 크기나 형태, 또는 뉴런들 간의 연결 같은 미세구조의 차이로 나타나기도 한다. 예를 들어 말을 듣고 이해하는 기능과 관련된 측두엽의 베르니케 영역을 살펴보면, 여자가 남자에 비해 크기뿐 아니라 뉴런의 수상돌기가 잘 발달되어 있다. 남녀의 차이는 인지 기능뿐 아니라 장애의 발생 비율에서도 달라진다. 일반적으로 학습 장애, 난독증, 자폐증, 정신분열증, 투렛 증후군의도하지 않은 행동을 무의식적으로 반복하는 신경장애은 남자에게서 많이 발생한다. 한편 우울증, 치매, 거식증은 여자에게서 훨씬 더 많이 발생한다.

뇌 발달의 가장 큰 특징은 '선택적 소멸'이다. 뇌 발달 초기에는 남녀 모두 같은 수의 뉴런이 만들어지지만 테스토스테론이 없는 여자의 뇌에서 더 많은 뉴런의 선택적 소멸이 일어난다. 그 결과 여자의 대뇌에서는 적은 수의 뉴런이 상대적으로 더 많은 상호 연결을 발달시켰다. 소멸된 뉴런이 많다는 것은 뉴런의 여유분이 많다는 의미로 해석할 수 있다. 뇌에 여분의 뉴런이 많으면 뇌 발달 과정에서 혹시 문제가 발생하더라도 이를 보완하거나 대체하는 것이 상대적으로 용이하다.

따라서 발달장애로 인해 피해를 입는 정도가 남자에 비해 여자가 작을 수 있다. 실제로 학습장애, 난독증, 자폐증 등 각종 발달장애의 남녀 발생비율을 보면 3~4대 1 정도로 남자가 훨씬 더 많다.

우리는 나이가 들수록 뇌 조직을 점점 잃게 된다. 남자는 여자보다 일찍 뇌 조직이 죽어 가는데, 특히 전두엽과 측두엽의 손상이 심각해진다. 이곳은 사고와 감각을 담당하기 때문에 이 부분이 손상되면 신경질적으로 변하는 등 인격이 바뀔 수 있다. 여자는 늙어가면서 두정엽이 줄어들면서 기억력, 공간 및 시각 능력에 영향을 미친다. 따라서 여자는 나이가 들면 건망증이 심해지고 길을 헤매는 경우가 많아진다.

발달과정에서 나타나는 뉴런의 풍부한 상호 연결은 노화과정에서는 불리해진다. 여자 뇌의 대뇌피질을 구성하는 뉴런들은 많은 양의 시냅스와 풍부한 수상돌기를 가지고 있지만, 알츠하이머병처럼 신경계가 퇴화되면 남자에 비해 뉴런들이 손상되기 쉽다. 또한 여자는 남자보다 전체 뉴런의 개수가 적으므로 같은 수의 뉴런이 손상되었을 때 뇌의 기능에 심각한 타격을 입는다. 바로 이런 이유 때문에 나이가 들면 남자보다 여자가 치매에 걸릴 확률이 높아진다.

뇌는 어떻게 **작동**할까

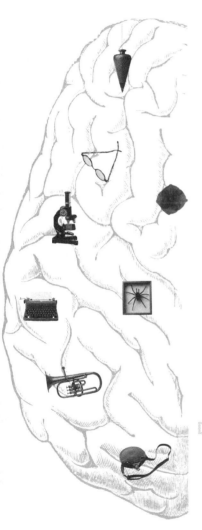

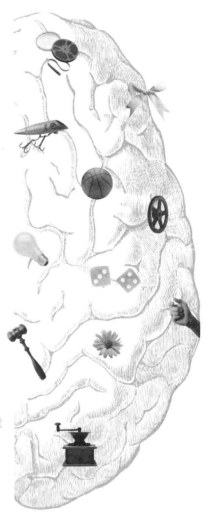

Evolution
뇌는 어떻게 진화했을까

Function
뇌는 어떻게 작동할까

Emotion
감정은 무엇을 느낄까

Mind
마음은 어디에 있을까

Perception
감각은 무엇을 인식할까

memory
기억은 어디에 저장될까

Development
뇌를 어떻게 발달시킬까

Application
뇌를 어떻게 활용할까

마음의 지도를 설계하다

　　　　　　뇌는 인체의 2퍼센트에 불과하지만, 전체 산소량과 에너지의 20퍼센트를 소비한다. 인간에게 필수적인 3대 영양소는 탄수화물, 지방, 단백질인데, 뇌는 그중에서 당류인 포도당을 에너지원으로 사용한다. 뇌가 활동하기 위해서는 혈액 속의 포도당 농도를 적절하게 유지해야 한다. 뇌에 포도당이 부족하면 뇌의 활동이 둔해지고 마치 목을 졸린 것처럼 혈액의 흐름이 멈춘다. 배가 고프면 머리가 잘 안돌아가는 이유는 뇌가 활동하는데 필요한 에너지가 부족하기 때문이다. 성인 남자의 뇌는 하루에 500kcal의 에너지가 필요한데, 이것은 근육이 필요로 하는 에너지 소비량과 맞먹는다. 근육이 몸무게의 50퍼센트를 차지하는 것에 비하면 단지 2퍼센트밖에 차지하지 않는 뇌는 엄청난 대식가라고 할 수 있다.

　인간의 뇌는 모든 생명체의 기관 중에서 가장 복잡한 구조를 지니고 있다. 인간의 뇌는 1,000억 개의 신경세포, 즉 뉴런으로 구성되어 있다. 각각의 뉴런은 다른 뉴런과 수천 개에서 수만 개에 이르기까지 서로 연결되어 있는데, 이를 시냅스라고 부른다. 해부학적으로 보면 뇌는 딱딱한 두개골과 세 겹의 뇌막으로 싸여 있고, 뇌막 사이에는 뇌척수액이 흐르고 있다. 두개골 안쪽에는 좌우대칭인 두 개의 대뇌반구가 신경섬유 다발인 뇌량으로 연결되어 있다.

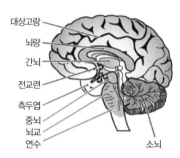

대상고랑
뇌량
간뇌
전교련
측두엽
중뇌
뇌교
연수
소뇌

:: 뇌의 단면도

뇌는 크게 대뇌, 소뇌, 뇌간의 세 부분으로 나눌 수 있다. 대뇌와 소뇌는 뇌간뇌줄기이라는 가느다란 버팀목 끝에 걸려 있는 호두처럼 생겼다. 대뇌에는 가장 바깥의 대뇌피질과 기저핵, 간뇌 등이 위치해 있다. 대뇌피질은 전두엽, 두정엽, 후두엽, 측두엽으로 이루어진 신피질과 뇌섬엽, 그리고 구피질인 후각피질과 원시피질인 해마로 구성되어 있다. 기저핵은 선조체와 편도체를 포함하고 있으며, 해마와 편도체 등을 대뇌변연계라고 부른다. 간뇌는 시상과 시상하부 등으로 이루어져 있다. 대뇌와 소뇌 사이에 있는 뇌간은 중뇌, 교뇌, 연수숨뇌로 이루어져 있다. 교뇌는 연수와 소뇌, 대뇌와 소뇌를 연결하고 있으며, 연수는 척수와 이어져 몸 전체의 신경망으로 연결된다.

신피질에서 머리 앞쪽에 있는 전두엽은 대뇌피질의 40퍼센트를 차지하며 사고, 창조력 등 고차원적인 기능을 통합하는 동시에 감정을 의식적으로 조절하는데 중요한 역할을 한다. 머리 위쪽에 있는 두정엽은 얼굴, 손, 다리의 운동을 지배하는 중추로서 운동이나 통증을 제어하는 기능을 한다. 두정엽 부위가 손상되면 촉각과 통증을 느낄 수 없고 공간상에서 자신의 위치를 알 수 없다. 측두엽은 머리 양쪽 측면에 위치하고 있으며, 소리나 언어의 이해를 돕는 청각 중추와 언어 중추가 있다. 머리 뒤편에 있는 후두엽은 시각 정보를 처리하는 시각 중추가 있는데, 이곳이 손상되면 눈이 있어도 보이지 않게 된다.

생명의 파수꾼, 뇌간

뇌간은 뇌의 가장 아래쪽에 있는 작은 부위인데, 그 단면적은 불과 몇 제곱센티미터밖에 안 된다. 하지만 인간이 생존하는데 가장 필수적인 역할을 한다. 심장을 뛰게 하고 숨을 쉬고 위장을 움직이고 땀을 배출하고 동공 반사처럼 생존에 꼭 필요한 생리적인 자율 기능을 담당한다. 이러한 기본적인 기능은 산소와 이산화탄소의 양, 산과 염기의 농도 같은 화학적 변화에 따라 저절로 이루어진다. 또한 뇌간은 척수를 통해 몸 전체에서 받아들인 정보들을 대뇌와 소뇌로 전달하는 통로이기도 하다. 대뇌의 운동 중추에서 출발한 운동 신경은 뇌간을 지나 등뼈 속에 있는 신경 다발인 척수를 거쳐 전신의 근육으로 전달된다. 반대로 팔다리에서 느끼는 감각은 신경을 통해 척수로 향하고, 다시 뇌간을 거쳐 대뇌의 감각 중추로 올라간다. 뇌간이 심하게 손상되면 운동 신경세포와 감각 신경세포의 연결이 모두 끊어져서 전신이 마비되고 감각을 느낄 수 없게 된다.

뇌간은 중뇌, 뇌교, 연수의 세 부분으로 이루어져 있다. 중뇌는 시각과 청각의 반사 작용을 처리하는데, 눈이 목표물을 향해 움직이거나 빛의 세기에 따라 눈동자를 조절하는 기능을 담당한다. 뇌교와 연수에는 호흡 중추와 심장을 비롯해 각종 불수의 운동과 내장 운동을 조절하는 회로들이 있다.

자율신경은 우리 의지와 상관없이 저절로 움직이는 신경을 말하는데, 교감신경과 부교감신경으로 나뉜다. 스트레스나 불안, 두려움 같은 위기 상황이 닥치면 눈동자가 커지면서 심장박동이 빨라지고 입안에 침이 마르고 소화가 잘 안 되는 것은 모두 교감신경의 작용에 의한 것이다. 손에 땀이 많이 나거나 쉽게 놀라는 것도 교감신경이 예민한 사람들에게 나타나는 특징이다. 흔히 잘 놀라는 사람은 심장이 약하다고 말하는데, 이는 사실과 전혀 다르다.

부교감신경은 교감신경과는 반대로 신체의 활동과 기능을 억제하는 방향으로 작용하여 신체를 일정하게 유지하는 역할을 한다. 부교감신경은 주로 평온한 상태, 특히 밤에 잘 때 가장 활발하게 작동한다. 뇌교는 소뇌와 대뇌의 기능들을 연결하는 곳이며, 연수와 함께 호흡을 조절하는 역할도 한다.

간뇌는 대뇌피질로 싸여 있으며, 시상과 시상하부라는 중요한 부분을 포함하고 있다. 달걀 모양처럼 생긴 두 개의 시상에는 불수의운동을 제어하는 신경세포들이 모여 있는데, 이곳에서 다양한 종류의 감각 정보를 통합하고 분류해서 대뇌의 적절한 부위로 보낸다. 시상하부는 말 그대로 시상 아래에 있는 부위로 여러 개의 작은 핵으로 구성되어 있다. 뇌 전체의 1퍼센트밖에 차지하지 않지만 본능적인 행동을 지배하고 섹스, 식욕, 갈증, 혈압, 체온 등 여러 가지 기능의 균형을 조절하기 때문에 생명의 중추라고도 한다.

중뇌는 시상 아래에 있는데, 대뇌피질과 척수를 잇는 정보전달의 다리 역할을 한다. 연수는 중뇌에서 척수로 이어지는 부분을 말하며, 이곳에서 내장의 자율신경을 제어한다. 내장기관에는 생명을 유지하는 호흡순환계도 포함되어 있기 때문에 이곳이 손상되면 바로 죽음으로 이어진다.

운동 기능의 사령탑, 소뇌

소뇌는 대뇌처럼 좌우 반구로 나뉘며 몸의 균형을 유지하고 운동 기능을 조절하는 중요한 역할을 한다. 무게는 130그램으로 대뇌의 10퍼센트에 불과하지만, 대뇌피질보다 주름이 많아 표면적은 대뇌의 25퍼센트나 된다. 척추동물의 소뇌를 비교해 보면 양서류와 파충류는 어류보다 작아지고 조류나 포유류는 더 커졌다. 인간의 소뇌는 100만년 동안 3배나 커졌는데, 그 이유는 직립보행과 더불어 손이 자유롭게 됨에 따라 운동 기능이 발달했기 때문이다. 소뇌 가운데 가장 오래된 부분을 고소뇌라고 하는데, 이 부분에 장애가 생기면 평형 감각이 손상되어 걸을 수조차 없게 된다. 눈을 감은 상태에서 한쪽 발을 들고 오랫동안 버틸 수 있는 것은 바로 소뇌의 작용 때문이다.

소뇌는 근육, 힘줄, 관절 등 몸 표면의 감각에 반응하여 평형 감각을 유지하는데, 이 중 어느 한 부위라도 이상이 생기면 어지럼증이 생긴다. 어지럼증은 차멀미, 스트레스, 긴장 등의 이유로 인해 평형감각 시스템이 과도한 자극을 감당하지 못해 일어나는 현상이다. 대뇌가 다른 일에 주의를 기울이는 동안 소뇌는 척수를 통해 근육으로 전해지는 명령들을 조절한다. 소뇌와 대뇌의 이런 분업이 없다면 걸어가면서 대화를 나누는 일은 불가능할 것이다.

감정과 기억의 중추, 대뇌변연계

고대 이집트와 그리스 시대에는 인간의 마음이 심장에 있다고 생각했다. 하지만 로마 시대의 갈레노스에 의해 인간의 마음은 심장이 아닌 뇌에서 유래한다는 사실이 밝혀졌다. 마음을 다스리는 변연계는 감정뿐 아니라 기억과도 밀접한 관계가 있다. 변연계는 측두엽 속에 들어있는 편도체와 해마 등으로 구성되어 있는데, 사랑이나 두려움 같은 감정을 주관하는 부위로 알려져 있다. 이러한 변연계는 포유동물에 와서 발달했으므로 '포유류의 뇌'라고 부르기도 한다. 편도체는 뇌 깊숙이 자리잡고 있는 아몬드 형태처럼 생겨서 붙여진 이름으로 감정을 조절하는 역할도 한다.

해마는 뇌에서 장기기억을 담당하는 부위로 넓은 의미에서 대뇌피질의 일부다. 대뇌피질은 진화 과정에서 비교적 최근에 발달한 부분으로 새로 생긴 신피질과 그보다 원시적인 구피질로 나뉜다. 해마는 구피질에 속하며 구조가 비교적 단순하다. 해마를 뜻하는 히포캄푸스 hippocampus라는 이름은 그리스 신화에 등장하는 바다의 신 포세이돈이 타고 다니는 말처럼 생긴 바다 괴물에서 유래되었다고 한다.

해마에 대해 명확히 밝혀진 것은 HM이라는 이니셜을 가진 간질병 환자의 치료를 통해서였다. 그는 해마를 포함한 측두엽 안쪽 일부를 제거하는 수술을 받았다. 그런데 전혀 예상치 못한 부작용이 발생했다. HM은 해마 제거 수술을 받은 후 더 이상 새로운 것을 기억할 수 없었다. 그는 수술 이전의 일은 비교적 잘 기억했으며, 판단력도 정상이었다. 그럼에도 불구하고 새로운 것을 기억하지 못했다. 자신을 진찰하는 의사를 볼 때마다 그는 "처음 뵙겠습니다."라고 말했다. 그의 기억은 불과 몇 분밖에 유지되지 않았으며, 잠깐이라도 정신을 놓으면 기억은 순식간에 사라져버렸다. HM의 증상을 통해 해마는 기억을 만드는 중요한 부위라는 사실이 밝혀졌다. 즉 해마가 기억을 만들면 대뇌피질에서 그 기억을 보관하는 것이다. 해마는 일시적으로 기억을 저장할 뿐 장기기억은 대뇌피질에서 저장한다.

최고 의사결정기구, 대뇌피질

대뇌피질은 대뇌의 바깥층을 이루는 부분으로 포유류와는 달리 인간의 대뇌피질은 엄청나게 크다. 영장류가 진화하고 뇌가 커지는 과정에서 대뇌피질의 표면적이 확장되었다. 두개골이라는 한계에 봉착한 대뇌피질은 용량을 늘리기 위해 접히면서 주름투성이가 되었다. 쥐처럼 지능이 떨어지는 포유동물의 대뇌피질은 매끈하게 생겼고 고양이처럼 좀더 진화한 동물들의 대뇌피질은 약간 주름이 진 정도다. 하지만 영장류, 특히 인간의 대뇌피질은 주름이 아주 많아 호두처럼 생겼다. 대뇌피질은 두 개의 반구로 구성되어 있으며 회색빛 주름에는 많은 홈이 파여 있다. 대뇌의 좌우는 그 홈을 따라 전두엽, 두정엽, 후두엽, 측두엽으로 나뉜다. 좌우에 있는 두 개의 반구는 뇌량이라 불리는 신경섬유조직으로 연결되어 있다. 뇌량은 좌우 뇌를 하나로 뭉쳐 효과적으로 활동하게 만드는 정보의 교량 역할을 한다.

전두엽은 이마 바로 뒤에 있으며, 대뇌피질에서 가장 넓은 부위를 차지하는 최고 의사결정 기관으로 가장 복잡한 기능을 수행한다. 성격 및 사고의 근원지로서 미래에 대한 계획, 타인이나 집단의 이익을 위해 자신을 초월하는 이타적인 생각을 하기도 한다. 두정엽은 기업의 사장과 같은 역할을 하며 양쪽 귀를 연결하는 아치 형태로 윗부분을 덮고 있다. 두정엽의 앞부분에는 감각피질이 있어서 외부로부터 들어오는 촉각, 통각 정보 중에서 어느 것을 우선적으로 받아들여야 하는지를 결정한다. 두정엽이 손상되면 촉각과 통각을 인식할 수 없고 공간 상에서 자신의 위치도 알 수 없다. 또한 특정 자극에 대해 주의를 집중할 때도 두정엽이 활성화된다. 측두엽은 뇌의 오디오 시스템에 해당하며 관자놀이 뒤에 있다. 청각을 지배하며 눈으로 보는 것을 소리와 연계시키는 기능이 있다. 좌반구의 측두엽에 있는 브로카 영역은 말하기를 담당하고 베르니케 영역은 언어를 이해하고 해석하는 일을 한다. 후두엽은 뇌의 비디오 시스템에 해당하며 머리 뒤쪽에 있다. 시각을 제어하여 눈으로 본 것을 기억하는 역할을 한다.

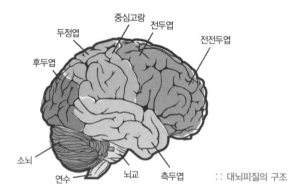

:: 대뇌피질의 구조

뇌를 해부하다

고대 이집트인들은 사람이 죽으면 다른 세상으로 간다고 생각했다. 그들은 죽은 왕의 영혼에 필요한 몸이 부패되지 않도록 미라를 만들었다. 그들은 심장이 사고를 담당한다고 생각해서 몸에 심장만을 남겨둔 채 모든 내장기관을 제거했다. 허파, 위, 간, 장 등은 내세에서 이용할지 모른다고 생각하여 무덤 안의 항아리에 보관해 두었다. 하지만 뇌는 별 소용이 없었기 때문에 콧구멍을 통해 뇌를 제거한 다음 쓰레기통에 버렸다.

이집트인들이 죽은 사람들의 머리에서 뇌를 긁어내는 동안, 남아메리카의 잉카인들은 살아 있는 사람의 머리에 구멍을 뚫었다. 두개골에 구멍을 낸 이유는 확실치 않다. 다만 심한 두통을 완화시키거나 뇌질환이 있는 사람들을 치료할 목적이었을 것으로 추측할 뿐이다. 또는 머리에 영혼을 넣거나 빼내기 위한 종교적, 마술적인 이유로 머리에 구멍을 냈을 가능성도 있다.

고대인들은 뇌를 관찰하고 치료하면서 뇌에 어떤 유익한 기능이 있을 것으로 생각하지 않았다. 아리스토텔레스도 심장이 모든 사고를 주관하고 뇌는 단지 심장을 냉각시키는 역할에 불과하다고 생각했다. 해부학의 아버지로 불리는 헤로필로스는 사체를 해부하여 내장기관들의 위치와 그 기관들이 어떻게 연결되었는지를 자세히 관찰했다. 그는 중추신경계를 연구하면서 다양한 종류의 신경들이 뇌로 연결되는 것에 주목했다. 그는 신경들이 동작을 조절하고 메시지를 주고받는 것으로 판단해서 두개골 안에서 사고가 만들어진다고 기록했다. 오늘날의 터키에 살았던 갈레노스는 결투에서 상처를 입은 검투사들의 수술을 담당했다. 그는 수많은 수술과 연구를 통해 인간의 뇌가 사고를 담당할 뿐 아니라 정서를 조절하고 기억을 저장한다고 주장한 최초의 사람이었다.

고대인들은 사람이 죽으면 몸이 자연으로 돌아간다고 생각했기 때문에 죽은 사람에 대한 실험과 해부를 금지하는 법을 만들기도 했다. 하지만 1500년대 들어 의사들은 교수형을 당한 살인자들의 인체를 대상으로 실험을 할 수 있게 되었다. 르네상스 시대의 예술가이자 의사인 베살리우스는 죽은 사람의 몸과 뇌를 해부해서 상세한 해부도를 그렸다.

1664년 영국 옥스퍼드대학의 토머스 윌리스는 뇌에 관해 최초의 책을 썼는데, 그 책에는 신경에서 혈관에 이르는 모든 부분이 매우 상세하게 묘사되어 있다. 그는 뇌의 여러 부위들 즉, 사고를 담당하는 뇌와 걷기나 호흡을 담당하는 뇌가 어떻게 다른지 설명했다.

1848년 미국 버몬트에서 철도회사의 현장감독으로 일하던 피니어스 게이지는 평소 친절하고 성실한 성격의 소유자로 주변사람들에게 인기가 많았다. 그러던 어느 날 평소처럼 철도 선로 공사작업 중 바위에 구멍을 내는 발파작업을 하다 긴 쇠막대기에 의해 뇌를 관통당하는 사고를 당했다. 쇠막대기는 게이지의 윗니에서 왼쪽 볼을 지나 두개골을 통과하여 위턱이 망가지고 왼쪽 눈 뒤의 뇌를 꿰뚫었다. 이 사고로 그의 두개골에는 10센티미터의 구멍이 생겼다. 다행히 목숨을 건져서 말하고 행동하는데는 아무런 문제가 없어 보였다. 하지만 그는 사고 후 성격이 완전히 변해버렸다. 그를 치료했던 존 할로우 박사는 사고 후의 게이지를 이렇게 묘사했다.

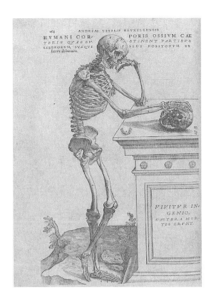

"손을 쓸 수 없을 만큼 고집불통인데다, 기분이 쉽게 변하고 정작 결정을 내려야 할 때는 망설인다. … 지적 능력과 감정은 어린애와 같았지만 동물적인 성욕은 성인 남성이었다."

그래서 여자들은 그의 곁에 가지 말라는 주의를 받을 정도였다. 게이지의 가장 큰 변화는 충동을 억제하지 못하는 것이었다. 그 후 150년이 지난 1994년, 아이오와대학의 뇌과학자 다마지오가 컴퓨터로 뇌를 재구성해서 원인을 분석했다. 게이지가 손상 받은 뇌의 부위는 전두엽으로, 이 부위는 모든 정보를 종합하고 판단해서 인간의 성격과 감정을 조절하는 부위로 밝혀졌다.

1800년대 중반 프랑스의 외과의사 폴 브로카는 언어 기능에 문제가 있는 환자의 뇌에서 측두엽 일부가 손상되어 있는 것을 발견했다. 그 환자는 13년 동안 말을 하지 못했지만, 말을 들으면 이해할 수 있었으며 혀와 입술을 움직이는데도 아무런 문제가 없었다. 브로카는 환자가 죽은 후 뇌를 해부했을 때 왼쪽 측두엽 일부가 손상된 것을 보고 언어 기능이 좌뇌에 있다고 생각했다. 그 후 얼마 지나지 않아 독일의 정신과의사 베르니케는 말을 할 수는 있지만 상대방의 말을 이해하지 못하는 언어 장애를 알아냈다.

브로카 영역은 왼쪽 측두엽에 존재하며, 베르니케 영역보다 더 앞쪽에 있다. 베르니케 영역은 측두엽 위쪽부터 뒤쪽에 걸쳐 있으며 두정엽과 인접해 있다. 베르니케 영역에 문제가 생기면 소리는 들리는데 말을 이해하지 못하는 언어 장애가 발생한다. 글자를 읽을 수도 있고 문장을 쓸 수도 있고 스스로 말을 할 수도 있지만, 상대방이 하는 말을 전혀 이해하지 못한다. 반면 브로카 영역에 손상을 입으면 상대방의 말을 완벽하게 이해하며 말하고 싶은 것도 머리에 떠올리지만, 정작 자신이 하고 싶은 말은 할 수가 없다.

1950년대 캐나다의 외과의사 와일더 펜필드는 간질을 앓고 있는 환자들을 위해 뇌에서 고통스런 자극이 발생하는 영역을 제거하는 수술을 했다. 수술에 앞서 그는 먼저 제거하고자 하는 신경조직에 어떤 특성이 있는지를 조사했다. 그는 특정 부위의 신경세포에 미약한 전기충격을 주었다. 그랬더니 환자들은 과거의 경험을 현재의 체험으로 받아들였다. 예를 들어 어떤 환자는 뉴런을 자극하자 그가 몇 년 전에 살았던 오두막으로 돌아갔다. 심지어는 친구가 눈을 털며 오두막 안으로 들어왔고, 그가 들어올 때 바깥의 찬 공기도 함께 실내로 들어왔다. 이 모든 것이 너무나 생생해서 환자는 자신이 어느 방에 있는지도 정확히 알 수 있었다. 그 후 펜필드는 다양한 부위에 전기 자극을 가해 신체의 각 부분과 이를 담당하는 뇌의 영역을 일대일로 대응시켜 인체의 뇌지도를 만들었다.

3차원 뇌지도를 만들다

사람마다 얼굴이 다르듯 뇌도 각자 다르게 생겼다. 미국 캘리포니아대학 뇌연구소에서는 전 세계 7천여 명의 뇌 영상자료를 수집하여 3차원 뇌지도를 만들고 있다. 3D 브레인 매핑 프로젝트의 궁극적인 목표는 나이별, 성별, 인종별, 질환별로 평균적인 뇌 구조와 기능을 밝혀내는 것이다. 주목할 만한 결과로는 치매의 일종인 알츠하이머병과 정신분열증 증세를 보이는 뇌 패턴의 공통점을 분석하고 병의 진행 과정을 영상화한 것이다.

연구팀은 12명의 알츠하이머 환자와 14명의 건강한 노인의 뇌를 2년간 3개월마다 촬영 분석했다. 그 결과 처음에는 기억력 부분의 세포 손상이 일어나다가 점점 산불처럼 뇌 전체로 번져나가며 뇌의 조직세

:: 펜필드의 호문쿨루스 :
뇌의 대뇌피질에서 감
각(왼쪽)과 운동(오른
쪽)을 주관하는 영역의
크기를 인체로 재구성
한 모습

포를 잠식해간다는 사실을 밝혀냈다. 미궁 속에 빠져 있던 정신분열증의 발병 과정도 최초로 밝혀냈다. 연구에 의하면 환자는 회백질의 10퍼센트가 손상되는데, 먼저 두정엽에서 시작되어 전체 뇌로 확산되는 것으로 드러났다. 또 쌍둥이의 연구를 통해 뇌의 구조와 지능이 30~50퍼센트 정도 유전자의 영향을 받는다는 사실을 밝혀냈으며, 특히 언어를 관장하는 전두엽 부분은 유전성이 매우 높게 나타났다.

연구팀은 아동의 뇌 발달이 전두엽에서 후두엽으로 점차 이루어진다는 사실도 밝혀냈다. 3세에서 6세 시기에는 전두엽 부분이 발달하고, 6세에서 사춘기까지는 언어 영역이 급격히 발달한다고 한다. 흥미로운 것은 7세에서 11세 사이에 운동 영역의 뇌세포 밀도가 급격히 떨어지며, 이를 통해 나이가 들면 자전거 타는 법을 배우기 어렵다는 것이 사실로 드러났다. 결국 뇌는 더 이상 필요 없는 세포를 가지치기 하듯 없애면서 새롭게 뇌를 정비하는 작업을 한다. 하지만 뇌의 외관이 다 성장한 청소년기에도 뇌의 내부는 꾸준히 발달한다는 사실도 밝혀냈다.

생각하는 세포의 탄생

뉴런은 신경계를 구성하는 개별 세포로 되어 있다. 특정한 기관에 특별한 성질과 능력을 부여하는 것은, 그 기관을 구성하고 있는 뉴런들의 분화된 기능이다. 이러한 기능은 뉴런과 뉴런 사이에서 전기적이고 화학적인 신호전달을 통해 이루어진다.

화학물질이 사람을 변화시킨다는 것은 누구나 알고 있는 사실이다.

커피에는 각성 효과가 있고 알코올은 심리적 억압을 해소한다. LSD는 환각을 일으키고 프로작은 우울증, 강박감, 자신감 부족을 완화시킨다. 이 모든 작용들은 뉴런의 신호를 강화하거나 억제시킴으로써 이루어진다. 세포 집단이 끊임없이 신호를 주고받는 목적은 뭘까? 그것은 바로 생존과 번식이다. 환경으로부터 얻은 정보는 내적인 신호로 변환되고, 뉴런의 집단 내부에서 격렬한 처리 과정을 거친다. 이 과정에서 만들어진 외적인 신호가 행동을 유발시켜 외부 환경에 반응하는 것이다.

인간의 신경계는 크게 중추 신경계와 말초 신경계의 두 부분으로 나누어져 있다. 중추 신경계는 뇌와 척수로 이루어져 있는데, 감각 기관을 통해 환경과 인체의 상태에 대한 정보를 처리하고 근육을 움직이게 만든다. 정서, 기억, 사고의 정신 작용에서부터 심장박동, 호흡을 비롯한 생명 기능에 이르기까지 인체 내에서 일어나는 거의 모든 기관을 통제하거나 조절하고 있다. 말초 신경계는 신경들로 이루어져 있으며, 신체 말단에서 받아들이는 감각 정보를 중추신경계에 전달하고 중추 신경계가 내리는 명령을 신체의 각 부분에 전달하는 연결회로이다.

신체의 다른 기관과 마찬가지로 신경계는 세포로 이루어지는데, 이러한 신경세포는 뉴런과 교세포로 이루어져 있다. 뉴런은 축색과 수상돌기를 포함한 하나의 신경세포를 말하며, 신경계통의 기본단위를 이룬다. 뉴런은 뇌에서 가장 중요한 세포이다.

뉴런의 중심적인 역할은 뇌에서 만들어지는 전기 신호와 화학 신호를 전달하는 것이다. 뇌 조직을 염색해서 전자현미경으로 뉴런을 보면 가늘고 긴 가지들로 이루어진 삼각형이나 찌그러진 원 모양으로 생겼다. 뉴런들은 서로 미세한 간격을 두고 떨어져 있는데, 이 간격을 시냅스라고 한다. 그렇다면 뉴런 자체는 어떤 역할을 할까? 뉴런에서 입력을 담당하는 부분은 수상돌기라고 하는 가는 줄기인데, 뉴런 하나가 10만 개의 수상돌기를 가지고 있기도 하다. 수상돌기는 이웃 세포에서 입력되는 신호를 받아 세포체라는 중앙 통제 영역에 전달한다. 세포체에 도달한 신호는 다른 신호들과 보강, 간섭을 통해 증폭 또는 억제된다. 그러면 세포체에서는 새로운 신호가 만들어져 출력을 담당하는 축색이라는 가는 줄기를 통해 빠져나간다.

입력을 담당하는 수상돌기는 끝이 점점 가늘어지는 나뭇가지와 비슷하지만 축색은 지름이 일정하고 각각의 뉴런에 한 개씩밖에 없다. 즉 뉴런이란 입력은 무수히 많지만 출력은 하나밖에 없는 정교한 전자 장치에 비유할 수 있다.

축색의 길이는 다양해서 가장 짧은 것은 바로 옆에 있는 뉴런과 연결되는 반면, 가장 긴 것은 뇌에서 척수까지 거의 1미터에 이르는 것도 있다. 축색의 끝은 무수히 많은 작은 가지들로 나누어지는데, 이 가지들의 끝 부분은 버섯처럼 부푼 모양으로 생겼다. 이곳에서 시냅스를 지나 다음 뉴런에 전기 신호를 전달한다.

우리 뇌에는 약 1천억 개 가량의 뉴런이 있다. 하지만 이 외에도 신경 교세포glial cell라고 부르는 더 많은 세포들이 존재한다. 신경 교세포라는 이름은 아교를 뜻하는 그리스어에서 유래했다. 이는 많은 신경 교세포가 뉴런이나 혈관에 달라붙어 있는 것처럼 보이기 때문이다.

신경 교세포는 뉴런의 가난한 친척쯤으로 여겨져서 신데렐라 세포라고 부르기도 한다. 가난한 사람들이 대개 그렇듯 신경 교세포는 주로 뇌의 유지, 보수라는 잡일에 종사한다. 사회 곳곳에서 묵묵히 일하는 노동자처럼 신경 교세포도 뉴런을 위해 봉사한다. 인간의 뇌에는 약 1조 개의 신경 교세포가 있는데, 이는 뉴런보다 10배나 더 많은 셈이다. 가장 일반적인 신경 교세포는 별처럼 생긴 세포로서 뉴런 주위의 독성 화학물질을 닦아내는 스펀지 기능을 한다. 이들은 뉴런이 손상되면 스스로 치유하고 성장하는데 필요한 물질들을 방출한다.

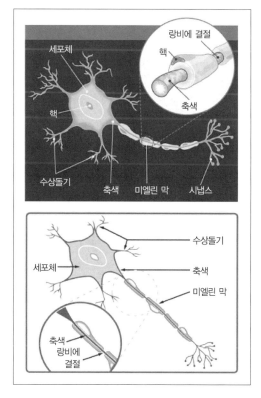

:: 뉴런과 시냅스의 형태와 구조

뉴런은 어떻게 전기 신호를 전달할까? 생물과 무생물을 포함한 모든 물질은 원자로 이루어져 있다. 원자의 구조는 태양계처럼 양전하

(+)를 띠는 원자핵 주위로 음전하(-)를 띠는 전자가 돌고 있다. 일반적으로 원자는 양전하와 음전하가 균형을 이루어 전기적으로 중성이다. 하지만 금속의 경우 전자들은 한 원자에서 다른 원자로 자유롭게 이동할 수 있다. 이런 전하의 흐름을 우리는 '전류'라고 부른다.

뉴런은 전기 신호를 만들기 위해 이온 형태를 띠는데, 이온은 원자가 전자를 잃거나 얻음으로써 양이나 음의 전기를 가진 원자를 말한다. 물이 흐르기 위해서는 높낮이가 있어야 하는 것처럼 뉴런에서 이온이 흐르기 위해서는 양전하와 음전하가 축적되어 전하의 차이가 만들어져야 하는데, 우리는 이것을 '전위차' 또는 '전압'이라고 부른다.

세포가 정지 상태일 때 세포의 외부에는 나트륨 이온_{양전하}이 많고 내부에는 칼륨 이온_{음전하}이 많다. 이때 전위차가 생성되기 위해서는 세포막에서 삼투압 현상을 통해 나트륨 이온과 칼륨 이온이 교환되어야 한다. 이러한 교환 작용을 통해 전위차가 만들어지면 전기가 생성된다. 세포체에서 만들어진 전기 신호는 축색을 따라 끝부분에 도달하고, 축색의 말단 너머에는 액체로 가득 찬 시냅스의 간격이 있다.

뉴런에서 만들어진 메시지는 어떻게 시냅스의 강을 건널 수 있을까? 축색의 말단에는 신경전달물질이 들어 있는 작은 꾸러미들이 있는데, 이를 시냅스 소포라고 부른다. 전기 신호가 도착하면 시냅스 소포에서 신경전달물질이 방출되어 인접한 뉴런의 수상돌기로 전달된다. 결국 신경전달물질이란 강을 사이에 두고 있는 두 개의 뉴런 사이를 연결하는 배라고 할 수 있다.

수상돌기에 도달한 신경전달물질은 마치 분자와 분자가 악수하는 것처럼 세포막 외벽에 있는 수용체라는 특수한 단백질과 결합하게 된다. 이러한 분자 간의 결합을 통해 이온 교환이 일어나면서 다시 전기 신호가 만들어진다. 우리가 생각하고 느끼는 모든 것이 결국에는 전기 신호와 화학 신호의 연쇄 작용으로 환원될 수 있다. 이러한 모든 과정을 시냅스 전달이라고 부른다.

뉴런과 전기회로 사이의 유사성 때문에 뇌를 컴퓨터에 비유하기도 한다. 신경전달물질이 뉴런을 흥분 또는 억제시키는 것이 0과 1을 사용하는 컴퓨터 코드와 비슷하기 때문이다. 뇌가 정말로 디지털이라면 신경전달물질이 흥분성과 억제성을 갖는 화학물질로만 이루어져야 할 것이다. 하지만 뇌는 컴퓨터와 달리 ON-OFF 스위치를 사용할 뿐 아니라 놀라울 정도로 다양한 신경전달물질들을 이용해 수많은 정보들을 처리한다.

뉴런의 전기 신호는 디지털 방식으로 생성되지만, 모아진 정보들은 아날로그 방식으로 처리된다. 뉴런의 신호는 자극에 따라 지속적으로 여러 개의 신호들이 서로 다른 시간에 만들어진다. 이러한 신호들의 양과 강도, 시간적 배열에 따라 뇌의 다양한 정보들이 담겨진다. 이처럼 뉴런과 뉴런을 연결하는 거미줄 같은 네트워크를 통해 생겨나는 신호의 생성과 전달 활동이 뇌의 정보처리 방식이라고 할 수 있다.

뇌 속의 연결회로를 만들다

흔히 잠이 오지 않을 때는 수면제를, 통증이 심할 때는 진통제를 복용한다. 이러한 약물은 시냅스에 작용하는 신경전달물질을 억제하거나 분비를 촉진시킨다. 신경전달물질 역시

신경을 흥분시키거나 억제시키는 두 가지 기능을 갖고 있다. 신경을 흥분시키는 물질은 아세틸콜린, 노르아드레날린, 세로토닌 등이 있으며 신경을 억제시키는 물질은 가바GABA를 들 수 있다.

제1차 세계대전 직전에 약리학자인 헨리 데일은 척수 신경에서 방출되는 물질이 근육을 수축시킨다는 사실을 밝혀냈다. 이것이 바로 최초로 발견된 신경전달물질인 아세틸콜린이다. 아세틸콜린은 뇌의 뉴런 사이에서 작용할 뿐만 아니라 인체의 근육 세포와 신경 사이의 조정자 역할을 한다. 아세틸콜린은 알츠하이머병과 깊은 관계가 있으며 수면, 각성, 흥분에도 관여한다.

1950년대 과학자들은 노르아드레날린과 도파민, 세로토닌이라는 신경전달물질을 발견했다. 세 가지 신경전달물질의 역할은 다르지만 서로 비슷한 방식으로 작용한다. 뇌에서 노르아드레날린이 방출되면 각성 상태가 높아져서 의식이 예민하고 또렷해진다. 중뇌 안쪽의 검은 콧수염처럼 생긴 흑질에서 생성되는 도파민은 운동에 관여할 뿐 아니라 정신분열증과 파킨슨병에서 중요한 역할을 담당한다.

도파민, 노르아드레날린과 비슷한 화학적 성분을 가진 것으로 세로토닌이 있다. 세로토닌이 부족하면 고통을 더 심하게 느끼고 불면증에 시달린다. 또한 사람의 기분을 좋게 만드는데도 중요한 역할을 한다. 우울증 치료제인 프로작Prozac은 세로토닌을 많이 방출시키는데, 이것은 엑스터시라는 마약과 같은 효과를 나타낸다.

1960년대 과학자들은 아미노산 종류인 감마아미노낙산, 즉 가바 GABA라는 새로운 신경전달물질을 발견했다. 뇌와 척수에서 분비되는 가바는 노르아드레날린, 도파민, 세로토닌의 양보다 약 1000배 정도 많으며 시냅스의 약 30퍼센트가 가바를 신경전달물질로 사용한다. 가바는 간질 발작, 신경 불안증 같은 달갑지 않은 증상들을 억제해주는 신경전달물질로 알려져 있다.

1980년대에 발견된 또 다른 유형의 신경전달물질은 소위 가스형 신경전달물질로서 가장 대표적인 것이 일산화질소NO이다. 자연 환경에서 스모그와 산성비의 생성에 기여하는 일산화질소가 뇌에서도 중요한 역할을 수행하는 것이다. 화학자들은 기체 형태의 일산화질소에 친숙하지만, 몸 안에서 분비되는 일산화질소는 세포를 에워싸는 유동성 액체 속에 녹아 있는 형태로 되어 있다. 일산화질소는 시냅스에서 '장기증강LTP'으로 표현되는 기억을 형성하는데 중요한 역할을 한다.

신경과학자들은 이제 엄청나게 많은 신경전달물질을 알고 있으며, 그 목록은 계속 늘어나고 있다. 이처럼 서로 다른 유형의 신경전달물질이 존재할 뿐 아니라 이들과 결합하는 수용체도 수많은 형태가 있다. 이렇게 신경전달물질의 양과 생성되는 위치, 수용체의 형태에 따라 뉴런이 정보를 전달하는 과정에서 뇌는 놀랄 만큼 유연성을 발휘한다.

시냅스를 통과하는 신호 전달은 단순히 한 세포에서 다른 세포로 ON-OFF 신호를 중계하는 것에 그치지 않는다. 뉴런에서 정보를 전달하는 일련의 전기적, 화학적 연쇄 작용은 믿을 수 없을 정도로 변화무쌍하고 역동적이다. 찰나의 순간에 뉴런으로 입력되는 정보의 조합과 장소, 강도, 양에 따라 상황이 극적으로 바뀐다. 뇌 활동의 기본이라고 할 수 있는 뉴런 사이의 커뮤니케이션은 가장 기본적인 단위에서조차 엄청난 유연성을 가지고 있다.

- **아세틸콜린** 가장 먼저 발견된 신경전달물질로서 주의력, 학습, 기억과 관련된 영역을 제어한다. 아세틸콜린이 부족하면 알츠하이머병에 걸리기 쉽다.

- **노르아드레날린** 흥분성 화학물질로 신체적, 정신적으로 흥분 상태를 만들고 기분을 좋게 만든다. 뇌의 '쾌락중추'라고 하는 청반핵에서 만들어진다.

- **도파민** 뇌의 여러 곳에서 각성 상태를 조절하고 신체적인 동작을 제어한다. 파킨슨병처럼 도파민이 극단적으로 감소하면 자신의 의지대로 움직일 수 없게 된다. 도파민이 너무 많아지면 정신분열증에 따른 환각을 일으키기도 한다. 그래서 환각을 유발하는 약물은 도파민을 대량으로 만들어낸다. 도파민이 지나치면 환각이나 편집증을 보이고 언어를 통제할 수 없거나 운동을 조절할 수 없게 된다. 반대로 도파민이 부족하면 몸이 떨려 자신의 의지대로 근육을 움직일 수 없게 된다. 또한 무기력 증세에 따른 우울증이 생기고 긴장이 심해져 사회적인 활동을 할 수 없거나 주의력, 집중력이 떨어지게 된다.

- **가바** 흥분을 가라앉혀서 긴장이 풀리게 한다.

- **엔돌핀** 뇌 속에서 만들어지는 일종의 마취제로 통증을 줄이고 스트레스를 감소시켜 물 위에 떠 있는 듯한 기분이 들게 한다. 엔돌핀의 발견은 마약류의 연구에서 비롯되었다. 1960년대 말 과학자들은 모르핀, 코카인 같은 마약류가 사람들에게 쾌감을 주는 이유에 대해 연구하기 시작했다. 그러던 중 1975년 영국 애버딘대학의 생화학자 코스터리츠 박사는 마약과 유사한 물질이 뇌 속에서 만들어진다는 사실을 발견했다. 그는 이 물질을 체내의 모르핀이라는 의미로 '엔돌핀'이라고 불렀다. 엔돌핀은 아편에서 추출한 모르핀

보다 200배나 더 강한 진정효과가 있다. 그 후 현재까지 뇌 안에서 발견된 천연 마약물질은 20종류가 넘는다.

아름다운 음악을 들을 때 우리는 짜릿한 감동을 느낀다. 그러한 감동은 어디에서 오는 걸까? 작곡가, 연주자, 아니면 소리 자체에 대한 순수한 물리적 느낌 때문일까? 그 이유는 뇌가 분비하는 천연 마취제인 엔돌핀 때문이다. 미국 스탠포드대학 정신약리학자인 아브람 골드슈타인은 학생들에게 어두운 방에서 헤드폰을 통해 각자 좋아하는 음악을 듣게 했다. 그리고 중간 중간에 학생들 절반에게는 엔돌핀 억제제를 주고, 나머지 절반에게는 아무 효과도 없는 가짜약을 나누어 주었다. 19번에 걸친 실험 끝에 얻은 결론은 너무도 허망한 것이었다. 엔돌핀 억제제를 투여한 학생들은 음악의 감동을 전혀 느끼지 못했기 때문이다.

• 세로토닌 뇌 속에 널리 분포되어 기분에 커다란 영향을 미치기 때문에 '행복 물질'이라고도 불린다. 세로토닌의 분비가 많아지면 기분이 좋아지고 낙천적으로 되며 수면과 식욕, 혈압을 조절한다.

좌뇌형 인간과 우뇌형 인간

1970년대 미국 캘리포니아대학의 로저 스페리는 간질병이 너무 심해 뇌량을 제거한 WJ라는 퇴역장교를 대상으로 실험을 했다. 스페리가 WJ의 오른쪽으로 사과를 보여주자 그는 잘 설명했다. 그런데 왼쪽으로 사과를 보여주자 놀라운 일이 벌어졌다. WJ는 아무 것도 보지 못했다고 말한 것이다. 그런 다음 사과를 포함한 여러 가지 그림이 그려진 카드를 보여주었다. 그러자 WJ는 왼손으로 사과가 그려진 카드를 잡았다. 우뇌는 사과를 보고도 이를 알 수 없었던 것이다. 이것은 뇌의 두 반구가 기능적으로 비대칭이라는 것을 의미한다. 그리고 이와 비슷한 다른 실험들을 통해 좌뇌는 논리와 이성을 담당하는 반면, 우뇌는 직관과 감정을 다룬다는 사실이 밝혀졌다.

미국 캘리포니아대학의 신경과학자 마이클 가자니가는 뇌량을 제거한 분리뇌 환자의 좌측 시야에 여성의 누드사진을 보여주었다. 무엇이 보였는지 묻자, 그는 아무것도 보이지 않았다고 대답했다. 그럼에도 불구하고 얼굴을 붉히면서 킥킥대고 웃는 것이었다. 어째서 웃는지 환자에게 묻자, 환자는 "선생님이 재미있는 분이라서"라고 대답했다.

환자의 뇌에서는 무슨 일이 일어났던 것일까? 좌측 시야의 정보는 우뇌에만 주입된다. 우뇌는 언어를 처리할 수 없으므로 무엇을 보았는지 말로 표현할 수 없다. 하지만 우뇌는 누드사진을 분명히 인식하고 있기 때문에 얼굴을 붉히며 감정적인 반응을 나타낸 것이다. 분리뇌 환자의 실험에서 알 수 있듯이 뇌량이 없다면 좌뇌와 우뇌는 서로 무엇을 하고 있는지 알 수 없다.

흔히 논리적이고 분석적이고 이성적이라면 좌뇌형 인간이고 감성과 직관이 발달한 예술가적 기질을 가졌다면 우뇌형 인간이라고 말한다. 좌뇌를 많이 쓰느냐 우뇌를 많이 쓰느냐에 따라 이성적이거나 감성적이라는 얘기인데, 과연 이것은 과학적으로 증명된 사실일까?

우리 뇌에는 감각을 종합하고 고도의 지적 기능을 담당하는 대뇌피질이라는 부위가 있다. 대뇌피질은 뇌의 가장 바깥층을 둘러쌓고 있는 부분으로 인간을 다른 동물들과 구별하게 해주는 가장 큰 특징이다. 대뇌피질은 왼쪽과 오른쪽으로 반씩 나누어져 있고 그 사이를 뇌량이라는 신경섬유다발이 두 반구를 연결하고 있다.

두 개의 반구는 각자 독립적이면서 약간씩 다른 방식으로 작용한다. 뇌량에서 반구로 들어가는 신경섬유가 서로 교차하고 있기 때문에 왼쪽 몸은 우뇌에서, 오른쪽 몸은 좌뇌에서 통제한다. 하지만 다양한 실험들을 통해 좌뇌와 우뇌는 약간 다른 방식으로 정보를 처리할 뿐, 기능에 많은 차이를 보이지 않는다는 결과를 얻었다. 이것은 뇌의 어느 한쪽이 단순히 논리적인 일을 담당하거나 직관적이지 않다는 것을 말한다. 그럼에도 불구하고 호모 사피엔스라는 종이 그토록 번영할 수 있었던 것은 좌뇌의 역할이 컸기 때문이다. 계산하거나 말을 하고 복잡한 계획을 세워 실행하는 것은 좌뇌가 있기 때문에 가능했다.

좌뇌는 분석적이고 논리적이어서 숫자나 기호를 읽고 쓰고 계산하는 기능을 담당한다. 우뇌는 공간을 인식하고 시각정보를 종합적으로 파악하는 감각적 사고와 연관되어 있다. 그래서 좌뇌를 이성의 뇌, 우뇌를 감성의 뇌라고도 한다.

우뇌는 부정적인 감정을, 좌뇌는 긍정적인 감정에 반응한다는 연구 결과가 있다. 좌뇌에 뇌졸중이 발생한 환자는 마치 인생이 끝난 듯한 행동을 한다. 손상을 입은 좌뇌가 작동하지 못하면서 인생을 비관적으로 받아들이는 우뇌가 지배적이 되기 때문이다. 반대로 우뇌를 다친 환자의 경우, 실제로는 견디기 힘든 괴로움을 겪고 있으면서도 지극히 낙관적이 된다. 우뇌가 손상을 입어 자신이 처해 있는 상황을 파악하지 못하는 상태가 심해지면 신체가 마비되거나 실명이 되는 경우가 있다. 이것을 '인지불능증'이라고 부른다.

캐나다 토론토대학의 버나드 시프와 메리 라몬은 어느 쪽의 얼굴 근육을 움직이느냐에 따라 감정이 달라진다는 연구 결과를 발표했다. 연구팀은 12명의 실험 대상자에게 왼쪽 또는 오른쪽 어느 한쪽의 입술만 치켜세우는 반웃음을 짓게 하고선 1분 동안 이 상태를 유지하도록 요청했다. 그러자 왼쪽 근육을 치켜세운 실험 대상자는 시간이 흐를수록 슬픔을 경험한 반면, 오른쪽 근육을 움직인 사람은 조금 더 긍정적인 기분을 느꼈다. 그러나 이를 말로 표현하기는 어려운 것으로 나타났다.

어떤 장소에서 길을 찾는 것은 우뇌가 하는 일이다. 우뇌가 심하게 손상되면 자기 집안에 있으면서 현관조차 찾지 못한다. 우뇌가 손상되면 친한 사람의 얼굴조차 인식하지 못하는 경우가 있다. 좌뇌가 세세한 부분에 관여하는 반면, 우뇌는 전체를 파악하는 능력이 뛰어나다. 복잡한 배경에 섞여 있는 그림을 구분하거나 한눈에 패턴을 파악하는 능력도 우뇌의 역할이다.

뇌를 절반으로 나누어 보면 윗부분은 회색 물질회백질, 아랫부분은 백색 물질백질로 이루어져 있다. 그런데 우뇌에는 백질이 많고 좌뇌에는 회백질이 많다. 이런 차이는 매우 중요한 의미를 갖고 있다. 백질이 두꺼운 우뇌는 축색이 길기 때문에 멀리 있는 뉴런과도 접속이 가능하다. 같은 종류의 활동을 하는 뉴런들은 서로 모이려고 한다. 이 때문에 우뇌는 한 번에 여러 가지 기능을 동시에 수행할 수 있다. 예술품을 감상할 때처럼 감각적이고 정서적인 자극을 종합하는 것은 우뇌의 기능이다. 이처럼 수평적 사고를 할 수 있는 것은 길게 연결되어 있는 뉴런의 배열 덕분이다.

좌뇌는 뉴런이 훨씬 촘촘하게 연결되어 있기 때문에 신호 전달이 빠르다. 그래서 집약적이고 섬세한 작업을 할 수 있다. 하지만 좌뇌와 우뇌는 각기 독립적으로 운영되는 의식의 왕국이 아니다. 둘 사이에는 뇌량이라는 통로를 이용해서 끊임없이 대화를 나눈다. 이런 작업은 지극히 자연스러워서 아무리 복잡한 일이라도 훌륭하게 처리한다. 즉 좌뇌 절반을 통해 세부를 처리하는 동시에 우측 절반을 통해 전체를 파악한 다음, 이를 종합하여 판단하고 행동하는 것이다.

의식적으로 어떤 판단이나 결정을 내릴 때는 그에 관련된 중추적인 역할을 하는 뇌가 담당하지만, 실행할 때는 양쪽 뇌에서 얻은 정보가 바탕이 된다. 하지만 때때로 둘 사이의 커뮤니케이션이 끊기는 경우가 있다. 어느 한쪽이 제공하는 정보를 무시하고 다른 쪽이 마음대로 결정을 하게 되면, 말로 표현할 수 없는 불쾌한 감정을 느끼게 된다. 그래서 지배권을 갖고 있지 않은 뇌가 영향력을 행사한다는 판단이 들면 의식과는 상관없이 본능적으로 행동하게 된다. "원래 그럴 생각이 아니었는데, 나도 모르게 그렇게 되었다."라며 곤혹스러워 하는 것은 대부분 그런 경우이다.

우뇌는 좌뇌에 비해 감정적으로 변덕스럽다. 좌뇌에 뇌졸중이 일어난 사람은 화를 잘 내며 쉽게 우울해지고 회복에 대한 전망도 비관적이다. 반대로 우뇌에 손상을 입은 사람은 자신들의 처지에 대해 행복할 정도로 무관심하다.

충분한 정보가 없기 때문에 어느 한쪽 뇌만 활동하는 경우도 있다. 뇌량에서는 1,000분의 1초 단위로 수많은 정보를 전달하지만, 어느 한쪽에서 정보가 정체되는 순간이 있다. 또는 어느 한쪽이 특별히 선호하는 정보가 들어올 경우, 반대쪽 뇌는 어렴풋하게만 인식할 수 있다.

양쪽 뇌에서 정보의 소통이 매끄럽지 못하다는 것을 경험할 때가 있다. 순간적으로 맥락에 맞지 않는 말을 하거나, 뭔가를 착각해서 사소한 실수를 하는 경우는 대부분 양쪽 뇌의 커뮤니케이션에 문제가 있기 때문에 일어난다. "이유는 없지만, 그 사람은 왠지 싫어."라는 느낌이 드는 이유는 우뇌는 알고 있지만, 좌뇌가 확실히 인식하지 못하는 경우이다. 반대로 "왠지 좋지 않은 일이 생길 것 같아!"라는 느낌이 들 때는 좌뇌는 알고 있지만, 우뇌가 인식하지 못하는 경우이다.

우리 주변에서는 감각을 통해 수많은 정보들이 뇌로 들어오지만, 의식할 수 있는 것은 극히 일부에 불과하다. 우리는 마음이 확실히 정해지지 않아도 우뇌의 직감으로 행동하는 경우가 많다. 우뇌에서 일시적인 감정의 변화가 생기더라도 좌뇌에서 인식하지 못하는 경우도 있다. 느닷없이 화가 치밀어 오른다거나 이유 없이 우울한 기분이 드는 것은 우뇌의 불완전한 자극으로 인해 좌뇌가 통제하지 못하기 때문이다.

좌뇌가 적극적으로 활동할 때는 우뇌의 정서적인 반응이 억제되기 때문에 일시적으로는 기분이 희석된다. 정신 질환자의 심리치료가 가능한 이유는 좌뇌가 의식적으로 감정을 통제해주기 때문이다. 만약 감정이 솟아나는 대로 내버려 둔다면 처음의 감정이 한층 더 강화될 뿐이다.

예술 작품을 감상할 때는 양쪽 뇌의 분리가 더욱 명확해진다. 이유는 모르지만 좋다고 판단하는 것은 분석적인 좌뇌가 아니라 감수성이 강한 우뇌가 지배권을 쥐고 있기 때문이다. 광고에서 언어보다 시각적인 이미지를 강조하는 것은 우뇌에 직접적인 인상을 심어주려는 의도이다. 우리는 합리적인 판단에 기초하여 상품을 구매한다고 생각할지 모르지만, 정작 구매로 이어지는 것은 충동에서 비롯된다. 하지만 우리는 좀처럼 그런 사실을 인정하려 하지 않는다. 좌뇌는 자신의 행동이 불합리하다는 것을 받아들이기 힘들기 때문이다.

왜 오른손잡이가 더 많을까?

오른손잡이는 전체 인류에서 90퍼센트 이상을 차지하고 있다. 석기시대에 사용되었던 도구와 동굴 벽화를 분석해 보면 세밀한 작업을 할 때는 왼손보다 오른손을 많이 사용했던 흔적을 찾아볼 수 있다. 이처럼 왼손잡이보다 오른손잡이가 압도적으로 많은 이유는 이성적으로 분석하고 행동으로 옮기는데 우선권을 가진 부위가 좌뇌이기 때문이다.

오른손잡이의 95퍼센트 이상이 좌반구에 언어기능을 가진다. 왼손잡이의 경우 70퍼센트가 좌반구에, 15퍼센트가 우반구에, 나머지 15퍼센트는 좌우반구에 언어기능을 가진다. 동서양을 막론하고 사람들은 옛날부터 왼손잡이를 병으로 간주해왔다. 영어에서 오른쪽을 의미하는 'right'은 옳다는 뜻도 가지고 있다. 프랑스어로 왼쪽을 나타내는 '고슈 gauche'는 영어권에서 "솜씨가 서툴다"는 의미로 쓰이고, 이탈리아어의 '시니스트로 sinistro'는 왼쪽이라는 뜻과 함께 "불길하다"는 의미를 가지고 있다.

성서의 〈마태복음〉에서도 오른쪽으로 분류된 인간은 영원한 생명을 얻고, 왼쪽으로 분류된 인간은 영원히 지옥의 불 속에 떨어진다고 되어 있다. 이러한 편견으로 인해 부모들은 왼손잡이 아이에게 오른손을 쓰도록 강요하는 경우가 많다. 하지만 세상에 태어나는 순간부터 오른손잡이와 왼손잡이는 확실히 결정된다.

오른손잡이의 경우 임신 15주가 되면 대부분의 태아가 오른손의 엄지손가락을 빨고 있는 것을 관찰할 수 있다. 왼손잡이에 관해서는 단순히 유전이라는 주장과 태아기에 좌뇌-오른손 우선권이 확립되지 않았기 때문이라는 주장도 있다.

왼손잡이가 일종의 발달장애라는 흥미로운 가설도 있다. 캐나다 브리티시컬럼비아대학의 심리학자 스탠리 코렌은 왼손잡이의 평균 수명이 오른손잡이보다 9년이나 짧다고 주장한다. 한편 쌍둥이의 경우 약 20퍼센트가 왼손잡이인데, 이는 전체 비율보다 훨씬 높다. 그래서 왼손잡이 아이는 '쌍둥이가 되려고 하다 홀로 남은 것은 아닐까?'라고 추측하는 학자도 있다. 자궁 내의 한정된 자원을 두고 서로 쟁탈전을 벌이다가 왼손잡이만 생존하거나 자궁의 손상 때문에 왼쪽과 오른쪽의 우선권이 바뀌었다는 주장이다.

왼손잡이는 상상력이 풍부하다는 많은 연구 결과가 있다. 인류의 역사를 돌이켜볼 때 위대한 인물이나 천재 중에 왼손잡이가 많이 있다. 레오나르도 다빈치는 '최후의 만찬'과 '모나리자'를 왼손으로 그렸으며, 베토벤은 '운명' 교향곡을 왼손으로 작곡했다. 괴테는 '파우스트'

좌뇌와 우뇌의 차이점

BRAIN SCIENCE

좌뇌	시간	이성	단어	부분	분석	수리	의식	직유	구체적	언어
우뇌	공간	감정	소리	전체	직관	패턴	무의식	은유	일반적	시각

를 왼손으로 썼고, 아인슈타인도 '상대성 이론'을 왼손으로 완성했다. 이 밖에도 미켈란젤로, 뉴턴, 피카소, 처칠, 간디, 빌 게이츠도 왼손잡이다.

나는 네가 한 일을 알고 있다

1996년 이탈리아 파르마대학의 신경과학자 리졸라티는 원숭이의 뇌에 전극을 꽂아 운동과 관련된 뇌 기능을 연구하고 있었다. 원숭이가 어떤 행동을 할 때 전두엽의 특정한 뉴런이 활성화되었다. 예를 들어 어떤 뉴런은 원숭이가 접시 위의 땅콩을 집으려고 할 때만 반응했다. 그런데 우연히 연구자가 땅콩을 집었을 때, 이를 지켜보던 원숭이의 뇌에서 동일한 뉴런이 반응했다.

원숭이는 직접 행동을 하지 않고 단지 지켜보기만 했는데도 비슷한 반응을 보였던 것이다. 더욱 이상한 점은 손을 이용하는 대신 집게로 땅콩을 집을 때는 뉴런이 반응하지 않았다. 스스로 행동하거나 비슷한 생물종이 행동하는 걸 볼 때는 뉴런이 작동하지만 무생물이 동일한 작동을 할 때는 활성화되지 않았던 것이다. 리졸라티는 이것을 '거울 뉴런'이라고 이름 지었으며, 신경과학 저널인 〈뉴런〉에 "나는 네가 한 일을 알고 있다I Know What You Are Doing"라는 영화 제목과도 같은 논문을 발표했다.

타인의 행동을 추측하고 의도를 파악하는 데도 거울 뉴런이 관여한다. 연구팀은 실험 참가자들이 두 가지 상황에서 컵을 집는 장면을 관찰할 때 뇌에서 일어나는 활동변화를 관찰했다. 첫 번째는 잔에 커피가 가득 담겨 있고 쿠키를 담은 접시에 설탕과 크림이 가지런히 놓여 있는 상황을 보여주었다. 두 번째는 빈 잔과 먹다 남은 쿠키가 담긴 접시, 뚜껑이 열려 있는 설탕과 쓰러진 크림을 보여주었다. 참가자들은 첫 번째 상황에 대해 커피를 마시기 위해 컵을 든다고 해석했고, 두 번째는 컵을 치우기 위한 것으로 이해했다. 두 상황에서 거울 뉴런은 컵을 치울 때보다 마신다고 해석할 때, 즉 원초적인 식욕을 자극할 때 강하게 반응하고 작동 패턴도 다른 것으로 나타났다.

혐오감 같은 감정을 느낄 때도 거울 뉴런이 관여한다. 연구자들은 유리잔을 들어 냄새를 맡으면서 역겨워하는 장면을 실험 참가자들에게 보여주었다. 이들은 직접 냄새를 맡지 않았음에도 구토 반응을 보였고, 기능성자기공명영상fMRI으로 뇌의 활동을 분석한 결과 왼쪽 측두엽의 뇌섬엽 앞부분이 활성화됐다. 이 부분은 실제 역겨운 냄새를 맡았을 때 강하게 활성화되는 영역이다. 하지만 뇌졸중으로 이 부분이 손상된 사람은 타인이 역겨워하는 장면을 봐도 아무런 반응이 없었다.

타인의 고통을 감지하는 데도 거울 뉴런이 작동한다. 실험 대상자의 손끝을 찔러 통증을 준 다음, 타인에게 같은 방식으로 고통을 주는 장면을 보게 했을 때도 동일한 뉴런이 활성화됐다. 가족이나 친구가 아파하는 장면을 볼 때 "가슴이 아프다"고 말하지만 실제로도 고통을 느끼는 것이다. 이처럼 타인의 마음을 읽는 능력은 남자보다 여자가 뛰어나다는 연구 결과가 많이 나와 있다.

영국 케임브리지대학의 시몬 바론-코헨 교수팀은 교감지수EQ, empathy quotient와 체계화지수SQ, systemizing quotient라는 두 가지 척도를 도입해 남녀의 뇌 차이를 연구했다. 교감지수란 타인의 생각을 짐작해서 그 행동을 예측하고 적절한 감정으로 대응하는 능력이다. 반면 체계화지수는 사물을 지배하는 법칙을 파악해서 그 결과를 예측하고 대응하는 능력이다. 연인과 헤어져 낙담하고 있는 친구에게 위로의 말을 건네는 것이 교감이라면, 대포의 탄도를 계산해서 목표지점에 떨어뜨리는 것은 시스템의 결과이다.

연구에 의하면 여자는 교감지수가 높았고 남자는 체계화지수가 높은 것으로 나타났다. 이런 차이는 남자와 여자의 뇌의 구조가 다르기 때문이다. 남자의 뇌는 여자의 뇌보다 약 100그램 정도 무겁지만, 좌뇌와 우뇌를 연결하는 뇌량의 부피는 오히려 작다. 따라서 남자의 뇌는 국소적인 회로가 잘 발달되어 있고 좁은 범위의 과제 처리에 능하다. 반면 여자는 뇌량을 통한 좌우 뇌의 커뮤니케이션이 활발하고 전두엽과 두정엽이 긴밀히 협조한다.

모방을 통한 학습이나 창조에도 거울 뉴런이 작용한다. 특정 동작을 보기만 해도 실행할 때와 동일한 뉴런이 작동하기 때문이다. 리졸라티 교수는 실험 참가자들에게 숙련된 기타 연주자가 연주할 때 손가락의 움직임을 관찰하게 했다. 그러자 전두엽과 두정엽에 있는 거울 뉴런이 활성화됐다. 또한 같은 동작을 취하게 하자 동일한 부위의 뉴런이 강하게 반응했다.

최근에는 사람이나 원숭이뿐 아니라 새도 모방을 통해 학습한다는 사실이 밝혀졌다. 이탈리아 파르마대학의 피에르 페라리는 새가 지저귈 때뿐 아니라 다른 새가 지저귀는 소리를 들을 때도 동일한 뉴런이 활성화된다고 보고했다. 새는 같은 종이라도 서식지에 따라 지저귀는 패턴이 다르다는 것은 잘 알려져 있는 사실이다. 그런데 이 과정이 거울 뉴런을 통해 후천적으로 학습된다고 밝혀진 것이다. 거울 뉴런은 포유류가 좀 더 복잡하고 미묘한 행동을 인지하고 습득하기 위해 진화된 뇌의 회로인 셈이다.

거울 뉴런은 다른 사람이 하품할 때 왜 따라서 하품을 하고, 영화를 보다가 슬픈 장면이 나오면 감정이입이 되어 눈물을 흘리는 이유를 말해준다. 우리는 거울 뉴런을 이용하여 남의 행동을 모방할 뿐 아니라 그 의미를 깨달을 수도 있다.

미국 캘리포니아대학의 라마찬드란 교수에 의하면 자폐증 환자는 뇌의 여러 부위에 분포된 거울 뉴런의 활동 저하로 말미암아 타인의 의도를 이해하지 못하고 감정이입 능력이 부족하여 사회적으로 고립된다고 주장했다. 라마찬드란은 현생 인류의 뇌가 20만 년 동안 현재와 같은 크기에도 불구하고 거울 뉴런이 인류에게 언어와 도구를 사용하는 능력을 제공했기 때문에 문화가 출현할 수 있었다고 분석했다.

뇌에 관한 오해와 진실

뇌가 무거우면 머리가 좋을까?

우리는 대부분 뇌가 무거우면 머리가 좋다고 생각한다. 이와 같은 사고방식은 사물을 대할 때 질보다 양을 추구하는 거의 본능적인 인식구조에서 비롯된 것이다. 영화 속에 나오는 외계인들의 머리가 기형적으로 크게 묘사되어 있는 것도 사람들이 가지고 있는 선입견을 단적으로 보여준다.

천재나 위인의 뇌는 보통 사람보다 무거울까? 역사적으로 기록에 남아 있는 천재들의 뇌를 비교해보면 뇌의 크기와 능력은 전혀 관계가 없는 것을 알 수 있다. 보통 뇌의 무게는 1,200그램에서 1,500그램 사이로 평균 1,400그램 정도이다. 19세기 러시아의 문호 투르게네프의 뇌는 2,012그램이었으며, 독일의 철혈 수상 비스마르크는 1,807그램, 독일의 철학자 칸트는 1,650그램으로 평균보다 무거웠다. 하지만 노벨상을 받은 프랑스의 소설가 아나톨 프랑스는 1,017그램이었으며, 천재의 대명사로 일컬어지는 아인슈타인의 뇌는 1,230그램으로 평균에 미치지 못했다. 사후 아인슈타인의 뇌를 해부해서 분석한 결과 뉴런을 감싸고 있는 교세포가 일반인보다 많았으며, 수리 능력을 담당하는 두정엽이 보통 사람들보다 15퍼센트 정도 넓고, 특히 뇌의 주름이 많은 것으로 나타났다. 만약 뇌의 무게와 능력이 비례한다면 인간의 뇌보다 무거운 다른 동물들이 더 뛰어나야 하겠지만, 실제는 그렇지 않다. 인간보다 무거운 뇌를 가진 코끼리의 경우 4킬로그램이고, 향유고래는 9킬로그램이나 된다.

나이가 들면 머리가 더 나빠질까?

나이가 들면 상식, 판단력, 오래된 기억은 유지하지만 인지 기능의 정확도, 기억의 유지, 학습 능력 및 분석 능력은 떨어지게 된다. 하지만 정보처리능력이 느려질 뿐 충분한 시간을 가지고 반복해서 학습한다면 젊은이 못지않은 기억력을 유지할 수 있다.

노인들에 대한 심리검사에서도 젊은이들과 큰 차이를 보이지 않았고 심지어 '결정적 지능'은 젊은이들보다 더 뛰어난 것으로 나타났다.

결정적 지능이란 후천적 능력으로 환경이나 문화에 따라 경험을 통해 형성되는 지능이다. 주로 어휘력이나 이해력, 일반 상식처럼 학습을 통해 꾸준히 발달하는 능력으로 나이를 먹어도 거의 감소하지 않는다. 반면 '유동적 지능'은 유전적, 생리적 요인에 의한 선천적인 잠재력으로 교육이나 환경의 영향을 거의 받지 않는다. 주로 기억력과 추리력 같이 새로운 환경에 적응하고 학습할 수 있는 능력으로, 신체가 발달함에 따라 성장하다가 노화와 더불어 급격하게 퇴화된다. 노년에 가까울수록 기억력이 떨어지는 것은 바로 유동적 지능의 저하에서 비롯되는 현상이다. 한편 결정적 지능이 젊은이들과 거의 차이가 없는 이유는 뇌세포가 새로 만들어지지 않음에도 불구하고 뉴런을 연결하는 수상돌기는 계속 분화해서 뉴런의 네트워크를 더욱 강화시키기 때문이다.

나이가 들면 뇌의 크기가 줄어들까?

미국의 심리학자 스키너는 노년에 대해서 알고 싶다면 안경에 먼지를 잔뜩 씌우고, 귀를 솜으로 막고, 무거운 신발을 신고, 장갑을 낀 다음 정상적으로 하루를 보내라고 했다. 이는 나이가 들면 시력, 청력이 떨어지고 감각이 무디어질뿐 아니라 기력이 쇠잔해져서 신체적, 생리적으로 매우 불편하고 불안정한 상태에서 살아가야 함을 뜻한다.

노인이 되면 먼저 키가 줄어든다. 40세 이후에는 10년에 1센티미터씩 줄어들고 70세가 넘어가면 그 속도는 더욱 빨라져서 80세가 되면 약 5센티미터 정도 줄어든다고 한다. 마찬가지로 나이가 들면 체중도 줄어든다. 남자의 경우 50세 중반까지 몸무게가 늘다가 이후부터 줄어들기 시작한다. 여자도 60대까지 증가하다가 이후에는 남자보다 느린 속도로 감소한다.

그렇다면 뇌의 크기도 줄어들까? 최근 연구에 의하면, 인간의 뇌는 나이가 들어감에 따라 전체적으로 부피가 감소한다. 이러한 부피 감소는 70세 이후에 더욱 빠르게 진행되는데, 특히 측두엽과 해마의 부피가 두드러지게 감소한다. 해마는 기억과 연관된 곳이고 측두엽은 언어 기능, 청각과 지각 처리, 장기 기억과 정서를 담당하는 장소이다. 뇌의 부피가 줄어드는 대신 뇌실의 부피는 커진다. 따라서 뇌 자체의 크기는 줄어들지만 두개골 안의 전체 부피에는 변화가 없다.

뇌세포는 한번 죽으면 재생이 안 될까?

뇌세포는 태어난 이후의 극히 짧은 기간을 제외하면 새로운 뇌세포가 생겨나지 않는 것으로 알려져왔다. 다시 말해 출생 이후 뇌세포가 계속 손실되기만 할뿐 새로운 뇌세포가 생겨나지 않는다는 것이 정설이었다. 하지만 최근 미국 국립보건원의 존 할렌벡 박사의 연구에 따르면, 정상인의 경우에도 뇌실 주변과 해마의 특정 영역 두 군데에서 새로운 뇌세포가 만들어진다는 것이 밝혀졌다. 특히 뇌출혈로 인해 뇌에 피가 부족하게 되는 경우 새로운 뇌세포가 만들어질 수 있다. 따라서 뇌세포는 한번 죽으면 재생되지 않는다는 것은 잘못된 상식이다.

머리를 많이 쓰면 뇌세포가 많아질까?

그동안 의학과 과학은 뇌의 해부학적 구조와 기능이 고정되어 있다고 생각했다. 아동기 이후에는 생성된 뇌세포가 더 이상 성장하지 않고 쇠퇴할 뿐이며, 뇌세포가 손상되거나 죽으면 다시 회복할 수 없다는 것이 상식이었다. 뇌손상 환자들은 완전히 회복되는 경우가 극히 드물며, 살아 있는 뇌의 활동을 관찰할 수 없다는 점, 그리고 뇌는 컴퓨터처럼 정밀한 기계와 같다는 생각들은 뇌가 변할 수 없다고 믿는 근거가 되었다. 하지만 1960년대 후반부터 과학자들은 뇌가 각기 다른 여러 활동을 수행하면서 스스로를 변화시켜 더 적합한 회로를 형성한다는 것을 밝혀내기 시작했다. 이러한 뇌의 성질을 '뇌가소성 neuroplasticity'이라고 부른다. 가소성이란 용수철처럼 탄성 한계 안에서는 힘을 받더라도 원래 상태로 돌아오지만, 탄성 한계를 벗어나면 형태가 변해서 원래의 모습으로 돌아가지 않는 성질을 말한다.

우리 뇌에서는 하루 약 5만 개의 뇌세포가 죽는다. 그리고 태아에서 만들어진 뇌세포는 일생동안 변하지 않는다. 그렇다면 나이가 들어 뇌세포가 감소하면 뇌로 들어가는 혈류량과 산소 소비량도 줄어들지 않을까? 뇌 혈류와 뇌 산소소비량은 뇌가 소비하는 에너지를 나타내는 척도이다. 과학자들은 뇌세포가 줄어들면 뇌라는 기계를 작동시키는 포도당과 산소가 줄어들 것으로 생각했다. 그래서 70대 노인들과 20대 젊은이들을 대상으로 뇌 혈류량과 뇌 산소소비량을 검사한 결과, 놀랍게도 노인들과 젊은이들의 측정값이 거의 비슷하게 나왔다.

미국 일리노이대학의 심리학자 윌리엄 그리노에 따르면, 뇌의 기능은 뉴런들의 역동적인 상호작용에 많은 영향을 받는다. 그리노는 쥐에게 초콜릿 쿠키를 발로 집어먹게 하는 훈련을 시킨 결과, 발을 통제하는 뇌반구가 놀랄 만큼 커진 것을 알아냈다. 마찬가지로 미로를 통과하는 학습을 시킨 쥐와 그렇지 않은 쥐의 경우, 뇌세포 사이의 연결에서 차이가 났다. 인간의 경우도 비슷해서 신생아와 생후 3개월, 15개월 된 아이의 뇌세포를 관찰해 보면 발달이 진행될수록 신경세포들 간의 연결이 훨씬 복잡해지는 것을 알 수 있다. 이는 학습과 경험을 통해 뇌세포의 연결이 강화된다는 것을 보여준다. 결국 뇌는 일생에 걸쳐 뇌세포들의 연결과 소멸을 통해 스스로 뇌 구조를 바꾸고 있는 것이다.

뇌 표면에 주름이 많을수록 머리가 좋을까?

일반적으로 하등동물보다 고등동물일수록 뇌의 주름이 많아진다. 이런 점에 비추어 뇌의 부피나 무게보다 뇌의 표면적이 더 중요한 것처럼 보인다. 인간의 경우 대뇌피질의 주름을 펼치면 신문지 한 장 정도의 넓이가 된다. 뇌 표면의 3분의 2가 주름 속에 감춰져 있을 정도이다. 다른 동물의 경우 쥐의 대뇌는 주름이 없고, 고양이도 거의 없는 편이다. 인간보다 뇌의 주름이 훨씬 많은 동물로 돌고래를 들 수 있다. 생명체는 대뇌피질의 크기를 늘리거나 주름을 넓히는 쪽으로 진화했지만, 그것이 지능과 어떤 연관이 있는지는 아직 밝혀지지 않았다.

사람은 죽을 때까지 뇌의 10퍼센트만 활용할까?

우리는 평생 동안 뇌의 10퍼센트밖에 쓰지 못한다는 말을 종종 듣는다. 언젠가 아인슈타인이 기자에게 자신의 천재성은 "뇌를 10퍼센트 이상 써왔기 때문"이라고 말했다지만 이는 확인된 사실이 아니다. 뇌의 10퍼센트만 사용한다는 속설의 유래는 100년 이상의 역사를 가지고 끊임없이 회자되어 왔다.

우리 뇌의 활동을 실시간으로 관찰할 수 있는 첨단 영상장치들은 잠잘 때조차도 활동하지 않는 부분이란 없다는 걸 눈으로 보여주었다.

다리를 한 달 동안 깁스하고 있으면 약해지는 것과 마찬가지로 나머지 90퍼센트의 뇌가 활동하지 않으면 그만큼 쇠약해지고, 사용하지 않는 뇌세포는 결국 죽게 마련이다. 알츠하이머병은 뇌신경의 10∼20퍼센트가 손실되는 뇌질환인데, 이 정도면 기억과 의식은 황폐화된다. 우리가 뇌의 10퍼센트밖에 사용하지 못한다면 알츠하이머병 환자의 경우 나머지 90퍼센트가 활동하지 않으므로 거의 혼수상태라고 해도 무방하다.

우리 눈이 세상의 90퍼센트를 다 보지 못한다고 해서 눈을 10퍼센트밖에 쓰지 못한다고 말할 수 있을까? 우리가 의식하지 않는다고 해서 뇌가 사용되지 않는 것은 아니다. 이는 뇌의 모든 부위를 완전히 가동하는 것이 아니라 필요에 따라 특정 부위를 사용함을 뜻한다. 만약 뇌의 모든 부분이 한꺼번에 활성화된다면 천재가 되기는커녕 발광에 가까운 혼란상태에 빠질 것이다. 뇌의 기능에 있어 중요한 점은 모든 부위의 작동 여부가 아니라 뇌의 특정 부분들이 어떻게 연결되어 작동하느냐는 것이다.

Chapter 3
감정은 무엇을 느낄까

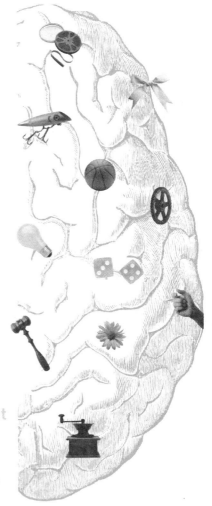

Evolution
뇌는 어떻게 진화했을까

Function
뇌는 어떻게 작동할까

Emotion
감정은 무엇을 느낄까

Mind
마음은 어디에 있을까

Perception
감각은 무엇을 인식할까

Memory
기억은 어디에 저장될까

Development
뇌를 어떻게 발달시킬까

Application
뇌를 어떻게 활용할까

감정이란 무엇인가

　　　　　　　우리는 자신의 감정을 잘 알고 있다고 생각한다. 그럼에도 우리는 감정이 도대체 어디에서 비롯되었는지조차 모르는 경우가 많다. 감정은 천천히 변하기도 하고 때로는 갑자기 변하기도 한다. 그리고 이유가 분명할 때도 있고 그렇지 않을 때도 있다. 위험에 처했을 때 우리는 의식적으로 위험을 알기도 전에 반응한다.

　감정은 우리가 어떤 사람인지를 결정하는 중요한 요소지만 때로는 의지가 끼어들 틈을 주지 않을 때도 많다. 우리는 즐거움과 기쁨의 순간을 누리고 슬픔이나 고통은 피하도록 감정을 조절하면서 살아가고 있다. 감정이 없는 삶은 황량한 사막에 사는 도마뱀의 눈에 비친 풍경처럼 무미건조할 것이다.

　가슴이 아프거나 목이 메고 짜증이 나는 것은 감정이 신체와 직접적으로 연결되어 있기 때문이다. 감정을 나타내는 것은 변연계지만, 감정의 반응을 통제하는 것은 대뇌피질이다. 변연계와 대뇌피질의 감정교류는 일방통행으로 이루어지지 않는다. 감정이 의식적인 사고나 행동을 유발하는 것과 마찬가지로 사고나 행동이 무의식적인 반응에 영향을 미친다. 감정은 감각과 비슷한 개념으로 취급되지만, 감정의 본질은 무언가를 느끼는 것이다.

인간의 감정은 색깔과 비슷하다. 기본이 되는 원래의 색이 있고 이를 혼합하여 다양한 색상이 만들어지는 것처럼 사랑, 혐오, 공포, 분노 같은 기본적인 감정과 이들이 서로 뒤섞여 복잡한 감정이 생겨난다. 의식적인 대뇌피질은 감정이 요구되는 상황을 인지하면 변연계에 적절한 행동을 취하도록 신호를 보낸다. 신호를 받은 변연계는 시상하부를 경유하여 신체에 메시지를 전달해서 그에 따른 변화를 일으키도록 만든다. 즉 신경전달물질을 방출 또는 억제하거나 호르몬을 분비하여 심박수와 혈압을 변화시킨다. 시상하부에서는 다시 신체의 변화를 감지하여 감정 반응의 메시지를 대뇌피질로 돌려보낸다.

뇌량은 사고와 의식을 담당하는 좌뇌와 우뇌의 대뇌피질을 연결하고 있다. 뇌량이 분할되면 정보의 왕래가 이루어지지 않는다. 그렇다면 정서적인 반응도 마찬가지일까? 뇌량의 아래쪽에는 전교련이라는 또 다른 경로가 있어서 대뇌피질과 변연계 사이를 연결하고 있다. 변연계는 감정과 관련된 무의식적인 신체 반응을 처리하는 영역이다. 대뇌피질에서 감정과 연관된 정보는 모두 변연계로 보내진다. 만약 그 정보가 중요한 것이라면 변연계에서 그에 반응하여 감정을 표출하도록 지시한다. 이런 반응이 대뇌피질에 피드백 되어 각각의 상태에 따라 복잡한 감정을 만들어낸다.

'감정이란 무엇인가' 라는 질문에 대해 여러 가지 관점이 있을 수 있다. 어떤 사람들은 감정이 생존을 위한 하나의 방편으로 진화해온 신체적 반응이라고 정의한다. 또 다른 관점은 뇌가 신체 반응을 느낄 때 나타나는 정신적 상태라고 보는 견해이다. 또는 어떤 특정한 방식으로 말하거나 행동하는 것이 감정의 중요한 기능이라고 보는 견해도 있다. 한편 감정이란 어떤 상황에 처했을 때 스스로 부여하는 생각이라는 관점도 있다.

이처럼 감정에 대해 정의를 내리기 어려운 이유는 감정이 우리 마음에서 가장 은밀하고 신비스러운 부분이기 때문이다. 따라서 성 아우구스티누스가 시간에 대해 말한 것처럼 우리도 감정에 대해 다음과 같이 말할 수 있을 것이다. "감정이란 무엇인가? 에 대하여 아무도 나에게 묻지 않는다면 나는 그것을 알고 있다. 하지만 누군가에게 설명하려면 나는 모른다고 말할 수밖에 없다."

300년 전에 파스칼은 "마음은 이성이 전혀 모르는 자신만의 이유를 가지고 있다."고 말했다. 오늘날 우리는 감정과 의식을 담당하는 두 개의 신경계가 독립적으로 작용하며, 이로 인해 둘 사이에 약간의 틈이 있다는 사실을 알고 있다.

인간의 심리를 설명하는 전통적 이론들에 따르면, 이성이 감정을 지배하는 역사를 문명의 발전이라고 보았다. 이러한 논리는 감정을 억제시키는 결과로 나타났다. 하지만 태조부터 뇌의 중요한 창조물이었던 감정은 거추장스러운 동물적 잔해가 아니라 우리 삶의 판도라 상자를 여는 열쇠 역할을 했다.

변연계와 신피질은 두개골 속에 서로 맞물려서 공존하며 진화해왔고, 그들 사이의 선은 해부학적 경계가 아니라 기능의 차이로 구분된다. 어떤 과학자는 변연계의 한 부분인 해마의 세포와 결합하는 항체를 개발했다. 형광색의 그 항체는 신피질은 물들이지 않고 변연계의 모든 부위에만 달라붙는다. 또한 어떤 약물을 투입하면 신피질은 손상되지 않고 변연계의 세포 조직만 파괴되는 경우도 있다. 이것은 변연계 세포막과 신피질 세포막이 진화 과정에서 서로 다른 화학적 성분을 갖게 되었기 때문이다.

양육, 사교활동, 의사소통, 놀이 등은 변연계에서 비롯된다. 어미 햄스터의 신피질을 모두 제거해도 그 어미는 계속 새끼들을 돌본다. 하지만 변연계에 아주 작은 손상이라도 입게 되면 모성 본능은 순식간에 없어진다. 변연계에 외상을 입은 원숭이는 동료들의 존재를 완전히 망각한다. 변연계 절제술을 받은 원숭이는 동료들의 분노에도 아랑곳없이 그들을 통나무나 돌처럼 밟고 돌아다녔다.

감정은 모든 행동의 뿌리로서 기본적인 반사작용을 제외한 모든 행위의 사령탑이다. 감정은 언제 어디서나 인간에게 동기를 부여하고 방향을 유도하는 안내자 역할을 한다. 감정을 깊이 있게 연구한 최초의 과학자는 찰스 다윈이었다. 『종의 기원』을 발표한 후에 그는 진화와 자연 선택에 관한 자신의 생각을 발전시켜서 세 개의 논문을 발표했다. 『인간이 길들인 동물과 식물 종들』, 『인간의 계통, 그리고 성과 관련된 선택』, 『인간과 동물의 감정 표현』이 그것이다.

마지막 논문은 1872년에 발표되었는데, 그는 감정을 생물체가 진화하면서 환경에 적응한 결과 발생한 것으로 생각했다. 그에 의하면 놀랐을 때 눈썹을 치켜뜨는 것은 눈의 움직임과 시야의 범위를 향상시키기 위한 것이고, 자극을 받았을 때 숨을 깊이 들이쉬는 것은 곧이어 갑

작스럽게 벌어질 두려운 상황에 대비하는 것이다. 또한 경멸적인 표정을 지을 때 입술을 일그러뜨리는 것은 동물들이 상대에게 적대감을 보일 때 송곳니를 드러내면서 으르렁거리는 행동이 인간에게도 남아 있기 때문이다. 다윈의 주장에 의하면, 개별적인 표현들이 적합한지 아닌지를 떠나서 감정에는 생물학적 기능이 있다고 한다. 즉 감정은 동물의 생존에 도움이 되는 어떤 기능을 한다는 것이다.

미국 캘리포니아대학의 폴 에크만은 연구를 통해서 다윈의 진화론적 감정 이론이 옳다는 것을 확인했다. 그에 의하면 감정 이론의 핵심적인 개념은 인간의 얼굴 표정이 모든 문화와 인간에게서 동일하다는 것이다. 에크만은 얼굴 표정이 문화적 학습에 의해 결정되는 것이 아니라 인류의 보편적인 언어라는 것을 밝혀냈다. 인간은 감정을 표현할 수 있는 덕분에 정교한 의사 소통 체계를 갖추게 되었다.

분노의 감정은 경쟁심을 고취시키고 상대방에게 사나운 모습을 보여준다. 질투는 번식의 기회를 빼앗기지 않도록 경계심을 불어넣는다. 경멸, 자존심, 죄의식, 수치, 모욕 등의 감정은 사회적 동물의 집단 내에서 서로의 지위에 대한 정보를 교환하는 역할을 한다. 대부분의 감정들은 생각이 필요 없다. 개나 고양이는 성숙한 변연계와 원시적인 신피질을 가진 포유동물이다. 그들의 변연계는 인간과 같은 계통에 속하기 때문에 상대방의 감정 상태를 읽고 반응할 줄 안다. 하지만 변연계만 발달한 동물은 본능적인 생존 욕구에 따라 행동할 뿐이다.

몸과 마음이 정보를 교환하는 방식은 양방향 통로와 같아서 신경 계통, 면역 계통, 내분비 계통이 서로 밀접하게 연결되어 하나의 종합적인 네트워크를 형성한다. 기분이나 감정을 조절하는 신경전달물질이나 호르몬은 단순히 뇌로만 보내지는 것이 아니라 근육, 심장, 허파, 간, 내장 및 다른 기관에도 혈액을 통해 전달된다. 감정은 머리로만 느껴지는 것이 아니라 몸 전체에서 느껴지는 것이다.

뇌의 가장 큰 역할은 자신이 속해 있는 신체를 제어하고 자신의 유전형질을 후세에 전달하는 것이다. 음악에 감동하거나 사랑에 빠지는 것은 기본적인 욕구 활동에서 부수적으로 이루어지는 행위에 불과하다. 뇌의 활동은 대부분 먹을 것을 발견하고 자신의 몸을 보호하고 섹스를 하는 기본적인 욕구를 충족시키기 위해 신체의 각 부분을 적절하게 통제하는데 사용된다. 이를 위해 뇌는 자극과 반응에 기초하는 세 가지 단계의 통제 시스템을 갖추고 있다.

1단계는 자극에 반응하여 욕구를 느끼도록 충동을 유발시킨다. 예를 들어 혈당치가 떨어지는 자극을 받으면 공복감을 느끼고, 성적인 자극을 받으면 성욕을 생기게 만든다. 이러한 충동에는 공허함이라는 감각이 수반되는 경우가 많은데, 훨씬 더 막연한 느낌의 부족함도 같은 목적을 가지고 있다. 그것은 바로 행동을 유발시키기 위한 것이다. 2단계는 실제 행동으로 이어지는 단계로서 공허함 대신 긍정적이고 즐거운 느낌을 갖게 된다. 영양분을 직접 혈액에 공급해도 생명은 유지되지만, 요리를 만들어 입에 넣어서 씹고 마시는 행위를 거쳐야 기쁨을 느낄 수 있다. 의식주와 관련된 인간의 기본적인 활동에 손이 많이 가는 이유도 바로 그 때문이다. 3단계는 행동을 끝낸 뒤에 찾아드는 만족한 상태이다.

'욕구-행동-만족감'이라는 사이클은 매우 효율적으로 유지된다. 배가 고프면 식사를 하게 되는데, 그동안 즐겁고 만족스러운 기분이

든다. 하지만 이런 시스템이 고장나는 경우가 있다. 그렇게 되면 충동이 생겨도 적절한 행동으로 이어지지 않거나 정상적인 행동을 해도 만족감을 느낄 수 없게 된다. 뇌의 중요한 부분에 문제가 생기면 겉으로는 정상적으로 보여도 일상생활은 엉망이 된다. 뇌의 손상은 욕구나 충동이 전혀 생기지 않거나 반대로 너무 지나치게 만든다. 욕구가 없어서 배고픔을 느끼지 못하면 굶어죽게 되고, 욕구가 지나치면 끊임없이 먹어댈 것이다.

뇌는 알기 전에 먼저 느낀다

미국의 심리학자 윌리엄 제임스는 외부의 자극에 의한 몸의 생리적 변화가 감정보다 먼저 일어난다고 주장했다. 오감을 통해 입력된 정보는 먼저 시상에서 처리된 후 각각의 감각 영역으로 보내진다. 예를 들어 수풀에서 갑자기 뱀이 나타나면 심장이 두근거리고 신체가 덜덜 떨리는 생리적인 변화가 일어난다. 그리고 무섭다는 감정이 생기면서 뇌가 먼저 지시하기 전에 재빨리 뒤로 물러서게 된다.

감정적인 자극으로 인한 정보는 두 개의 경로를 통해 전달된다. 먼저 첫 번째 경로는 뇌의 뒷부분인 후두엽의 시각 영역을 거친다. 이곳에서 뱀에 대한 정보는 단지 "길고 가느다란 것이 꿈틀댄다"는 정도에 불과하다. 이 정보가 전두엽의 인지 영역에 도달하고 나서야 그것이 무엇인지를 판단할 수 있다. 장기기억으로 저장되어 있는 뱀에 대한 정보를 통해 위험하다는 느낌의 메시지를 편도체에 전달해야만 신체가 움직일 준비가 되어 있는 것이다. 이처럼 첫 번째 경로는 길고 구불 구불하기 때문에 위급한 상황에 대처하기 힘들다. 그래서 신체의 안전에 대한 욕구를 충족시키기 위해 훨씬 빠른 제 2의 경로가 작동한다.

시상과 편도체는 서로 가까운 곳에 있으며 신경조직 다발로 연결되어 있다. 편도체 역시 투쟁 혹은 도피 반응을 조절하는 시상하부와 연결되어 있다. 이곳을 경유하는 정보는 1,000분의 1초의 속도로 신체의 반응을 유도한다. 따라서 뱀을 보았을 때 그것을 뱀으로 인식하기 전에 이미 몸은 화들짝 놀라 순식간에 뒤로 물러난다. 그 다음 인지 영역에서 보내온 정보를 통해 그 물체가 뱀인지 막대기인지를 확인하고 도망갈 것인지 지나칠 것인지를 판단하게 된다.

모든 기억에 해마가 관련되어 있는 것은 아니다. 연구에 의하면 무의식적인 기억은 편도체에 저장된다는 사실이 밝혀졌다. 과거의 일을 떠올릴 때 해마는 의식적인 기억을 불러일으키는데 비해, 편도체는 신체적인 기억을 떠올린다. 편도체에 뿌리박힌 무의식적인 기억은 그 원인을 만든 특정한 체험과 상관없이 불현듯 떠오르는 경우도 있다. 기억의 강도가 센 경우에는 발작을 일으키는데, 이때 외부에서 의식적인 자극을 받으면 바로 '공포증' 이 된다. 기억이 편도체에 각인되면 그때부터는 자신의 의지로 조절할 수 없게 된다. 신체가 자동적으로 반응함에 따라 이전의 감각이 살아나면서 정신적 외상을 경험하는데, 이런 상태를 '정신적 외상 후 스트레스 장애' 라고 부른다.

무의식적인 기억은 강한 스트레스를 받을 때 형성되기 쉽다. 스트레스를 받을 때 방출되는 호르몬이나 신경전달물질이 편도체의 흥분을 더욱 강화시키기 때문이다. 트라우마, 즉 정신적 외상이 의외로 심각하거나 장기간에 걸쳐 이뤄지면 스트레스에 의해 해마가 위축되거나 손상을 입을 수도 있다. 심한 정신적 외상을 남긴 사건에 대해 잘 기억하지 못하거나 단편적이고 불확실하게 기억할 수밖에 없는 것은 그런 이유 때문이다.

우리는 왜 사랑에 빠질까

그리스 신화에 나오는 불행한 남자 오이디푸스는 원초적 욕망의 대상으로서 어머니를 사랑한다. 오이디푸스 콤플렉스란 유아기의 남자 아이가 어머니를 독차지하기 위해 아버지를 경쟁의 대상으로 생각하는 심리 현상을 말한다. 프로이트에 의하면 사랑과 불륜의 심리는 모두 어머니에게서 비롯된다. 남자가 선택하는 모든 여자는 결국 어머니의 대체물이기 때문이다. 프로이트에 의하면 남자가 불륜을 꿈꾸는 이유는 또 다른 어머니인 아내에 대한 근친상간의 욕망에서 비롯된 죄의식 때문이라고 보았다.

진화생물학의 측면에서 보면 사랑에 빠지고 불륜을 저지르는 이유는 어머니에 대한 욕망과는 거리가 멀다. 성적 욕망은 이기적인 유전자와 호르몬의 변화에서 비롯된다. 이기적인 유전자가 자신의 유전자를 보존하기 위해 사랑에 빠지도록 만든다. 그렇다면 사랑에 빠져 결혼을 하고 또다시 불륜을 꿈꾸는 이유는 무엇일까?

남녀가 어떤 방식으로 사랑에 빠지고 짝을 고르는가 하는 문제는 많은 연구에도 불구하고 정답이 없지만, 과학자들이 의견의 일치를 보이는 항목들이 있다. 오랫동안 얼굴의 대칭 문제를 연구해 온 미국 뉴맥

시코대학의 랜디 손힐에 의하면, 대칭상태가 완벽한 상대를 만나 자식을 낳으면 자손 역시 대칭이 되고 불안 요인에 잘 대처할 수 있는 능력이 만들어진다고 한다. 때문에 남녀 모두 대칭형 얼굴을 가진 이성을 매력적이고 건강한 것으로 평가한다. 그의 연구에 의하면, 얼굴의 대칭성이 높은 남자일수록 섹스 파트너의 수가 많은 것으로 나타났다.

생태학자들은 모든 동물종의 암컷이 몸의 좌우대칭이 잘 맞는 수컷을 선호한다는 것을 알아냈다. 완벽한 몸의 균형이 중요한 이유는 질병이나 기능 장애, 혹은 유전자의 결함으로 인해 새로운 유전자 전달을 방해할 수도 있기 때문이다. 몸이 완벽하게 대칭을 이룬 수컷일수록 면역체계가 튼튼하고 건강한 정자를 제공할 수 있다는 것이다. 또한 외형적으로 대칭인 사람이 그렇지 않은 사람보다 신체적, 심리적으로 훨씬 더 건강하다고 한다. 못생긴 남자가 데이트를 꺼려하는 이유는 진화론적 생존을 추구하는 여자의 무의식이 보내는 거부 반응 때문일지 모른다.

미국 앨버커키대학의 연구팀은 이성과 섹스에 대해 적극적인 86명의 커플들을 관찰했다. 연구팀은 이들 각자에게 성적 경험과 오르가슴에 관한 질문을 던졌다. 그리고 각각의 얼굴을 사진으로 찍어 대칭 상태를 분석한 결과, 대칭적인 얼굴의 파트너와 함께 지낸 여자들이 더 많은 오르가슴을 느끼는 것으로 나타났다. 그러나 여자의 경우 매력적인 용모 외에 남자의 구애방식 등 더 복잡한 요인이 작용하는 것으로 밝혀졌다.

외형 못지않게 호르몬 또한 중요한 역할을 한다. 에스트로겐은 여자의 얼굴 턱을 비교적 작고 짧게 만들고, 이마도 작게 만들어 눈을 두드러지게 보이도록 한다. 반면 테스토스테론은 남자의 얼굴 아랫부분과 턱을 크게 만들고 이마도 두드러지게 만들기 때문에 이런 남녀별 특성은 생식력을 나타내는 징표로 작용한다.

남녀 모두 상대를 찾는데 있어 균형 잡힌 체형도 중요하다. 남자가 추구하는 여자의 육체적 매력에 대한 최고의 척도는 'S 라인' 몸매를 꼽을 수 있다. 골반에 대한 허리둘레의 비율WHR은 허리 둘레를 엉덩이 둘레로 나눈 값으로, 대부분의 여성은 0.7에서 1.0 사이의 값을 지닌다. 남자들에게는 이 비율이 0.7인 여자가 가장 매력적으로 보이며, 이는 자식을 낳아 돌볼 능력과 육체적 건강함을 뜻한다. 반면 여자에게는 이 비율이 0.8∼1.0 사이의 남성이 매력적으로 보이며, 어깨가 넓은 남성은 가산점을 얻는다는 연구가 있다.

매력을 결정하는 요인들은 초기의 판단에 영향을 미치지만, 보다 장기적인 관계는 시각이나 후각 그 이상의 것으로 결정된다. 한 연구에 따르면 친구나 연인을 고르는 데 비슷한 유전자가 차지하는 비율이 34퍼센트나 되며, 배우자의 유전자가 파트너와 비슷할수록 행복한 결혼생활을 하는 것으로 나타났다.

남자는 생존과 번식을 위해 자신의 씨앗을 최대한 많이 뿌리려는 의도를 갖고 있다. 남자는 여러 여자들과 성관계를 맺으면 맺을수록 자신의 후손을 피뜨릴 확률이 높아진다. 하지만 여자는 1년 동안 수많은 남자들과 성관계를 맺어도 아이는 단 한 명밖에 낳지 못한다. 또한 여자는 아이를 갖기 위해 9개월 동안의 임신 과정을 거쳐야 한다. 반면 남자는 고작 몇 분의 노력으로 아이를 만든다. 새로운 생명을 탄생시키려는 노력의 관점에서 볼 때 남자와 여자 사이에는 한없이 큰 격차가 존재한다.

여자가 임신을 하게 되면 남자는 더 이상 성행위에 대한 보상을 받지 못하게 된다. 그리고 여자가 아이를 낳아 양육에 모든 관심을 쏟는다면 남자는 다른 여자를 찾아 헤매 다니고, 그에 따라 남자는 더욱 다양한 성적 상대를 원하게 된다. 그러나 성행위에는 두 사람이 필요하고 수학적으로 성행위 횟수는 남녀 모두 같을 수밖에 없다. 실제로 많은 상대를 원하는 남자의 열정은 그런 욕망을 공유하는 여자가 없다면 이루어질 수 없을 것이다.

여자의 경우 결혼으로 안전한 보금자리를 확보했다 하더라도 이기적인 유전자는 끊임없이 최상의 배우자를 찾으려고 한다. 여기서 여자의 불륜이란 생계를 책임지는 남자가 아닌 최상의 유전자를 가진 남자를 추구하려는 욕망의 한 형태로 나타난다.

역사적으로 볼 때 여자가 외도에서 얻는 이익은 매우 다양하다. 가장 확실한 이익은 상대가 제공해주는 직접적인 물적 자원이다. 또한 여자들은 내연의 상대를 통해 유전자의 질을 향상시킬 수도 있다. 이것은 왜 수컷 공작의 꼬리가 더 커지고 아름다운 이유를 설명해준다. 수컷 공작의 경우 꼬리가 화려하고 클수록 포식자의 눈에 쉽게 띄고 그만큼 생존에 위협이 된다. 그럼에도 불구하고 수컷이 꼬리를 화려하게 펼치는 이유는, 암컷에게 있어 수컷이 건강한 새끼를 낳을 수 있는 좋은 유전자를 가지고 있는 것으로 받아들여진다.

섹스는 왜 즐거울까

남녀의 뇌는 호르몬과 행동, 환경에 의해 달라지기도 하지만 태어나기 전에 이미 유전자에 의해 결정된다. 이런 차이는 남녀의 행동에 그대로 반영되며, 인간에게만 한정된 것이 아니라 모든 포유류에서 공통적인 현상이다. 남자는 섹스할 때 적극적이고 주도적으로 행동하는 반면, 여자는 수동적으로 받아들이는 역할을 한다.

성적인 충동은 시상하부에서 만들어져서 변연계와 대뇌피질의 넓은 부위에 전달된다. 전두엽은 의식 수준이 가장 높고 추상적인 사고를 담당하는 장소인 동시에 성적인 충동을 불러일으킨다. 따라서 고매한 도덕성과 은밀한 성욕이 서로 얽혀 있기 때문에 인간과 동물이 공존하는 곳이기도 한다. 만약 전두엽이 손상되면 외설적이거나 성적인 욕구를 억제하지 못하는 색정항진을 불러일으킨다.

전두엽과 두정엽이 만나는 곳에는 감각 영역과 운동 영역이 있다. 이곳은 신체의 각 부분과 이를 담당하는 뇌의 영역이 일대일로 대응한다. 그중에서 성기에 해당하는 부분은 머리와 배를 전부 합친 부분보다 크다. 이곳을 자극하기만 해도 성기에는 흥분이 일어난다. 하지만 인간의 섹스는 단순히 허리를 움직이고 사정하는 것만이 전부는 아니다.

섹스에는 변연계의 복잡한 감정과 대뇌피질의 사고가 얽혀 있으며, 우리는 이것을 '사랑'이라고 부른다. 인간의 뇌는 성적인 결합에 기쁨을 느끼고 이별에 불쾌감을 느끼도록 진화해 왔다. 그런 점 때문에 섹스는 단순히 호르몬과 신경전달물질의 상호작용으로 끝나지 않고 더욱 복잡한 행위로 발전되었다.

사랑의 초기 단계에서 얻어지는 도취감은 도파민과 페닐에틸아민의 작용 때문이다. 섹스를 하고 싶다는 충동은 테스토스테론과 에스트로겐이 담당한다. 반면 애인이나 부모 자식 사이의 깊은 유대 관계는 옥시토신이라고 불리는 호르몬의 작용 때문이다. 옥시토신은 시상하부에서 생성되어 생식기관을 자극하는데, 특히 오르가슴을 느낄 때나 출산 마지막 단계에서 다량으로 분비된다. 이 호르몬은 몸이 붕 뜨는 듯한 느낌이나 마음이 온화하고 충만된 감각을 불러일으켜서 상대와의 결합을 촉진시킨다.

옥시토신은 체내의 천연 마약인 엔돌핀과도 밀접하게 연관되어 있다. 연인들이 헤어질 때 마음이 동요하는 것은 옥시토신이 다량으로 분비되기 때문이다. 옥시토신이 많아지면 현실과 동떨어지고, 특히 사랑하는 사람에 대해 객관적인 평가를 할 수 없게 된다. 상대의 결점을 눈감아주고 터무니없이 낙관적인 미래를 꿈꾸게 된다. 사랑은 화학물질이 만들어내는 일종의 광기인 셈이다.

섹스에 대한 유혹을 느끼고 성행동을 유발시키는 부위들은 신경전달물질과 성호르몬의 작용에 의해 활발해진다. 성적 자극으로 시상하부가 흥분되면 대뇌피질은 신호를 받아 성행위에 필요한 준비를 한다. 또한 시상하부의 신호는 뇌간으로 전달되어 페니스를 발기시킨다. 성행위가 시작되면 운동 중추가 활동하기 시작하고, 오르가슴에 도달할 때는 시상하부에서 고환으로 사정의 신호를 보낸다.

이런 동작은 순조롭게 이루어지지만 뇌에 손상이 있거나 기능 부전이 있는 경우에는 특정한 행위가 생략되거나 뒤죽박죽이 된다. 예를 들어 간질 발작을 일으켰을 때 시상하부가 자극되면 성적 흥분이 없음에도 불구하고 사정을 하면서 쾌감이 없는 오르가슴에 도달한다. 이런 의미에서 오르가슴이란 일종의 '반사성 간질'이라고 할 수 있다. 시상하부 옆의 '중격'이라는 곳이 손상되면 발기 상태가 지속된다. 반대로 성 행동과 관련된 편도체에 자극이 부족하면 발기부전이 초래된다. 즉 시상하부에서 보낸 성적 신호가 뇌간에 도달하지 못하면 발기가 이루어지지 않는 것이다.

오르가슴은 도파민이 대량으로 분비될 때 생기며, 옥시토신은 성교 후에 나른한 이완상태를 불러온다. 남자가 사정을 한 후에 여자가 오르가슴에 도달하면 수정의 가능성이 높아진다. 여자의 성적 쾌감은 아이러니하게도 뇌가 작동하지 않을 때 시작된다. 공포 및 불안 중추인 편도체가 활동을 하지 않을 때라야만 비로소 오르가슴에 도달할 수 있기 때문이다. 그리고 여자는 스트레스가 없는 편안한 상태에서 섹스를 하고 싶어 한다. 여자가 스트레스를 받게 되면 코르티솔이 분비되어 옥시토신의 활동을 방해하면서 섹스에 대한 욕망을 억제시킨다. 반면 남자는 스트레스가 높을 때 애정의 신경회로가 활성화된다.

남자의 오르가슴은 단순하다. 성적 클라이맥스가 일어나면 특정한 신체기관에 혈액이 몰리게 된다. 이에 반해 여자가 오르가슴을 느끼기 위해서는 여러 신경회로들의 연합이 필요하다. 이때 가장 중요한 것은 상대방에 대한 신뢰감이다. 여자는 오르가슴을 느낄 때 생리적 요인과 심리적 요인에 영향을 받는다. 대부분의 여자들은 남자에게 화가 나 있거나 불안, 긴장 상태에 있으면 섹스를 하지 못한다.

여자가 바람을 피우는 이유

훌륭한 파트너와 결합해 후손을 생산하는 것은 양성생식을 하는 모든 동물의 자연적인 본능이다. 여자의 몸은 확실하게 임신할 수 있는 시기에 섹스를 원하도록 조정되어 왔다. 여자의 후각과 뇌 회로는 특히 배란 직전에 예민해지는데, 냄새는 감정과 기억뿐 아니라 성행위와도 강력하게 연결되어 있다. 이때 여자는 일반적인 냄새 외에도 남자의 페로몬에 민감하게 반응한다.

페로몬은 피부와 땀샘을 통해 공기 중에 뿜어내는 화학물질로 감정에 변화를 일으키고 성욕에 영향을 미친다. 에스트로겐이 배란을 유도할 동안 뇌는 냄새에 대해 민감하게 반응한다. 땀 한 방울의 100분의 1에 해당하는 페로몬만 방출돼도 강력한 영향력이 발휘된다. 따라서 향수회사들이 이러한 물질을 첨가하려고 열을 올리는 것은 결코 놀랄 일이 아니다. 하지만 여자들의 냄새에 대한 반응은 월경주기에 따라 달라진다. 예를 들어 임신의 절정에 이른 배란 직전의 여자는 남자의 땀샘에 포함되어 있는 안드로스타디에논에 노출되면 금세 기분이 좋아진다. 대기 중에 떠도는 페로몬은 적어도 몇 시간 동안 여자를 기분 좋게 만들어준다. 하지만 안드로스타디에논은 오직 여자의 뇌만이 감지할 수 있다.

체코 프라하 찰스대학의 얀 하블릭은 남자의 체취와 여자의 후각을 이용해 페로몬과 여자의 뇌에 관한 새로운 이론을 만들었다. 이미 파트너가 있는 배란기의 여자는 보다 지배적인 다른 남자의 냄새를 선호하지만, 독신 여성들은 그렇지 않다고 한다. 그의 주장에 의하면, 일단 가정을 꾸린 여자는 최상의 유전자를 가진 남자를 찾아 은밀하게 움직이려는 생물학적 충동을 보인다. 한 연구에 의하면 결혼한 배우자 사이에 자기 자식으로 알고 있던 아이가 유전적으로 아무 관련이 없는 것으로 드러난 경우가 10퍼센트에 달했다. 이미 가정을 꾸린 여자들은 왜 바람을 피우는 걸까?

임신의 가능성이 커지는 월경주기 2주째에는 배우자가 아닌 다른 멋진 남자들에게 끌릴 가능성이 높아진다. 한 가지 흥미로운 연구 결과에 의하면, 애인을 따로 두고 있는 여자의 경우 고정 파트너와의 섹스에서 가짜 오르가슴을 더 많이 연출한다고 한다. 남자들은 섹스 후에 여자가 만족했는지 궁금해 하는데, 이는 여자를 성적으로 만족시키면 여자가 바람을 피우지 않을 것으로 생각하기 때문이다. 결국 여자의 가짜 오르가슴 연출은 자신의 부정을 알아채지 못하도록 신경을 분산시키는 기능을 한다. 과학자들은 여자들이 혼외 섹스를 하게 되면 남편의 정자를 거의 보존하지 않는다는 것을 밝혀냈다. 여자들은 은밀하게 만나는 애인의 정액을 더 많이 보존하며, 더 많은 오르가슴을 경험한다. 결국 여자는 함께 생활하는 남자보다는 바깥에서 만난 매력적인 남자에게서 오르가슴을 느끼는 것이다.

호르몬이 알려주는 섹스의 비밀

사랑하는 사람과의 관계에서 여자가 대화를 매우 중요하게 생각하듯, 남자에게는 섹스가 그만큼 중요한 의미를 지닌다. 남자와 여자가 섹스에 관해 생각하고 반응하고 경험하는 방식이 서로 다른 것은 섹스 중추의 크기가 다른데서 비롯된다. 남자 뇌의 섹스 중추는 여자에 비해 2배 정도 커서 섹스에 관한 생각을 많이 한다. 20~30대 남자의 85퍼센트는 52초마다 섹스에 관해 생각하는 반면, 여자는 평균 하루에 한 번 정도 생각한다. 남자는 생식선에 압박을 느껴 자주 사정을 하지 않으면 전립선에 이상이 생긴다. 하지만 여자는 오르가슴을 느끼지 않아도 클리토리스에 아픔을 느끼지 않는다. 섹스의 차이를 유도하는 뇌의 구조적 변화는 수정된 지 8주쯤 지났을 때부터 시작된다. 남자의 섹스 중추가 커지는 것은 이 시기에 다량으로 분비되는 테스토스테론 때문이다. 한편 테스토스테론이 두 번째로 왕성하게 분비되는 시기는 사춘기 때이다.

요즘은 결혼한 여자도 일을 원하기 때문에 업무에 대한 부담을 느끼는 경우가 있다. 이때 남자와 여자의 섹스에 대한 관점은 사뭇 달라진다. 여자는 업무에 대한 스트레스를 느끼면 성욕이 줄어드는 반면, 남자는 오히려 커지는 경향이 있다. 그런데 막상 남자가 다가오면 여자 역시 섹스를 즐기고 오르가슴에 도달한다. 일단 시작을 하면 문제가 없지만, 시작을 하기 전까지는 스트레스가 성욕을 억제시킨다. 이러한 문제는 직장생활을 하는 여자들에게서 흔히 나타나는 불만 중 하나이다.

임신이 되면 여자의 뇌는 모성본능을 자극하는 엄마의 뇌로 변환되며, 지금까지의 사고방식과 가치관에도 커다란 영향을 준다. 탯줄을 통해 태아에게 혈액이 공급되기 시작하면 호르몬의 변화가 두드러지게 나타나고 몸에도 많은 변화가 찾아온다. 프로게스테론 수치가 높아지고 유방은 부드러워지며, 뇌 회로들은 졸음에 취한 듯 기분 좋은 상태에 빠진다. 이로 인해 이전보다 더 많은 휴식과 음식을 원하게 된다. 특히 특정 냄새에 과도하게 민감해지면서 자주 토할 것 같은 기분이

드는데, 이는 태아에게 해가 될지도 모르는 음식을 먹지 않으려는 뇌의 신호이기도 하다.

이성과의 성행위를 상상하기 때문에 성기가 발기될까? 아니면 성기가 발기되기 때문에 성행위를 상상하는 걸까? 대부분의 경우 후자에 속하는 것 같다. 체내에서 매일 10회 내지 15회에 걸쳐 분비되는 호르몬은 우리로 하여금 섹스에 대해 생각하도록 만든다.

미국의 신경생물학자 어니스트 로시에 의하면, 우리 몸은 매 90분마다 성적 자극을 일으키는 테스토스테론을 분비한다고 한다. 그래서 어느 순간 성적 상상에 사로잡혀 있는 자신을 발견하게 되고 성적 자극을 유발하는 멋진 모습의 이성에 주목하게 된다. 심지어 무의식적으로 성기가 발기되는 부분적인 신체 반응이 일어나기도 한다. 이러한 현상은 테스토스테론의 영향을 많이 받는 남성의 경우에 두드러지게 나타난다. 하루 중 테스토스테론의 분비가 최대에 달하는 아침 해가 뜬 직후, 여성들은 배우자의 성기가 발기해 있는 것을 쉽게 발견할 수 있을 것이다.

남녀의 섹스와 관련된 호르몬

- **테스토스테론** 남녀 모두에게 성적 욕망을 부추기는 것은 테스토스테론인데, 이 화학물질은 '남성호르몬'으로 잘못 알려져 있다. 이것은 섹스와 공격에 관련된 호르몬이며, 남녀 모두에게 많이 분비된다. 남자는 고환과 부신피

질에서, 여자는 난소와 부신피질에서 생산된다. 테스토스테론은 시상하부를 자극해서 성욕에 불을 지피고 육체적 성감대를 각성시킨다. 뇌에 성적 신호 등을 켜는 과정은 남녀 모두가 같지만, 남자는 여자보다 100배 이상의 테스토스테론을 필요로 한다. 중학교 2~3학년과 고등학교 1학년을 대상으로 한 연구에서 테스토스테론의 수치가 높을수록 이성에 대한 생각과 자위를 더 많이 하는 것으로 나타났다.

10대에 이르면 성적 관심이 부쩍 상승하지만, 성적 욕구와 행위 자체에 있어서 남녀 간에 커다란 차이를 보인다. 9~15세 남자의 경우에는 테스토스테론 수치가 25배나 증가한다. 한편 8~14세 여자의 경우 에스트로겐 수치가 10~20배 정도 증가하지만, 테스토스테론 수치는 고작 5배 정도 증가한다. 따라서 10대 소년들은 또래의 소녀들에 비해 3배 이상의 성욕을 느낀다. 남자는 사춘기를 지난 이후에도 테스토스테론 수치가 지속적으로 증가하지만, 여자의 성호르몬은 매주 밀물과 썰물처럼 주기를 반복하면서 성적 흥분도가 달라진다.

• 프로게스테론 여자는 성욕이 억제되는 월경주기 2주 중반쯤에 프로게스테론의 분비가 증가한다. 이 화학물질은 테스토스테론의 효과를 감소시키는 역할을 한다. 이 기간에는 테스토스테론과 더불어 에스트로겐의 분비도 증가한다.

• 에스트로겐 에스트로겐은 그 자체로 성욕을 높이지는 않지만, 질 내벽을 촉촉하게 해주는 윤활유 역할을 해서 섹스에 도움을 준다. 에스트로겐은 주로 난소와 태아에 영양분을 공급하는 태반에서 분비되며 부신과 남자의 정소에서도 소량 분비된다. 또한 에스트로겐은 남자와 여자의 몸을 다르게 만들어준다. 보통 여자의 골격은 남자보다 작고 짧으며, 골반은 넓고 어깨는 좁다. 여자의 몸은 근육, 유방, 둔부, 허리 등을 덮고 있는 지방 조직 때문에 곡선을 이룬다. 에스트로겐에 의해 체모는 가늘고 그리 뚜렷하지 않으며, 머리카락은 남자에 비해 영구적이다. 후두는 작고 성대가 짧아 더 높은 음을 내며, 지방성

물질을 분비하는 피지선의 활성을 억제하기 때문에 남자보다 여드름이 적다.

• **프로락틴** 양육과 젖샘을 자극하는 호르몬으로 아기가 젖을 빨 때 분비된다. 아이가 태어나기 직전 몇 주 동안 아빠 뇌에서도 프로락틴 수치가 20퍼센트 증가하는 것으로 알려져 있다.

• **코르티솔** 스트레스를 유발하는 호르몬으로 애정 관계가 위협받거나 상실될 때 여자 뇌에서 방출된다. 옥시토신의 활동을 방해함으로써 스킨십과 섹스에 대한 욕망을 없애기도 한다.

웃음은 인간이 가진 고유한 특성일까

아기는 태어나는 순간부터 얼굴 표정에 민감하게 반응한다. 어머니가 젖먹이 아기에게 미소를 지으면 아기도 어머니를 따라 미소를 짓는다. 이처럼 웃음은 인간에게 자연스럽고 보편적인 특성이다. 모든 사회의 문명과 문화 속에는 어떤 형태로든 웃음과 유머가 내포되어 있다. 아리스토텔레스는 "인간은 웃을 수 있는 유일한 동물"이라고 말했다. 웃음이 자연선택을 통해 진화한 이유는 무엇일까? 미국의 신경학자 라마찬드란 교수에 의하면 웃음은 '위험하지 않다'는 것을 알려주는 신호라고 한다.

인간은 일생 동안 50만 번 이상 웃는다고 한다. 미국 메릴랜드대학의 로버트 프로빈에 의하면 웃음은 사회적인 상호작용을 나타내는 보편적인 언어다. 사람은 혼자 있을 때보다 다른 사람과 함께 있을 때 30

배가량 더 웃는다. 웃음이 터져 나오는 순간 실제로 웃기는 경우는 별로 없고 고작 15퍼센트 정도만이 농담에 해당한다. 또한 서로 이야기할 때 말하는 사람이 듣는 사람보다 더 웃는다.

'웃음은 만병통치약'이라는 말이 있다. 웃으면 뇌하수체에서 엔돌핀이 생성되고 스트레스 호르몬이 억제된다. 웃음은 횡격막과 배, 호흡기, 얼굴 등의 근육을 빠짐없이 운동시키고 혈액에 더 많은 산소를 공급하여 혈액순환이 원활해진다. 우리는 웃을 때마다 보상을 받는데, 그것은 즐거워서 웃는 것이 아니라 웃어서 즐겁기 때문이다.

뇌의 웃음 회로에서 중요한 역할을 하는 것이 거울 뉴런이다. 다른 사람의 동작을 따라 하거나 상대방의 감정을 잘 읽을 수 있는 것도 거울 뉴런 때문이다. 연구에 의하면 웃음소리만 들어도 우리 뇌는 웃을 준비를 한다고 한다. 건강한 몸을 가진 사람은 남들보다 더 유머가 많고 그만큼 웃음이 많다는 것을 보여준다. 여자가 유머 있는 남자를 좋아하는 이유는 변연계와 신피질이 골고루 발달했다는 것을 본능적인 직감으로 알고 있기 때문이다.

우리가 감정을 표현하는 이유는 자신의 신체 반응과 이에 따른 생각을 외부에 표출해서 다른 사람에게 영향을 미치기 위해서이다. 인간의 얼굴은 수천 가지 이상의 표정을 갖고 있으며, 표정은 인간관계를 원만하게 만드는 강력한 도구이다.

미국 캘리포니아대학의 폴 에크만은 인종과 문화를 떠나 인간에게 나타나는 공통적인 얼굴 표정을 여섯 가지로 분류했다. 그에 따르면 기본적인 표정에는 놀람, 행복, 분노, 공포, 혐오, 슬픔이 있다. 연구에 의하면 기본적인 감정 외에 그것들이 서로 혼합되어 나타나는 복잡한 감정들이 있다. 정서의 통합은 마치 기본색들을 섞어서 새로운 색을 만들 수 있는 색상환의 개념과 비슷하다. 공포와 분노 같은 기본 감정들은 인간과 동물 모두에게 공통적으로 나타나지만, 기본 감정 외에 고차원적인 감정들은 인간에게만 특징적으로 나타난다.

거짓 웃음은 진심으로 즐거워서 웃는 미소와는 완전히 다르다. 지어낸 웃음은 금세 흔적도 없이 사라지지만, 자발적인 웃음은 오래 남아 천천히 사라진다. 하지만 진짜 근본적인 차이는 웃음에 사용되는 근육과 그것을 통제하는 뇌 회로가 전혀 다르다는 점에 있다. 프랑스의 해부학자 뒤센느는 자발적인 웃음이 무의식적으로 발생하는 반사적인 동작이라는 것을 밝혀냈다. 이에 반해 가짜 웃음은 대뇌피질에서 의식적으로 만들어내는 것이다. 뇌는 의식적으로 다양한 표정을 만들어낼 수 있지만, 얼굴 근육은 대뇌피질의 통제를 받지 않기 때문에 우리는 진짜 웃음을 일부러 만들어낼 수 없다.

에크만에 의하면 인간의 얼굴에 있는 42개의 근육이 표정을 만들어낸다. 그는 이 근육들의 움직임을 분석해서 19가지의 서로 다른 미소를 발견했다. 그 중에서 오직 한 가지만 진짜 미소이고 나머지 18가지는 타인에게 자신의 감정을 드러내고 싶지 않을 때 사용하는 거짓 미소다. 아주 난처해진 상태에서 짓는 쑥스러운 미소가 있는가 하면, 두려움을 감추기 위해 짓는 미소도 있고, 나쁜 일을 하면서 진심을 숨기기 위해 짓는 위선적인 미소도 있다.

웃을 때는 광대뼈의 큰 근육이 움직인다. 이 근육은 광대뼈에서 윗입술에 걸쳐 있으며 입술 끝을 위로 끌어당긴다. 그리고 다른 근육들이 일종의 오케스트라를 이루어 약간씩 다른 가짜 웃음을 만들어낸다.

이것들은 진정으로 기뻐서 웃는 웃음과는 거의 상관이 없는 것들이다. 진짜 웃음은 입술 끝이 위로 당겨질 뿐 아니라 두 눈이 약간 모아져서 눈가에 주름이 생기고 두 뺨이 약간 들려질 때 나타난다. 이때 눈가의 괄약근이라 불리는 표정근이 수축하는데, 의지만으로는 이 근육을 움직일 수 없다. 자연스런 표정을 짓기 위해 카메라를 응시할 때 사람들이 어색해지는 이유는 바로 이 때문이다.

진짜 웃음은 눈 위 근처를 둘러싼 작은 근육들이 많이 수축된다. 사랑하는 사람을 보며 웃을 때는 동공이 확대되는데, 희미한 불빛이 로맨틱한 분위기와 어울리는 것도 그런 이유 때문이다. 얼굴 표정은 문화가 만들어낸 산물이라기보다는 인간이 가지고 있는 고유한 성향이다. 그래서 인간이 웃을 수 있다는 것은 다른 동물들과 구별되는 중요한 차이다.

공포를 느끼면 왜 소름이 돋을까

공포에 대한 기억은 두 가지 종류가 있다. 하나는 뭔가를 계기로 느끼는 공포이고, 또 하나는 상황을 통해 느끼는 공포이다. 이는 쥐를 대상으로 한 실험을 통해 밝혀졌다. 상자에 쥐를 넣은 다음 반복적으로 신호음을 들려주면서 전기 충격을 가하면 쥐는 전기가 흐르지 않을 때도 신호음을 들으면 부들부들 떨며 두려워한다. 이번에는 쥐를 상자에 넣은 뒤 소리를 들려주지 않고 갑자기 전류를 흘려보낸다. 다음에 다시 쥐를 상자에 넣을 때, 쥐는 상자에 들어가는 것만으로도 몸을 부들부들 떤다. 소리에 대한 공포와 상자에 대한 공포는 언뜻 비슷해 보이지만, 뇌에서는 전혀 다른 부위가 작용한다. 소리_{계기}에 대한 공포는 편도체에서 반응하고 상자_{상황}에 대한 공포는 해마에서 반응한다.

변연계에 있는 편도체는 공포, 분노, 회유라는 세 가지 종류의 반응을 일으킨다. 화가 났을 때 갈라진 목소리는 편도체가 반응하기 때문이다. 편도체가 지나치게 민감하면 화를 잘 내고 상처받기 쉽다. 반대로 편도체가 둔감하면 무표정하고 냉정한 인상을 풍긴다.

코를 찡그리거나 눈을 찌푸리고, 입술을 삐죽이 내미는 표정을 짓는 혐오감은 이른바 불쾌한 맛을 느끼거나 부정적인 감정과 관련이 있는 도피질에서 처리한다. 가벼운 혐오감은 의식적인 대뇌피질에서만 감지하지만, 정도가 심해지면 표정과 같은 감정적인 부분에 영향을 미친다. 이런 감정은 다른 사람에게도 전염된다. 극도의 혐오감을 나타내는 사람을 보면, 그걸 보고 있는 사람의 뇌에서도 혐오감을 느끼는 부분이 반응한다. 반대로 당신이 미소를 짓는 얼굴을 하면 상대방도 미소로 답해준다.

두려움이나 공포는 단순히 심리적인 현상이 아니라 신경계의 복잡한 반응으로 나타나는 신체적 현상이다. 우리 몸이 추위를 느낄 때는 피부와 변연계의 시상하부가 온도를 감지한다. 시상하부는 체내 온도와 피부 온도의 차이를 측정해서 체온을 조절한다.

공포를 느낄 때는 뇌에서 어떤 일이 벌어질까? 예를 들어 공포 영화를 보면 시각과 청각이 자극되어 변연계로 전달된다. 변연계의 시상하부는 뇌하수체에 신호를 보내 스트레스를 받을 때 나오는 코르티솔이라는 호르몬을 분비하는 동시에 자율신경계를 흥분시킨다. 이때 교감신경이 온몸으로 반응을 전달해 심장 박동이 빨라지게 만든다. 피부 혈관이 수축하여 핏기가 가시고, 땀샘이 자극되어 식은땀이 나고, 근육 수축으로 온몸의 털이 곤두선다. 한마디로 모골이 송연해지는 추위를 느끼게 된다. 이러한 과정은 추위를 느낄 때 나타나는 생리 현상과 동일하다.

공포에 의한 발작은 불과 몇 초에 지나지 않지만, 공포감은 신경계를 자극해 짧고 강렬하게 몸 전체를 훑고 지나간다. 공포감이 신경계를 자극할 때 신경전달물질인 도파민을 분비하는데, 도파민은 쾌락을 느낄 때 분비되는 화학물질이다. 결국 두려움과 쾌락은 같은 뿌리에서 나온 두 가지 다른 반응이라고 할 수 있다.

현대 사회에서 사람들이 가장 중요하게 생각하는 것으로 경제력을 꼽을 수 있다. 경기 침체가 장기화되거나 사업에 실패하게 되면 자신의 정체성에 대한 불안감으로 이어져 공포감이 커지고 자살을 많이 생각하게 된다. 그 외에도 스트레스나 우울증이 심해지면 '화병'으로 발전하기 쉽다. 우리나라에서 화병에 대한 체계적인 연구가 시작된 것은 1970년대 후반부터이며, 미국 정신과협회에서는 화병을 한국인에게만 나타나는 특이한 현상이자 정신질환의 일종이라고 공인했다. 우리나라에서 자살로 목숨을 끊는 사람들은 하루 평균 34명으로, 이는 화병이 얼마나 심각한 사회적 질환이 될 수 있는지를 보여주는 통계이다.

화병은 심리적인 쇼크를 받거나 정신적인 갈등으로 인해 스트레스를 받을 때 신체적인 증상을 수반하는 병이며, 정신 질환과 다른 점은 개인의 인격에 별로 영향을 미치지 않는다는 것이다. 화를 자주 내면 코르티솔이라는 스트레스 호르몬이 대량으로 분비된다.

일반적으로 공격적이고 성급한 사람은 완고하고 인내심이 부족한 경우가 많아 주변 사람들과 쉽게 충돌한다. 미국 심장병학 저널에 따르면, 화를 잘 내는 사람은 그렇지 않은 사람보다 심장마비 사망 위험이 무려 5배나 높은 것으로 나타났다. 미국 하버드대학의 연구팀에 따르면 분노를 잘 해결하지 못하는 사람은 심장마비를 일으킬 확률이 2.3배나 증가한다고 보고했다. 이와 함께 불 같은 성격을 지닌 사람들은 그렇지 않은 사람보다 폐질환에 노출될 확률이 높다는 연구 결과도 있다.

우리는 왜 감정을 조절하지 못할까

사람은 분노나 공포에 휩싸였을 때 위압적인 태도를 취하거나 도망가는 등 다양한 반응을 나타낸다. 이런 반응은 위험에 처했을 때 생존하기 위한 기본적인 본능에서 비롯된 것이다. 우리는 회유, 공격, 도피라는 세 가지 기본적인 생존전략을 갖고 있다. 적과 맞닥뜨렸을 때 먼저 웃는 얼굴을 보여서 상대방의 공격을 무력화시키려고 한다. 회유가 통하지 않을 때는 편도체가 더욱 활발히 작용하여 공격하거나 도피하는 전략으로 바뀐다.

감정 조절은 감정을 표현하는 과정과 반대로 작용한다. 외부의 감정적인 자극은 두 가지 경로를 따라 뇌에 전달된다. 먼저 편도체에 도달하는 자극은 시간차가 거의 없어 웃거나 피하는 것처럼 반사적인 반응을 보인다. 그런 반응에 이어 약 4분의 1초 후에 전두엽에 정보가 도달한다. 여기서는 전후관계를 고려하여 합리적인 행동 지침이 만들어진다. 예를 들어 우리가 수풀에서 뱀을 보았을 때 미처 의식하기도 전에 몸이 반응하는 이유는 두 가지 경로 중에서 짧은 경로를 따라 신호가 전달되기 때문이다. 세 가지 생존 전략에 따라 적합하다고 판단되는 감정 신호를 시상하부에 보내면, 이미 반응하고 있는 신체의 행동을 그에 따라 변화시킨다.

우리가 감정을 제대로 조절하지 못하는 이유는 대뇌피질에서 변연계로 보내는 신호가 너무 약하거나 편도체가 너무 활성화되어 있기 때문이다. 감정을 합리적으로 처리하는 전전두피질은 성인이 되어야 성숙하지만, 편도체는 태어날 때부터 어느 정도 완성되어 있다. 성인에 비해 어린아이가 감정을 제대로 조절하지 못하는 것은 대뇌피질이 아직 성숙하지 못했기 때문이다.

뇌의 다른 모든 부위와 마찬가지로 대뇌피질은 사용할수록 성숙해진다. 그래서 늘 짜증을 내는 아이보다 자제심을 기르도록 훈련된 아이가 감정 조절에 능숙하다. 아이들은 성장 도중 특정한 시기에 감정적인 자극을 받지 못하면 그 후에도 감정을 잘 표현하지 못한다. 살인자의 뇌를 조사했을 때 전두엽의 활동이 정체되어 있다는 연구 결과도 있다.

우리는 다른 동물들에 비해 덜 감정적이고 훨씬 이성적이라고 생각한다. 과연 정말 그럴까? 우리는 하루 중 대부분을 이성의 합리적인 판단이 아니라 감정에 근거하여 생각하고 행동한다. 특히 복잡한 도시에서 생활하는 사람들에게 외부의 수많은 자극들은 깊이 있는 생각을 차단하고 즉각적인 반응을 유도한다. 스스로 감정을 이기지 못하는 것은 자연스런 진화의 유산이다. 동물은 진화하면서 지능이 높아질수록 더욱 감정적이 되는데, 그중 인간은 가장 감정적인 동물이다. 쥐는 두려움을 느끼며 개는 두려움, 애정, 질투를 느끼고 침팬지는 인간과 거의 비슷한 수준의 감정을 느낀다.

성인이 어린아이보다 덜 감정적이라고 생각할지 모르지만, 사실 우리는 나이를 먹어갈수록 더 감정적이 된다. 미국의 심리학자 로버트 플러칙에 의하면, 인간은 여덟 가지 기본적인 감정들을 가지고 있다. 우리는 성격에 따라 외부의 자극에 민감하게 반응하기도 하고 완만하게 반응하기도 한다. 이렇게 외부의 자극에 대해 반응하는 정도에 따라 외향적인 성격과 내성적인 성격으로 구분할 수 있다.

외향적인 성격을 가진 사람은 쉽게 자극받지 않으며, 지속적으로 외부의 자극을 감각으로 받아들이려고 한다. 한편 내성적인 성격을 가진 사람은 감각적인 자극을 적게 받아들이는 경향이 있다. 감정 역시 마찬가지로 열정적으로 행동하는 사람이 있는가 하면, 얼음처럼 차갑게 행동하는 사람이 있다. 이런 성향에 따라 여덟 가지 기본적인 감정이

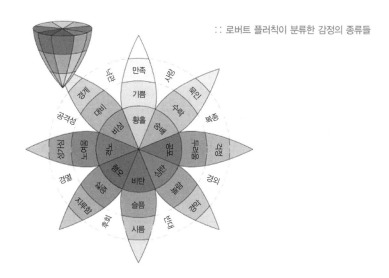

:: 로버트 플러칙이 분류한 감정의 종류들

나타나는 상태 또한 달라진다. 대부분의 사람들은 두 가지 극단적인 감정이 균형을 이루고 있는데, 이런 감정들 중 어느 하나라도 느끼지 못하는 사람은 정신적으로 비정상이라고 할 수 있다.

여덟 가지 기본적인 감정들

감정적인 사람	보통 사람	냉정한 사람
황홀	기쁨	만족
숭배	수락	묵인
공포	두려움	걱정
경악	놀람	심란
비탄	슬픔	시름
혐오	싫증	지루함
격노	노여움	성가심
비상	대비	경계

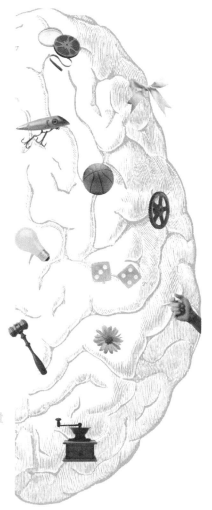

Chapter 4

마음은 **어디**에 있을까

Evolution
뇌는 어떻게 진화했을까

Function
뇌는 어떻게 작동할까

Emotion
감정은 무엇을 느낄까

Mind
마음은 어디에 있을까

Perception
감각은 무엇을 인식할까

Memory
기억은 어디에 저장될까

Development
뇌를 어떻게 발달시킬까

Application
뇌를 어떻게 활용할까

의식은 심포니 오케스트라의 지휘자

　　　　　　　　　　의학의 아버지로 불리는 히포크라테스는 '우리에게 뇌라는 것이 있기 때문에 사물을 생각할 수 있으며, 기분이 좋거나 나쁜 것을 구분해 낼 수 있다.'고 말하면서 마음이 머무는 곳을 뇌라고 생각했다. 하지만 그리스의 철학자 아리스토텔레스는 마음이 심장에 머물러 있다고 생각했다. 르네상스 시대의 철학자 데카르트는 영혼이 떠난다고 해서 몸의 기능이 중지되는 것이 아니라 운동을 중지하기 때문에 몸이 죽고, 그 결과 마음이 육체에서 떠난다고 생각했다. 어느 쪽이든 마음을 실체로서 파악했다. 독일의 심리학자 에빙하우스는 『심리학개론』이라는 책에서 '심리학의 과거는 길지만 그 역사는 짧다.'고 했다. 이처럼 사람들이 옛날부터 인간의 마음을 연구해 왔지만, 학문으로 취급된 것은 비교적 최근의 일이다.

　마음을 인식awareness과 의식consciousness으로 구체화하고 하나의 실체로 이름을 붙인 사람은 데카르트였다. 그는 '나는 생각한다. 고로 나는 존재한다.'고 말하면서 인간은 태어날 때부터 관념을 가지고 있다고 생각했다. 영국의 경험주의자 존 로크는 데카르트의 '생득관념'에 대해 '그렇다면 갓난아이에게도 관념이 있는가?'라며 반론을 제기했다. 그는 인간이 태어날 때 마음은 아무것도 씌어 있지 않은 백지 상태와 같은 것 Tabula Rasa 으로 여러 가지 경험에 의해 갖가지 관념이 형성되는 것이라고 주장했다.

독일의 철학자이자 생리학자 분트는 실험을 통해 마음의 구조를 객관적으로 분석하려고 시도했다. 그는 실험 대상자에게 동일한 조건으로 실험을 한 다음, 그 결과를 비교 검토하는 방법으로 심리학을 하나의 학문으로 발전시켰다. 마음에 대한 연구는 철학으로부터 심리학으로 무게 중심이 서서히 이동해왔다. 철학은 마음을 형이상학적인 것으로 받아들이지만, 심리학은 눈에 보이는 행동과 그 행동에 의해 추론되는 마음의 활동을 과학적으로 연구한다.

의식이란 무엇일까? 우리가 주의 집중을 하는 궁극적인 목적은 마음이나 감각을 포함해서 뇌를 바깥 세계에 조율하는 것이다. 의식에 관해 생각할 때 아주 그럴듯한 비유로 심포니 오케스트라를 들 수 있다. 어느 한 순간, 뇌가 모든 종류의 신호를 받아들여서 전달한다고 하자. 무대 위에서 불규칙하고 무작위로 자신의 악기를 조율하는 연주자들처럼, 신호들은 일정하지만 순서에 관계없이 만들어진다. 하지만 지휘자가 지휘봉으로 연단을 탁탁 칠 때 연주자들은 일제히 주의를 집중하고 귀를 기울인다. 이윽고 지휘자의 손이 움직이기 시작하면 그들은 갑자기 놀랍도록 조화로운 신호들을 만들어낸다. 함께 작업하는 연주자들이 하나의 아름다운 선율을 만들어내는 것처럼 뇌의 각 모듈이 작동하여 통일된 의식을 창조하는 것이다.

우리는 이런 비유를 몇 가지 친숙한 경험으로 생각해볼 수 있다. 우리가 잠들어 있을 때는 지휘자가 없는 상태로서 몇몇 연주자들이 쉬고 있는 것처럼 감각과 이성은 꺼져 있다. 다른 연주자들은 우리가 숨을 쉬거나 소화를 시키는 것처럼 조용히 배경 음악을 연주하고 있다. 하지만 때론 노래를 부르는 것처럼 짧은 주기 동안 어떤 연주자들은 화음에 맞춰 연주를 한다. 이와 같은 상태를 우리는 꿈이라고 부른다. 그러나 지휘자가 없다면 노래는 곧 멈추게 될 것이고, 우리는 다시 깊은 잠에 빠지게 된다.

의식이란 감각, 사고, 감정, 기억이 이음새 없이 하나로 묶여 있는 상태를 말하며, 이런 상태가 되기 위해서는 수백만 개의 뉴런 집합들이 행동을 통일해서 활동해야 한다. 우리가 기본 테마에 주의를 기울이고 있는 이상, 전체적인 형상은 항상 인식되고 있다. 다른 일들은 모두 잊어버리면서도 유독 특정한 인상이 기억에 남는 이유는 무엇 때문일까?

어떤 장면이 의식의 깊은 곳에 각인될 때는 감정적으로 고조되어 있는 상태이다. 이런 경우 흥분성 신경전달물질이 활발하게 분비되면서 뉴런들이 활성화된다. 그러면 지각이 강렬해져서 사물을 명료하게 인식하며, 시간이 흐르지 않는 것처럼 느껴진다. 우리가 육체적으로 심각한 위기에 처했을 때 그런 느낌을 경험할 수 있다. 그 후 '장기증강 LTP'이라는 활동에 의해 그 순간의 일들이 쉽게 기억된다. 물론 이처럼 강렬한 경험을 했다고 해서 곧 바로 장기기억으로 저장되는 것은 아니다. 장기기억을 담당하는 해마는 최대 2년이라는 시간에 걸쳐 일화기억에피소드 기억으로 저장되며, 어떤 경우에는 사소한 이유로 사라지기도 한다.

자유의지는 정말 존재할까

인간의 자유의지는 정말 존재하는 것일까? 최근 뇌과학 연구에 의하면, 우리가 어떤 결정을 내릴 때 뇌에서 먼저 무의식적으로 행동하는 것으로 나타났다. 1980년대 미국 캘리포니아대학의 심리학자 벤자민 리벳은 인간의 촉감에 대한 반응을 연구하는 일련의 실험을 했다. 그는 실험 대상자들에게 뇌파기록장치를 연결하고 촉감을 느끼는 순간 단추를 누르게 했는데, 참으로 놀라운 결과가 나왔다. 뇌파기록장치에는 뇌가 1만분의 1초 이내에 촉감을 느끼는 것으로 나타났는데, 실험 대상자들의 손가락은 10분의 1초 후에 단추를 누르는 반응을 보였다. 더욱 놀라운 점은 실험 대상자 자신들도 거의 2분의 1초가 지날 때까지 어떤 촉감이나 단추를 눌렀다는 것을 의식하지 못했다는 사실이다.

이 실험 결과는 두 가지 사실을 보여주고 있는데, 먼저 단추를 누르도록 결정하는 것은 의식이 촉각을 인지하기 전에 먼저 뇌에 의해 이루어졌다는 점이다. 그리고 실험 대상자들은 그들이 단추를 누를 때 의식적으로 결정했다고 믿었다는 점이다. 리벳은 이 실험을 통해 인간의 결정은 무의식적으로 이루어지며, 자유의지가 별로 작용하지 않는다고 주장했다.

최근 독일 막스플랑크 연구소의 존-데일란 하인즈 연구팀은 리벳 박사의 실험을 새롭게 해보았다. 그러자 우리가 인식하는 시간보다 무려 10초 전에 뇌가 무의식적으로 결정을 내린다는 결과를 얻었다. 하인즈 연구팀은 14명의 실험 대상자에게 리벳 박사의 실험처럼 왼손과 오른손으로 각각 어떤 버튼을 누를지 결정하도록 했다. 실험 대상자는 정해진 시간에 구애받지 않고 자신들이 원할 때마다 버튼을 누르되, 다만 자신이 버튼을 누르기로 결정한 시간을 알려주도록 했다.

연구팀은 기능성자기공명영상을 이용하여 실험 대상자들이 최종 결정을 내릴 때 뇌 부위의 변화를 조사했다. 그러자 실험 대상자가 결정을 내리기 수초 전에 전두엽 부위에서 먼저 반응이 나타나는 것으로 확인되었다. 연구팀은 이 부위의 변화를 보고 오른쪽 버튼을 누를지 왼쪽 버튼을 누를지에 대한 예측이 가능했다. 예측 성공률은 60퍼센트에 불과했지만, 최대 10초 전에 전두엽에서 반응이 나타난 점으로 미루어 우리에게는 자유의지가 별로 없는 것처럼 보인다.

우리는 하루에 얼마나 많은 생각을 할까

대부분의 사람들은 자기 자신에게 말할 때 '뭔가 잘못된 것은 아닐까?'라고 걱정을 한다. 이것은 지극히 정상적인 현상으로 사람들은 하루에 최소 한번은 자신에게 이야기하고 있으며, 굳이 소리를 내어 말하지 않더라도 끊임없이 자신과 대화하고 있다. 독백이 계속되면서 때론 입 밖으로 튀어나오기도 한다. 주변에서 일어나는 모든 일들은 우리로 하여금 생각이 꼬리를 물고 일어나게 만들며, 생각은 또 다른 생각을 불러온다.

미국 미네소타대학의 심리학자 에릭 클링거 연구팀에 의하면, 사람들이 1분에 평균 4개 정도 다른 생각을 하며, 하루에 약 4,000번 정도 생각을 하는 것으로 나타났다. 머리가 피곤하다고 느끼면서 잠자리에 드는 것은 어쩌면 당연한 것처럼 보인다.

어떤 사람이 한 가지 일에서 다른 일로 끊임없이 비약하면, 우리는 그를 차분하지 못한 사람이라고 비난한다. 그러나 우리는 결코 차분한 존재가 아니다. 실험에 의하면 우리가 하는 생각들은 대부분 불과 수 초 동안만 지속된다고 한다. 생각들의 절반은 불과 5초 이하를 못 넘기며, 깊이 있는 생각들도 1분을 넘지 못한다. 보편적인 사고는 15초 정도의 짧은 시간에 이루어지며, 한 가지 일에 5분 이상 집중적으로 생각하는 경우는 거의 없다. 오히려 여러 가지 단편적인 생각들이 오락가락하는 현상이 정상이다.

어린아이들은 호기심이 많아서 모든 사물에 관심을 갖고 있지만, 어른들의 눈에는 산만한 것처럼 보인다. 그래서 어른들은 아이들한테 주의를 집중하라고 끊임없이 충고를 하지만, 아이들은 그런 꾸지람에 별로 개의치 않는 것처럼 행동한다. 일상생활에서 사람들이 무엇을 생각하는가에 대한 최근의 연구결과에 의하면, 주어진 시간의 3분의 1 정도만 자신의 일에 집중한다는 것이 밝혀졌다. 우리는 개인적인 이해관계나 사소한 문제들, 그리고 우리를 화나게 만드는 것들에 대해 생각하는데 대부분의 시간을 할애하고 있다.

신경전달물질에 의한 자극에 따른 각성과 긴장의 물결들은 90분 주기로 우리 몸을 휩쓸고 지나간다. 그중에서 70분 동안 우리 몸은 최고의 신체기능과 기억, 학습 및 생산성을 유지해주는 신호를 보낸다. 그리고 나머지 20분 정도는 이러한 정보를 전달하느라 쌓인 스트레스와 피로를 회복하기 위한 화학물질을 분비하면서 재충전하는 시간을 갖는다. 한 주기가 진행되는 중간쯤에는 신체적, 정신적으로 가장 효율이 높은 상태에 도달한다. 이 기간이 지나면 외부 세계에 대한 인식능력은 최저로 떨어진다. 이때 몸과 마음을 가로막고 있던 장애물들이 제거되면서 직관이나 창조적 영감을 받을 수 있는 가장 이상적인 상태에 도달한다. 한 주기의 막바지에 달할 무렵, 어느 순간 자신도 모르게 졸음이 오고 공상에 빠져드는 느낌이 들 때가 있다. 이때는 자신을 돌아볼 수 있는 마음의 여유를 갖게 된다.

언어가 없어도 생각을 할 수 있을까

커뮤니케이션은 대부분의 생물종에게 생존의 수단으로 작용하며, 끊임없는 정보의 교환은 대개 무의식적으로 이루어진다. 우리가 언어를 사용하기 훨씬 전부터 인류는 손짓과 몸짓을 이용하여 의사소통을 해왔다. 호모 사피엔스의 화석을 연구한 결과, 약 5만 년 전에 도구, 악기, 벽화와 더불어 언어를 사용했다는 증거들을 발견했다. 독일의 철학자 임마누엘 칸트는 인간의 사고를 '자신과의 대화'라고 정의했다. 스스로에게 하는 말은 우리가 사회적인 관계를 유지하는 감정, 이해, 협동, 규칙의 근거를 만든다. 도덕적 행동은 실행에 앞서 생각을 필요로 하며, 내면의 의사소통은 서로 다른 방법과 결론을 유도해서 행동하기 전에 최선의 결정을 하게끔 만들어 준다.

지난 수십 년 동안 과학자들은 언어를 획득하고 창조하는 법을 이해하고 있다고 생각해왔다. 하지만 최근 연구에 따르면, 언어 기능이 뇌의 특정한 영역에 존재하는 고도로 특화된 기능이 아니라 뇌의 다양한 영역에 분포하고 있다는 것을 보여준다.

언어는 본래 인간의 타고난 특성일까? 사람들은 유아들이 그들의 부모로부터 언어를 배우는 것으로 생각했다. 그러나 미국 MIT대학의 언어학자 노암 촘스키와 스티븐 핑커는 뇌 안에 '언어기관' 같은 것이 존재한다고 주장했다. 하지만 그것이 어떤 것이고 어디에 있는지는 아직 해명되지 않았다. 언어기관은 독립된 모듈이라기보다 다양한 영역이 관여하는 뉴런의 상호작용일 것으로 추측될 뿐이다.

자궁 안에 있는 태아는 어머니의 목소리에 강한 관심을 보이며, 생후 몇 주가 지나면 어머니의 목소리에 반응하며 적극적으로 대화를 시도한다. 진짜 언어가 발달하는 시기는 두 살 정도에서 시작되는데, 이때 뇌의 측두엽에 있는 브로카 영역과 베르니케 영역이 활성화된다. 처음에는 양쪽 뇌가 같은 정도로 발달하지만, 대부분 5살 이전에 좌뇌의 비중이 커지고 우뇌는 몸짓 같은 별개의 작업에 사용된다. 인구의 90퍼센트는 좌뇌에서 언어 기능이 우세하고 나머지 5퍼센트는 우뇌, 그리고 또 다른 5퍼센트는 양쪽 뇌에서 우세하다. 이러한 분포는 좌뇌가 우뇌에 비해 지배적인 유전형질을 가지고 있기 때문이다.

본격적으로 언어를 사용하기 전에 나타나는 현상 중 하나는 옹알이다. 생후 18개월부터 말과 유사한 소리를 내며, 수개월 쯤 지나면 의미있는 말을 할 수 있게 된다. 이처럼 언어 능력의 폭발적인 발달은 이 시기에 전두엽의 뉴런들이 급속하게 연결되기 때문이다. 이 시기에는 자의식이 눈뜨기 시작해서 아이의 얼굴에 분을 바르고 거울을 보여주면, 아이는 손으로 거울을 닦는 것이 아니라 자신의 얼굴을 닦는다. 언어 영역과 전두엽이 함께 연결되어 성숙해지는 이유는 아이 스스로 자신이 어떤 존재인지 깨닫고 다른 사람들과 관계를 맺기 위해서 언어라는 도구가 필요해지기 때문이다.

아기는 자연히 언어를 습득하는 것으로 알려져 있지만, 언어를 접할 기회가 전혀 없으면 뉴런이 연결되지 못하여 언어 영역이 발달하지 못한다. 1970년 미국 로스앤젤레스에서 한 여자아이가 발견되었다. 이 아이는 태어난 직후부터 아무것도 없는 방안에 갇혀서 사람들과 접촉을 하지 못한 상태에서 자랐다. 13살이 되어서야 발견되었지만 아이는 뛰기는커녕 손발을 뻗는 것도 불가능했다. 당시 할 줄 아는 말이라곤 "그만둬"와 "이제 됐어"라는 말뿐이었다. 그 후 언어를 배워 어휘는 비약적으로 늘었지만, 유아시절 본능적으로 습득하는 문법만은 끝내 익히지 못했다.

아기는 어떤 언어라도 말할 수 있는 능력을 갖고 있다. 하지만 소리를 구분하는데 필요한 신경이 자극을 받지 못하면 그 부위가 곧 위축되고 만다. 따라서 어른이 되어 외국어를 배우려면 제대로 발음하기 어렵다. 동양인들이 영어의 'L'과 'R'을 구별하지 못하는 것은 그런 소리를 들을 기회가 없었기 때문이다.

최근의 연구를 보면, 인간의 뇌는 언어를 습득하기보다 음악을 창조하고 이해하는 쪽에 소질이 있는 것으로 보인다. 생후 5개월 된 아기도 음악의 미세한 속도 변화에 반응하고 8개월이 되면 선율을 기억할 수 있다. 먼 옛날에는 음악이 생존을 위해 어떤 역할을 했을 것으로 추정된다. 가장 그럴듯한 학설은 음악이 가장 초보적인 의사소통 수단이었다는 것이다. 그 근거로 지구상에서 가장 둔한 동물들도 음악을 구분할 수 있다고 한다.

우리는 왜 꿈을 꿀까

잠은 포유류의 생존에 꼭 필요한 능동적인 행위다. 최근 과학자들은 일련의 동물 실험을 통해 잠을 자고 깨는 것은 각성과 수면에 관련된 몇 가지 유전자가 주기적으로 활성화되면서 몸에 필요한 단백질을 생성한다는 사실을 알아냈다. 잠과 관련된 기본적인 사이클에 가장 중요한 영향을 미치는 변수는 '빛'이다.

눈의 망막 세포는 빛과 어둠을 파악하여 뇌의 시상하부로 전달한다. 시상하부에 있는 시신경교차핵은 망막에서 뻗어 나온 시신경이 교차하는 곳으로, 여기에서 빛의 정보를 감지해 솔방울처럼 생긴 송과선으로 전달한다. 어두운 밤이 되면 송과선은 멜라토닌이라는 호르몬을 생산해서 체온을 떨어뜨리고 쉽게 잠들게 만든다.

19세기까지만 해도 잠을 잔다는 것은 의식이 없는 몽롱한 상태로 여겨졌다. 잠을 잘 때 우리 몸은 비록 몽롱한 상태일지 모르겠지만 뇌는 전혀 그렇지 않다. 우리 뇌가 만들어 내는 잠에는 렘REM 수면과 비렘Non-REM 수면의 두 가지 패턴이 있다. 렘 수면은 얕은 잠이고 비렘 수면은 깊은 잠으로 일반 성인의 경우, 대개 90분 주기로 두 가지 수면을 반복하고 있다.

잠을 자는 사람의 두개골에 전극을 설치하고 뇌파 검사를 해보면 그 사람이 언제 꿈을 꾸는지 알 수 있다. 꿈을 꾸지 않는 수면은 느리고 규칙적인 뇌파를 보이는 반면, 꿈을 꿀 때는 훨씬 빠르고 불규칙한 뇌파가 발생한다. 또 꿈을 꾸게 되면 안구 운동이 급속히 활발해지는데, 이것을 렘 수면이라고 부른다.

우리가 잠에 들 때는 비렘 수면부터 시작하여 점차 깊은 숙면 단계로 접어들다가 다시 잠이 얕아지는 비렘 수면을 한 주기로 한다. 아침에 잠이 깰 때까지 보통 4~6회 정도 렘 수면과 비렘 수면을 반복한다. 갓난아기는 렘 수면이 75퍼센트, 어린아이는 50퍼센트를 차지하다 점점 나이가 들면 렘 수면이 전체 수면 시간의 25퍼센 정도로 짧아진다.

뇌파 검사를 해보면 깨어 있는 상태에서 우리 뇌는 1초에 8번 정도 규칙적인 리듬을 발생시킨다. 잠이 들기 시작하면 뇌파의 파장이 점점 느려져서 약 90분 정도 지나면 뇌파가 다시 빨라진다. 이때 가장 두드러진 생리적 현상은 눈동자가 좌우로 빠르게 움직이는 렘 수면 상태가 된다. 우리가 꿈을 꾸는 시간은 바로 렘 수면 동안이며, 이 기간이 지나면 뇌파가 점차 느려지고 다시 깊은 잠에 빠진다. 이렇게 수면 주기를 조절하는 것은 히포크레틴이라고 하는 신경세포인데, 여기에 문제가 생기면 시도 때도 없이 잠에 빠지는 기면증에 걸리게 된다.

렘 수면 단계에 들어서면 뇌의 혈류량이 많아지며 맥박, 호흡, 혈압, 체온이 상승한다. 또한 감긴 눈꺼풀 안쪽에서는 눈이 어지럽게 움직이기 시작한다. 보통 이 단계에서 꿈을 꾸는데, 사지가 마비된 것처럼 몸을 움직일 수 없다. 많은 과학자들은 렘 수면 연구를 통해 기억을 저장, 보관하고 불필요한 기억을 제거한다는 사실을 발견했다.

흥미로운 점은 장기기억으로 저장되는 경험은 해마에 의해 그 경험이 재현된 다음, 대뇌피질로 옮겨져 각인된다는 것이다. 따라서 렘 수면 후에는 기억력이 뚜렷이 향상되는 것을 느낄 수 있다. 잠은 육체적 피로를 제거할 뿐 아니라 새로운 정보를 저장하는 역할을 한다. 이런 점으로 비추어 수면으로 소비되는 3분의 1의 시간이 나머지 3분의 2의 인생을 결정한다고 말할 수 있을 것이다.

밤을 지배하는 숲 속의 부엉이처럼 뇌 안에는 멜라토닌이라는 신경 전달물질이 존재한다. 겨울이 되면 우울해지는 '계절 우울증'은 햇볕을 적게 받는데 따른 세로토닌과 멜라토닌의 불균형에서 비롯된다. 멜라토닌은 면역 체계를 조절하는 기능도 있다. 오랜 여행 끝에 감기에 걸리거나 쇠약해지기 쉬운 것은 멜라토닌 분비에 이상이 생긴 경우이다. 멜라토닌은 동물의 보호색을 만드는 역할을 하기도 한다. 예를 들어 개구리나 두꺼비의 피부색이 주변 색에 맞추어 변하거나 산토끼의 털이 겨울에는 흰색, 여름에는 갈색으로 바뀌는 것도 멜라토닌 덕분이다.

우리는 왜 몽상에 빠져들까

몽상은 우리가 깨어있는 상태에서 꾸는 꿈이라고 할 수 있다. 특별히 주의력을 기울지 않아도 되는 일상적인 업무를 하다 보면, 자신도 모르게 다른 생각을 하고 있는 자신을 발견하곤 한다. 의식은 깨어 있지만 일을 하지 않고 쉬는 상태에서 뇌는 어떤 활동을 하고 있을까? 그동안 과학자들은 뇌의 작용을 이해하기 위해 그림이나 소리 같은 시각적, 청각적 자극을 이용하거나 특정 과제를 주었을 때 뇌가 어떻게 작동하는지를 연구해왔다. 하지만 자극이 없을 때 뇌의 기본적인 활동에 대해서는 아는 바가 거의 없었다.

눈을 감고 가만히 쉬고 있는 상태에서도 뇌는 활발하게 작동한다. 이는 우리 뇌가 소비하는 산소량을 통해 알 수 있다. 뇌는 전체 몸무게에서 고작 2퍼센트밖에 안되지만, 우리가 들이마시는 산소의 20퍼센트를 소비한다. 미국 워싱턴대학의 뇌과학자 마커스 라이클은 뇌 영상장치를 통해 뇌의 부위에 따라 산소를 얼마나 소비하는지 조사했다. 눈을 감고 조용히 쉬고 있는 상태에서 산소 소비량을 측정한 결과, 주로 대뇌피질 부위에서 산소를 소비하는 것으로 나타났다.

차를 운전하거나 이메일을 열어보는 등의 일상적인 행동은 특별히 집중을 필요하지 않는다. 이럴 때 자신도 모르게 현재 하고 있는 일과는 전혀 상관없이 몽상에 빠지는 경우가 생긴다. 미국 컬럼비아대학의 심리학자 말리아 메이슨은 심리검사를 통해 이런 몽상이 뇌의 기본적인 활동과 유사하다는 연구결과를 발표했다. 메이슨은 실험 대상자들로 하여금 특별히 집중을 하지 않아도 되는 과제를 4일 동안 연습하도록 했는데, 실험 대상자들은 시간이 갈수록 점차 몽상에 빠져드는 경향을 보였다. 5일째 되던 날, 메이슨은 실험 대상자들이 몸에 익숙한 과제를 수행하는 동안 뇌를 촬영했다. 그 결과 몽상에 빠져있을 때 뇌의 활동은 가만히 누워서 쉬고 있을 때와 비슷한 양상을 보여주었다.

이 실험결과는 뇌의 기본적인 활동이 몽상과 어떤 연관이 있을 것이라는 암시를 준다. 하지만 왜 우리가 끊임없이 잡념에 빠져드는지를 알려주지 못한다. 이에 대해 가장 가능성 있는 추론은 두 가지로 요약할 수 있다. 하나는 우리가 한 번에 여러 가지 일을 해낼 수 있는 멀티태스킹 능력을 갖기 때문이라는 것이고, 다른 하나는 과거와 현재, 그리고 미래를 일관성 있게 바라보게 하기 위한 방편이라는 것이다. 사실 우리는 어떤 일에 푹 빠졌을 때 거기서 헤어나지 못하는 경우가 많다. 특히 사랑에 빠졌을 때 우리 뇌는 자기만의 환상에 젖어 현실을 무시하고 맹목적이 된다.

무의식은 의식보다 똑똑하다

우리는 일상에서 모든 것을 의식적으로 선택 혹은 결정하며 살아가고 있다고 생각한다. 하지만 대부분은 우리가 의식하지 못한 상태에서 이미 결정을 내리고, 나중에 의식이 그것을 정당화하기 위해 자신을 합리화시키며 살아간다. 무의식은 어디에 근거를 두고 결정을 내리는 걸까? 지난 150년 동안에 걸친 연구에 의하면, 우리가 어른이 되어 깊이 생각하고 고민해서 선택하고 결정하는 의식의 배후에는 무의식 속에서 꿈틀거리고 있는 어린 시절의 경험과 기억에 근거를 두고 있다.

미국 털사대학의 심리학자 파웰 레위키는 무의식의 존재와 능력을 증명했을 뿐 아니라 의식보다 훨씬 똑똑하다는 사실을 알아냈다. 레위키는 실험에 참가한 학생들에게 컴퓨터 스크린에 불규칙하게 나타나는 X표에 반응하여 단추를 누르도록 했다. 실험 대상자들에게 알려주지는 않았지만, X표시는 10가지의 독립된 변수가 상호작용하는 대단히 복잡한 규칙에 따라 나타나도록 되어 있었다.

레위키는 규칙을 알아내는 학생들에게 상금으로 100달러를 주겠다고 제안했다. 많은 학생들이 그 규칙을 알아내려고 시도했지만, 아무도 상금을 타지 못했다. 학생들이 게임을 계속함에 따라 규칙을 찾아내지 못했음에도 불구하고, 그들은 본능적으로 X표시를 찾아내는 시간이 빨라졌다. 믿지 못하겠지만, 무의식은 우리가 생각하는 것보다 훨씬 똑똑할 뿐 아니라 의식적으로 생각해낼 수 있는 것보다 더 똑똑하다.

무의식의 신념 체계는 우리가 갖고 있는 신념 체계와 상반되는 사실을 지각하는 것조차 허용하지 않는 듯하다. 의식의 신봉자들은 무의식의 존재를 인정하려고 하지 않는다. 그들은 자신들의 모든 생각과 행동이 완전히 의식의 통제하에 있다고 주장한다. 영국 옥스퍼드대학의 심리학자 안토니 마르셀은 무의식이 일상생활에 미치는 영향을 연구했다.

마르셀은 어떤 단어를 스크린에 번개처럼 빨리 나타났다 사라지게 해서 실험 대상자들이 그 단어를 알아보지 못하게 했다. 그런 다음 그들이 방금 생각하고 있던 단어와 가장 가까운 뜻을 가진 단어를 선택하게 했다. 대부분의 사람들이 스크린에 나타났던 단어와 연관된 단어를 골라냈지만, 그들은 스크린에 실제로 아무것도 나타나지 않았다고 믿고 있었다. 마르셀이 그들에게 스크린에 단어가 나타나지 않았다고 믿으면서도 왜 그 단어를 선택했냐고 계속 질문을 하자, 대부분의 사람들은 불끈해서 그 자리를 박차고 떠나버렸다.

소설가들은 어디에서 아이디어를 얻을까? 미국의 심리학자 어니스트 로시는 소설가들도 일반 사람들처럼 무의식적인 마음으로부터 아이디어를 얻는다고 한다. 로시는 무의식이야말로 인간이 갖고 있는 모든 창의력의 원천이라고 주장한다. 분주한 일상에서 깨어있는 의식이

가끔 통제력을 늦추면 내면의 창의성이 수면으로 올라와 모습을 드러낸다. 대부분 내면으로부터 오는 신호들이 너무 약해서 우리는 개인적인 일들을 비롯해 가정과 직장에서 잡다한 일들에 파묻혀 그 신호를 알아채지 못한다. 이러한 창의적인 영감은 생각, 느낌, 시각, 청각, 심지어는 신체적 감각에 이르기까지 다양한 형태로 나타난다.

어려운 문제를 골똘히 생각하다 문득 머리에 떠오를 때, 우리는 놀라움과 흥분을 감추지 못한다. 하지만 여간해서는 그런 순간을 경험하기 어렵다. 그래서 우리는 창의적인 경험을 더 자주 하게 되기를 바라고 필요할 때면 언제나 창의력을 끌어내 쓸 수 있기를 기대한다. 과학자들은 창의적인 통찰력을 경험한 사람들에게서 나타나는 공통적인 단계를 알아냈다. 먼저 준비 단계로 문제와 연관되어 있는 모든 사항을 끝까지 면밀하게 검토한다. 둘째, 잉태 단계는 의식에 매달려 문제를 생각하지 않고 무의식에 맡겨버린다. 셋째, 발현 단계로 문제에 대한 답을 기대하지 않다가 문득 창의적인 무의식이 해답을 찾아낸다. 마지막 검증 단계는 무의식이 알려준 아이디어나 해답이 과연 제대로 된 것인지 살펴본다.

창의력은 몇몇 선택된 사람들에게만 주어진 것이 아니라 오랜 옛날부터 생존 능력을 높이기 위해 발달된 필수적인 기능이다. 그런데 대부분의 사람들은 어릴 때 창의력을 잃어버린다. 미국 하버드대학의 심리학자 하워드 가드너는 어린아이들의 그림과 이야기, 그리고 놀이 등을 관찰하여 창의력이 아주 어린 시기에 개발된다는 것을 보여주었다. 그러나 여러 가지 실험에 의하면, 아이들은 7살 때쯤부터 창의성이 약해지는 것으로 나타난다.

오늘날의 교육 제도에서 초등학교에 다니는 아이들의 창의성을 떨어뜨리는 데는 고작 1년 정도 밖에 걸리지 않는다. 교사들은 학교에서 어린이들을 몇 개의 그룹으로 나누어 책상에 앉게 한 다음, 말하기 전에 먼저 손을 들라고 복종과 규칙에 중점을 두어 아이들을 가르친다. 그리고 수업이 끝나 교실문을 나서면서 왜 아이들이 자발적이거나 창의적이지 않은지 궁금해 한다.

감각은 무엇을 인식할까

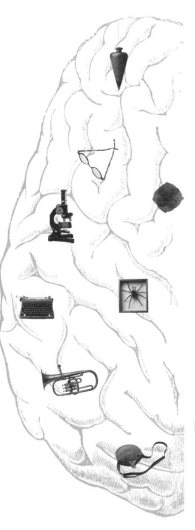
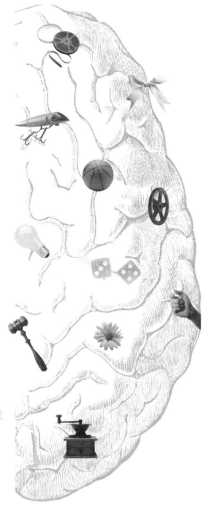

Evolution
뇌는 어떻게 진화했을까

Function
뇌는 어떻게 작동할까

Emotion
감정은 무엇을 느낄까

Mind
마음은 어디에 있을까

Perception
감각은 무엇을 인식할까

Memory
기억은 어디에 저장될까

Development
뇌를 어떻게 발달시킬까

Application
뇌를 어떻게 활용할까

뇌는 보고 싶은 것만 본다

감각을 통해 전달되는 색깔, 소리, 맛, 냄새, 그리고 피부를 통해 느끼는 세계는 실제 현실이 아니다. 우리가 느낄 수 있는 것들은 기껏해야 일련의 전기 자극과 화학 신호를 통해 신경말단으로부터 뇌로 전달되어 복잡한 수리 작용에 의해 해석된 추상적 개념일 뿐이다. 만약 우리가 현실 세계를 느낄 수만 있다면, 그 세계는 전자파나 음파처럼 수많은 파장들이 헤아릴 수 없이 뒤얽힌 기묘한 형상일지도 모른다.

감각은 특수 감각과 일반 감각으로 분류할 수 있다. 특수 감각에는 시각, 청각, 미각, 평형감각이 있고, 일반 감각에는 촉각, 온도감각, 위치감각, 고유감각 등이 있다. 특수 감각은 눈, 귀, 혀 같은 특별한 신체 부위에서 생기며, 이러한 정보들은 모두 뇌로 전달되어 처리된다. 반면 일반 감각은 척수와 소뇌로 전달된다. 예를 들어 고유 감각 중에서 의식적 고유 감각은 대뇌피질의 1차 체감각 영역으로 전달되고, 주로 근육과 관절에서 생성되는 무의식적 고유 감각은 소뇌로 전달된다.

우리가 물체를 인식하는 것은 눈이나 시신경이 아니라 대뇌의 시각 중추가 담당한다. 이러한 사실은 1차 세계대전 중, 눈에는 아무런 상처가 없는데 앞을 보지 못하는 군인들을 치료하면서 알려졌다. 그들은 눈이 아니라 뇌에 문제가 있었던 것이다. 시각은 뇌에서 처리하는 정보의 80퍼센트에 달한다. 잠을 자거나 눈을 감고 있을 때를 제외하면 우리 뇌는 끊임없이 시각적인 정보를 처리하고 있는 것이다.

신체에서 가장 활발하게 움직이는 근육은 팔이나 다리가 아니라 눈에 있는 근육들이다. 하지만 눈은 단지 카메라 렌즈에 불과하고, 물체의 상을 인식하는 시각 중추는 대뇌의 가장 뒷부분에 있는 후두엽에 있다. 대뇌피질이 커진 이유도 시각 정보를 처리하기 위해 그만큼의 용량이 필요했기 때문이다. 실제로 시각 영역의 면적은 후두엽의 60퍼센트를 차지하고 있다.

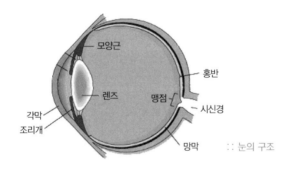

:: 눈의 구조

우리는 단순히 보기만 하는 것은 아니라 색을 인식한다. 동물들의 망막에 있는 원추 수용체에는 각각 짧은 파장의 빛푸른색과 긴 파장의 빛빨간색을 구분하는 두 종류의 세포가 있다. 영장류에 이르러서는 한 단계 더 올라가 세 가지 종류의 수용체가 있어서 다른 동물들보다 색깔을 더 잘 구별할 수 있다.

색깔을 인식하지 못하는 증상은 대개 후두엽 안쪽에 뇌졸중 같은 병이 생기는 경우에 발생한다. 망막에 맺힌 상은 시신경을 통해 좌우 반구의 반대쪽으로 전달되는데, 예를 들어 왼쪽 후두엽에 문제가 생기면 오른쪽 시야에서 색깔을 인식하지 못한다. 이러한 환자들은 물체가 빛이 바래보이거나 흑백 TV를 보는 것처럼 색채에 대한 구분이 불가능해진다.

눈의 진화를 살펴볼 때 인간을 다른 동물들과 구별하게 해주는 몇 가지 차이점을 발견할 수 있다. 다른 동물들의 눈이 양옆에 달려 있는데 반해, 영장류의 눈은 앞에 달려 있다. 이에 대한 설명으로 미국 듀크대학의 생물학자 매튜 카트밀은 '시각 사냥꾼' 이론을 주장한다.

초기 영장류들은 주로 채식을 위주로 했지만, 나무 위를 기어 다니는 벌레나 작은 척추동물들을 잡아먹기도 했다. 눈이 앞쪽에 있으면 옆에 달린 것보다 시야가 겹치는 부분이 많아 가운데 있는 물체의 상이 망막에 뚜렷하게 맺힌다. 상이 입체적으로 뚜렷해지면 먹잇감과의 거리 측정이 보다 정확해진다. 또한 나무에서 생활한 영장류들은 단지 바라보는 것만으로 건너편 나뭇가지의 크기와 단단함을 짐작해야 했고, 나뭇가지 사이의 거리를 정확히 측정해야 했다. 따라서 상을 뚜렷하게 하고 정확한 거리를 측정하기 위해서 눈이 머리의 앞쪽으로 왔다는 것이다.

한편 남자들은 움직이는 동물들을 잡기 위해 뇌의 후두엽과 두정엽을 이용하여 시각과 공간을 종합하는 기능을 발달시켰다. 하지만 여자들은 나무 열매나 과일을 채집하고 아이를 돌봐야 했기 때문에 이러한 능력을 계발할 기회가 적었다. 때문에 여성이 남성에 비해 도형 문제를 처리하는 공간 활용 능력이 뒤처지게 되었다.

눈이 앞쪽에 있으면 시야가 좁아진다는 단점이 있다. 다른 동물들보다 두 눈 사이의 거리가 가까워서 깊이를 인식하는데 유리하지만, 측면을 보는 능력은 다른 동물들에 비해 많이 떨어진다. 동물들 사이에 보는 방법이 서로 다른 이유는 먹느냐 먹히느냐의 생존에 따른 결과이다. 육식동물은 먹잇감에 초점을 맞추기 위해 양쪽 눈의 협조가 있어야 하기 때문에 시야가 좁고, 초식동물은 양쪽 눈을 동시에 움직이기 때문에 시야가 넓다. 예를 들어 사자의 시야는 10도에 불과하지만 노루는 100도, 토끼는 170도에 이른다.

한편 부엉이는 거의 360도 가까이 목을 돌릴 수 있도록 목뼈와 근육을 유연하게 만들었지만, 영장류는 그러지 못했다. 뒤에서 소리 없이 다가와 공격하는 사자나 표범에게는 속수무책이었다. 이러한 결점을 극복하기 위해 우리 조상들은 집단을 영위하며 함께 생활하는 방식을 선택했다. 인간이 사회적인 동물이 된 이유는 아마도 이러한 단점을 극복하기 위한 진화의 산물이었을 것으로 보인다.

눈의 진화에서 또 다른 흥미로운 점은 눈 안쪽 구석에 있는 작고 붉은 살점 같은 눈물 언덕이다. 이것은 파충류에서 볼 수 있는 눈의 흔적이다. 파충류는 물속에서도 생활하기 때문에 눈이 투명한 막으로 덮여있다. 막이 없으면 물이 몸속으로 들어와 몸 안의 염분과 반응하여 자극을 일으킨다. 하지만 인간은 물 밖에서 살기 때문에 그런 막이 필요하지 않았으며, 따라서 진화 과정에서 사라져 현재와 같이 흔적만 남아 있다.

우리는 동일한 환경 속에서 살고 있다 하더라도 개인의 감정과 경험에 따라 서로 다른 세상을 보고 있다. 또한 세상을 있는 그대로 보는 것이 아니라 보고 싶은 것만 보면서 살아가고 있다. 미국 하버드대학 심리학과 대니얼 사이먼스는 재미있는 실험을 했다. 사람들이 공뺏기 놀이를 할 때 슬며시 고릴라 복장을 하고 가슴을 두드리는 사람을 가운데 세웠다. 게임이 끝난 후 사람들에게 물어보니 고릴라의 존재를 알아챈 사람은 불과 42퍼센트에 불과했다. 고릴라의 모습은 망막을 통해 후두엽에 전달되었지만, 뇌에서는 인식되지 않았다. 그들은 공에 집중하고 있었기 때문에 고릴라의 상이 인식되기 전에 머릿속에서 지워버린 것이다.

이와 같이 덜 중요한 것을 시야에서 지우는 곳은 후두엽이 아니라 전두엽과 두정엽 영역으로 알려져 있다. 또한 습관적인 자극이 계속되는 경우에도 달라진 것을 알아차리지 못하는 현상이 발생한다. 예를 들어 여자 친구가 모처럼 머리 모양을 변화시켰는데도 애인이 눈치 채지 못하는 것은 반복되는 자극을 머릿속에서 지워버렸기 때문이다.

한편 관심이나 집중은 우리의 감정과 관련하여 변연계와 대뇌피질의 상호작용에 따라 달라진다. 예를 들어 '섹스'라는 단어가 적힌 종이를 다른 단어들 가운데에 두면 사람들은 이 단어를 더 빨리 찾아낸다. 거리에서 마주치는 수많은 사람들의 얼굴은 시각을 담당하는 뇌의 후두엽에 들어오자마자 그대로 스쳐 지나간다. 하지만 예쁜 여자가 지나가면 잠시 동안 그 여자에게 집중하게 된다.

감정이 개입되지 않은 단순한 기억만으로도 시선의 집중도가 달라질 수 있다. 예를 들어 신호를 잘 살펴야 하는 사거리에 '일단 정지' 표지판을 두면 사람들은 금방 인식하지만, 신호등이 없는 한적한 길에 놓아두면 잘 인식하지 못한다. 이와 같이 후두엽에 도달한 시각 정보들은 감정과 기억의 뇌인 변연계에 의해 중요한 정보들만 선택해서 편집된다. 이것은 수많은 정보 중에 자신에게 중요한 것만을 선택하여 집중해서 보게 된 진화의 전략이다. 흥미로운 점은 단순히 상상만으로 어떤 영상을 떠올릴 때도 시각 중추가 활성화된다는 사실이다. 이러한 경우 우리는 눈이 아니라 뇌로 보고 있는 것이다.

우리는 어떻게 사물을 볼까

우리가 사물을 볼 수 있는 것은 빛이 있기 때문이다. 그렇다면 빛은 어디에서 올까? 잘 알다시피 빛은 태양에서 만들어진다. 태양의 내부에는 수소 원자핵들이 서로 결합하여 헬륨 원자핵이 되는 과정에서 엄청난 에너지와 파장이 짧은 감마선들이 방출된다. 이때 만들어진 감마선들은 이리저리 부딪혀서 태양 표면에 도달하는데 무려 이만 년의 세월이 걸린다. 이 과정에서 감마선들은 에너지를 잃어버리면서 파장이 긴 자외선과 가시광선으로 변한다. 그 중에서 우리가 눈으로 감지할 수 있는 빛은 오직 가시광선뿐이다.

왜 우리는 가시광선만을 이용하여 사물을 볼 수 있을까? 과학자들은 가시광선을 제외한 다른 전자기파는 물에 들어가자마자 흡수되어 사라져버린다는 사실을 발견했다. 물속에서 멀리 진행할 수 있는 전자기파는 오직 가시광선뿐인 것이다. 진화론에 의하면 태초에 모든 생명

체는 물속에서 시작되었다고 한다. 따라서 사물을 보기 위해서는 가시
광선을 이용하는 눈을 발달시키는 것이 자연스런 진화의 수순이었을
것이다. 모든 생물종들이 어류로부터 진화했다는 점에서 시각이야말
로 물리적인 진화의 대표적인 증거라고 할 수 있다.

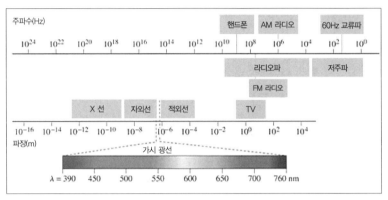

:: 전자기파의 종류

사물에 부딪혀 반사된 빛은 안구의 수정체를 통과할 때 거꾸로 뒤집
혀서 안쪽의 망막에 상이 맺힌다. 망막에는 간상세포와 원추세포들이
빽빽하게 다발을 이루고 있는데, 상이 맺히는 부위를 '중심와'라고 부
른다. 이 부위에 초점이 맺혀져야 선명한 상을 볼 수 있기 때문에 우리
는 눈동자를 끊임없이 움직인다. 막대 모양의 간상세포는 명암을 구별
하는 예민한 센서인데, 어두운 밤에 사물이 흑백 TV처럼 보이는 것은
바로 이 때문이다. 반면 색을 감지하는 원추세포는 빛이 있는 곳에서
만 작동한다.

사람의 망막에는 약 7백만 개의 원추세포와 1억2천만 개의 간상세

포가 존재한다. 독수리 같은 맹금류의 중심와에는 원추세포의 밀도가 높아서 다른 동물들보다 선명한 상을 얻을 수 있다. 일부 영장류를 제외하곤 대부분의 포유류는 색깔을 제대로 구분하지 못한다. 흔히 투우 경기에서 사용되는 붉은 천은 황소를 흥분시키는 것으로 알려져 있지만, 실제로 황소는 색깔을 구분하지 못한다. 천의 색깔을 빨강으로 선택한 이유는 황소보다는 투우 경기를 관람하는 사람들을 흥분시키기 위한 것이다.

밤하늘의 별을 볼 때 정면으로 응시하면 별이 잘 보이지 않는다. 별빛이 망막의 중심에 상이 맺히더라도 간상세포가 거의 없어서 명암을 구별하기 힘들기 때문이다. 간상세포는 중심와 바깥쪽에 많으므로 희미한 물체를 보기 위해서는 눈동자를 약간 옆으로 돌려 바깥 영역에 상이 맺히도록 하면 훨씬 잘 볼 수 있다.

우리가 밝은 곳에서 어두운 곳으로 들어가거나 반대로 어두운 곳에서 밝은 곳으로 나갈 때, 두 종류의 세포가 임무를 교대하는데 시간이 걸린다. 그래서 우리는 잠시 동안 시각장애를 겪게 된다. 밝은 곳에서 어두운 곳으로 들어갈 때 약 20분에서 1시간 정도의 적응 시간이 필요한데, 이것을 '암순응'이라고 한다. 암순응의 적응 시간이 길어지면 제트기 조종사들은 매우 위험한 상황에 처할 수 있다. 그래서 조종사들은 붉은색 고글을 착용하는데, 그 이유는 붉은 빛이 다른 빛보다 간상세포를 덜 손상시키기 때문이다. 반대로 어두운 곳에서 밝은 곳으로 나가는 경우에는 적응 시간이 매우 짧다. 이를 '명순응'이라고 하며, 원추세포의 기능이 회복될 때까지 잠깐 동안 눈부심을 경험하게 된다.

원추세포에는 빛의 삼원색에 대응하는 빨강, 초록, 파랑의 세 가지 종류가 있다. 원추세포가 파장에 따라 삼원색을 혼합하여 모든 색을 만들어내는 작동 원리는 컬러 TV의 원리와 비슷하다. 삼원색의 수용체는 동물마다 모두 다르다. 올빼미는 색을 구별하는 원추세포가 없어서 사물을 흑백 영상으로 보는 반면, 원숭이는 빨간색을 감지하는 센서가 없어서 빨간색이 갈색으로 바뀐 세상을 본다. 대부분의 곤충들은 붉은색을 보지 못한다. 그래서 붉은 등을 켰을 때 바퀴벌레가 기어 나오는 것도 이 때문이다. 꿀벌을 비롯한 몇몇 곤충들은 우리가 보지 못하는 자외선을 볼 수 있다. 그래서 화려한 색깔의 꽃들에는 꽃잎 위의 꿀이 들어 있는 중심부를 향해서 우리 눈에 보이지 않는 자외선 띠가 형성되어 있다.

원추세포의 세 가지 센서 중 일부가 없거나 손상되면, 색을 구별하는 데 심각한 장애가 발생한다. 이것을 '색맹'이라고 하는데, 인간에게 가장 흔하게 나타나는 것이 적록색맹이다. 색맹은 여자보다 남자에게 많이 발견되는데, 그 이유는 색맹이 X염색체의 손상에 의해 생기기 때문이다. 여자는 두 개의 X염색체, 남자는 한 개의 X염색체를 가지고 있으므로 남자보다 여자에게 건강한 X염색체가 있을 확률이 높다.

우리가 보는 색은 고정된 것이 아니라 그 주위에 있는 배경색에 따라 다르게 지각된다. 예를 들어 같은 노란색일지라도 어두운 배경의 노란색이 밝은 배경의 노란색보다 더 선명하게 보인다. 그리고 빨간색을 30초 정도 주시하다가 하얀 종이로 시선을 옮기면 초록색 잔상이 나타난다. 왜 이와 같은 현상이 나타날까? 우리는 심리적으로 삼원색에 노란색을 보탠 네 가지 색을 순수한 색으로 지각하기 때문이다.

색에는 서로 대립되는 짝이 존재하는데 이것을 '보색'이라고 한다.

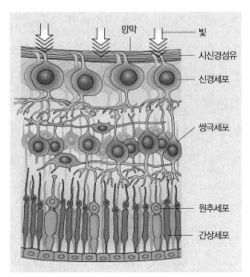

빛

망막

시신경섬유

신경세포

쌍극세포

원추세포

간상세포

빨간색과 초록색, 그리고 파란색과 노란색은 서로 보색 관계를 형성한다. 최근 과학자들은 망막에서 뇌로 들어가는 세 개의 채널명암 채널, 빨강-초록 채널, 파랑-노랑 채널을 발견했으며, 광수용체와 뇌의 연결회로를 찾아냈다. 간단히 말해서 망막의 간상세포와 원추세포가 명암과 색을 일차적으로 감지하면, 뇌에서는 이러한 정보들을 결합하여 우리 눈에 보이는 세상을 만들어내는 것이다.

뇌는 어떻게 이미지를 인식할까

우리가 본다고 하는 과정에는 단순히 뇌 속에 이미지를 복사하는 것보다 훨씬 많은 일들이 관련되어 있다. 시각은 경치를 찍어놓은 사진처럼 단지 실재에 대한 복사가 아니다. 망막에 맺힌 이미지가 고정되어 있다면, 우리 지각도 항상 고정되어 있어야 한다. 하지만 지각은 망막의 이미지가 변하지 않더라도 추리를 통해 새롭게 해석한다.

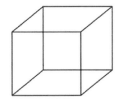

:: 네커 큐브 : 정육면체의 이 그림은 지각이 변할 수 있다는 것을 보여준다. 뇌의 해석 방식에 따라 왼쪽 위를 향한 것으로 보이거나 또는 오른쪽 아래를 향한 것으로 보이기도 한다.

　망막에 비치는 상은 영화 스크린처럼 2차원 평면으로 이루어져 있다. 그런데 우리는 어떻게 3차원으로 세상을 볼 수 있을까? 우리가 보는 3차원 세계는 뇌가 이 세상을 모방해 사실에 가깝도록 재구성한 것이다. 이 능력은 학습에 의한 것이 아니라 선천적으로 타고난 것으로 생존에서 비롯된 진화의 산물이다. 만약 우리가 세상을 개미처럼 평면적으로만 인식했다면, 사나운 육식동물이 공격할 때 어디로 도망가야 할 지 모를 것이다.

　세상을 지각하는 능력은 너무 손쉬워 보이기 때문에 당연한 것으로 받아들인다. 눈에는 반대로 뒤집힌 이미지가 맺히지만, 우리가 보는 것은 선명한 3차원 세계이다. 이러한 시각적인 변형은 어떻게 이루어질까? 일반적인 오류 가운데 하나는, 우리 눈 안에 어떤 이미지가 있다는 가정이다. 즉 어떤 시각적 이미지가 망막의 광수용체를 자극하고, 시신경 경로를 따라 시각피질이라는 스크린에 표시된다는 생각이다. 이러한 생각은 논리적으로 오류가 있다. 만약 뇌 속의 스크린에 표시되는 어떤 이미지가 있다면, 그 이미지를 볼 수 있는 누군가가 있어야 하고, 그 사람 역시 자신의 뇌 속에 또 다른 사람이 필요하다. 이러한 방식은 뫼비우스의 띠처럼 무한히 반복되어야만 한다.

뇌의 뒤쪽에는 단지 하나의 시각 영역만 있는 것이 아니라 30개의 영역이 서로 다른 정보를 처리하게끔 세분화되어 있다. 예를 들어 후두엽의 V4라는 영역은 색에 대한 정보를 처리하고, 두정엽의 MT라는 영역은 주로 움직임을 보는 역할을 한다. 뇌 양쪽의 V4가 손상된 색맹 환자는 흑백 영화처럼 무채색으로 세상을 보지만, 책을 읽고 얼굴을 구분하고 움직이는 물체를 보는 데는 아무런 문제가 없다. V5가 손상되면 세상이 정지 화면들로 보인다. MT가 손상되면 책을 읽고 색을 볼 수는 있지만, 물체가 얼마나 빨리 어디로 움직이는지 볼 수 없다.

망막에서 만들어진 시각 정보는 시신경을 통해 두 개의 경로로 나누어진다. 하나는 발생학적으로 오래된 경로이고, 다른 하나는 인간을 포함한 영장류에서 발달된 새로운 경로이다. 두 체계 사이에는 행위와 의식의 차이만큼 명백한 노동 분업이 이루어진다. 오래된 경로는 눈에서 뇌간으로 곧장 연결된 다음, 대뇌피질의 두정엽으로 가게 된다. 이에 비해 새로운 경로는 후두엽의 시각피질로 연결되어 더욱 많은 처리가 이루어진다.

우리는 왜 두 개의 경로를 갖게 되었을까? 오래된 경로는 일종의 반사작용으로 방향을 알려주는 기능을 한다. 새로운 경로는 그것이 무엇인지를 알려주는 기능을 하는데, 이 부분이 손상되면 말 그대로 장님이 된다. 중요한 것은 새로운 경로만이 의식적으로 자각을 할 수 있으며, 오래된 경로를 통해서는 무슨 일이 일어나는지 아무것도 자각할 수 없다는 점이다. 하지만 두 개의 경로는 통합적으로 조정되어 작동하기 때문에 각각의 역할을 분간하기는 어렵다. 이러한 점에서 볼 때 지각이라는 것은 뇌에서 만들어지는 이미지와 망막에서 처리된 감각 신호의 상호작용이라고 할 수 있다.

우리가 사물을 볼 때 채도나 명도에 의해 사물을 인식하는 것처럼 사물의 외부 형태나 표면의 특징도 같은 방식으로 처리한다. 우리 뇌는 선으로 사물의 윤곽을 나타낸 다음, 그 안에 색상을 넣어 표현하거나 혹은 색상을 넣은 뒤에 윤곽선을 더하는 그림책 같은 방식으로 처리한다. 이처럼 뇌에 존재하는 개개의 단일 신경세포는 윤곽 정보를 먼저 처리한 후에 내부의 정보를 채워 넣는 식으로 작동하여 실제의 사물을 인식한다. 예를 들어 고양이가 시각을 처리할 때 도자기의 생성 과정과 마찬가지로 단일 바탕색에 사물의 높낮이에 의해 형성되는 그림자를 이용하여 사물의 윤곽을 인식한다. 양쪽의 높이 차이로 나타나는 그림자와 명암의 차이가 바로 사물의 형태로 나타나는 것이다.

우리 뇌도 사물의 외부 형태를 먼저 인식하고 그 내부의 형태나 특징을 처리한다. 따라서 우리가 인식하는 많은 것들이 실제 형태보다 정확하지 않을 수 있으며, 단순히 외부의 윤곽과 표면 정보에 대한 것들이 합쳐져서 사물을 인식하는 것이다.

한편 뇌졸중이나 뇌손상으로 인해 실명한 사람들 중에는 놀라운 능력을 갖게 되는 수가 있다. 앞에 놓여 있는 물체를 보지는 못하지만, 손은 아주 정확하고 확실하게 그 물체를 잡을 수 있는데, 이러한 현상을 '블라인드 사이트'라고 한다. 이것은 오직 시각 부위를 전달하는 뇌의 일부분에 손상을 입었을 때만 생기는 현상이다. 시각 작용을 통한 신호가 뇌에 전달되지는 못하지만, 시각을 담당하는 다른 부위들로부터 뇌에 신호가 전달되기 때문이다. 이것은 좌뇌와 우뇌가 분리된 간질 환자처럼 뇌의 일부가 하는 일을 다른 부분들은 모를 수도 있다는 점을 보여준다.

왜 십대들은 음악에 열광할까

청각은 물고기의 측선기관_{옆줄}으로부터 진화되어 왔다고 한다. 하지만 청각은 매우 복잡한 감각이라서 육상동물이 출현했을 때에서야 제대로 발달되었을 것으로 보인다. 듣기는 우리의 귀에 도달한 공기 압력의 가벼운 떨림을 통해서 시작된다. 우리가 감지하는 것은 결국 소리의 파동인 셈이다. 아인슈타인은 물리학의 관점에서, 베토벤의 9번 교향곡이 공기 압력의 변화를 나타낸 곡선으로 기록될 수 있다고 말한 적이 있다. 하지만 음악이 단순한 공기 압력의 변화만을 의미하는 것은 물론 아니다.

포유동물에서 청각과 균형을 담당하는 기관은 귀 속에 있는 달팽이관과 세반고리관이다. 음파는 겉귀에 있는 고막에서 기계적 진동으로 바뀐 다음, 고막에 연결되어 있는 세 개의 뼈로 이루어진 세반고리관을 진동시킨 뒤 속귀로 전달된다. 속귀를 채우고 있는 림프액이 진동하면 달팽이관의 미세한 유모세포_{청각세포}가 움직이면서 기계적 진동을 전기신호로 바꾸어준다. 그런 의미에서 청각은 아날로그 신호를 디지털 신호로 바꾸어주는 회로이다.

달팽이관은 소나타의 선율을 충실히 뇌에 전달하는 기능만 있는 단순한 마이크로폰이 아니다. 뇌는 신경세포를 통해 달팽이관의 감수성을 조절한다. 그래서 우리는 몸 안에서 나오는 심장박동 소리를 무시할 수 있고, 파티장의 소음 속에서 들려오는 음악 소리에 귀를 기울일 수 있는 것이다. 달팽이관에서 대뇌피질로 가는 음악 소리는 뇌간에서 여러 부분으로 갈라져 주파수의 높낮이에 따라 정돈된다. 뇌간의 신경 회로는 주파수와 음의 강도, 소리의 위치 등을 분류해서 대뇌피질의 청각 영역으로 보낸다. 대뇌피질의 청각 영역이 소리의 패턴과 특성을 파악함으로써 우리는 클라리넷 소리와 플루트 소리를 구별할 수 있게 되는 것이다.

우리가 알아들을 수 있는 소리의 범위는 20Hz에서 20,000Hz까지의 주파수 영역이다. 일반적인 말소리는 저주파 영역에 속하고 나뭇잎이 스치는 소리나 속삭이는 소리는 고주파 영역인데, 주파수가 높을수록 청각이 손상되기 쉽다.

소음의 강도를 판정할 때는 '데시벨'이라는 척도를 이용한다. 거의 고요한 상태처럼 우리가 들을 수 있는 가장 작은 소리를 기준으로 삼는데, 이 소리가 바로 0데시벨이다. 이보다 열 배 강한 소리는 10데시벨, 백 배 더 강한 소리는 20데시벨이며, 천 배 더 강한 소리는 30데시벨이다. 제트기 엔진에서 나는 소리는 120데시벨로 기준보다 1조 배나 더 강력하다.

85데시벨을 넘어서면 청력이 손상될 수 있다. 90데시벨 이상에서는 8시간, 140데시벨 이상에서는 즉시 청력에 손상을 입고 만다. 나이가 들면 자연스럽게 청력이 떨어진다. 65세를 넘어서면 약 60퍼센트가 청력 상실을 경험하고, 40퍼센트는 보청기를 착용해야 일상생활을 할 수 있다. 노화와 관련된 청력 상실은 노안과 더불어 일반적인 현상이라고 할 수 있다.

거리를 지나거나 지하철을 타면 주위는 온통 소리로 가득하다. 우리는 소리의 홍수 속에서 생활하고 있지만, 대부분의 사람들은 소음에 아랑곳하지 않고 살아간다. 주변의 온갖 소리는 귀를 통해 끊임없이 들어오고, 청각은 그 모든 것을 감지한다. 하지만 우리가 모든 소리를 동시에 듣는 것은 아니다. 녹음기는 모든 소리를 있는 그대로 기록하지만, 우리는 필요한 소리만 듣는다. 청각의 가장 중요한 역할은 소리를 듣는 것뿐 아니라 의식을 집중해서 우리가 듣고 싶은 소리만 듣는 것이다.

소란스런 파티장에서 눈앞에 있는 사람과 대화를 할 때는 주변이 아무리 소란스럽다 해도 대화에 열중할 수 있다. 그때 어디에선가 자신의 이름을 부르는 듯한 느낌이 들면, 소리가 들린 방향으로 자연스럽게 주의가 기울어진다. 이것은 '칵테일파티 효과'라 불리는 현상으로 어느 한 가지 일에 집중하고 있을 때라도 우리 뇌는 늘 주변에 안테나를 뻗치고 있다. 그래서 자신과 관련된 정보라면 바로 알아차릴 수 있는 것이다.

소리 정보를 전달하는 뉴런의 경로는 뇌의 여러 부분에 연결되어 있다. 귀에 들어온 소리는 어느 쪽 귀를 통해서든 측두엽의 청각피질에 도달하지만, 주요 경로는 소리가 들어온 귀의 반대쪽 뇌로 연결된다. 즉 왼쪽 귀로 들어온 소리는 대부분 우뇌로 전달되고, 오른쪽 귀로 들어온 소리는 좌뇌로 이동한다. 하지만 소리 정보를 처리할 때는 좌뇌와 우뇌의 역할에서 미묘한 차이를 보인다.

음악과 관련된 기능은 우뇌의 청각 영역 부근에 있다. 청각피질은

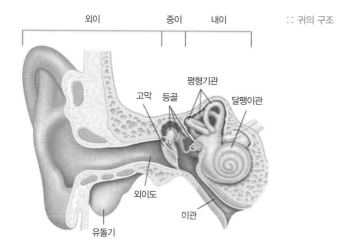

외이　　　중이　　내이

평형기관

고막　등골　　　달팽이관

외이도

이관

유돌기

세 부분으로 나뉘어져 있다. 1차 청각영역은 소리의 크기와 높낮이, 2차 청각영역은 멜로디와 리듬, 그리고 3차 청각영역은 이러한 패턴을 종합해서 음악을 인식하는 역할을 한다. 좌뇌에 있는 언어 중추가 손상되면 말을 할 수 없어도 노래를 부를 수는 있다. 언어 기능과 달리 음악 기능은 한쪽 뇌에 국한되어 있지 않기 때문이다. 음악에 관한 한 우뇌가 우세하지만 음정은 우뇌, 리듬은 좌뇌가 담당한다. 한편 아름다운 곡을 들을 때는 변연계와 전두엽의 여러 부분이 함께 활성화된다.

　음악의 기본은 리듬이다. 모든 음악은 나무나 돌을 두드리는 리듬으로부터 시작되었고, 아직도 대부분의 클래식 음악은 4분의 3박자 혹은 4분의 4박자로 이루어져 있다. 리듬과는 달리 하모니는 좀 더 최근에 발달되었다. 하모니는 중세 기독교 수도원의 노래에서 유래되었다고 하는데, 당시에는 높낮이의 변화만 존재하는 단조로운 음정에 불과했다. 실험에 의하면 식물에게 클래식 음악을 들려주면 음악이 들리는 쪽으로 자라는 것을 볼 수 있다. 또한 식물들은 특정한 음악을 좋아한다. 식물들이 가장 좋아하는 음악은 인도의 전통음악이며, 그 다음은 바흐의 오르간 소리로 알려져 있다.

감정은 몸에 생리적인 변화를 가져오는데, 슬플 때는 심장박동이 느려지고 혈압과 체온이 올라간다. 행복할 때는 숨이 가빠지고, 무서울 때는 심장이 빨라진다. 감정에 자극을 주는 것은 여러 가지가 있겠지만, 음악은 직접적으로 감정의 변화를 일으킨다. 장조의 빠른 음악은 행복할 때와 비슷한 생리적 변화를 가져오며, 반면 느린 음악은 슬플 때와 비슷한 감정을 만들어낸다.

어떤 음을 들었을 때 다른 음과 비교하지 않고서도 고유한 높낮이를 바로 알아내는 청각 능력을 '절대음감'이라고 한다. 반면 음치란 소리의 높낮이나 빠르기, 강약을 구분하지 못하는 사람 또는 음을 제대로 기억하지 못하는 사람을 말한다. 절대음감을 가진 사람들은 음표의 높이와 길이를 기억하는 능력이 뛰어나다. 절대음감은 1만 명 중 한 명 꼴로 나타나며, 유전적인 요인이 크다. 절대음감을 가진 음악가의 뇌를 연구한 결과, 왼쪽 측두엽 부위가 훨씬 큰 것으로 나타났다.

음악에 대한 반응은 개인적, 문화적으로 다르기 때문에 좋은 음악에 대한 기호가 사람마다 다르다. 캐나다 토론토대학의 연구팀은 개인의 뇌파에 맞게 선별된 음악을 통해 불면증을 치료할 수 있다고 말한다. 음악 치료는 부작용이 없기 때문에 불면증과 심리적 질환을 치료하는 대안이 될 수 있다. 또한 음악은 감성을 두드릴 뿐 아니라 뇌의 고차원적인 인지 기능도 자극한다.

음악을 듣거나 악기를 연주하면 뇌 발달에 도움이 된다. 미국 캘리포니아대학의 골든 쇼 박사는 대학생들에게 모차르트의 '두 대의 피아노를 위한 소나타 D장조'를 들려주고 공간 지각력 검사를 실시했다. 그 결과 모차르트 음악을 들은 학생들은 다른 음악을 듣거나 음악을 듣지 않은 학생들보다 높은 점수를 얻었다. 많은 음악 중에서 특히 모차르트 음악이 뇌를 개발하는데 효과적이었기 때문에, 이러한 현상을 '모차르트 효과'라고 부른다.

음악을 듣는 것뿐 아니라 악기 연주도 뇌를 개발하는데 좋다고 한다. 피아노를 배운 유치원생들은 그렇지 않은 아이들보다 공간 지각력이 뛰어났으며, 피아노를 배운 초등학생들은 수학문제를 더 잘 풀었다. 또한 단어를 기억하는 능력도 뛰어나다는 사실이 밝혀졌다. 연구에 의하면 유년기에 악기 연주법을 배운 성인들은 일반인에 비해 평균 16퍼센트 이상 청각에 관련된 기억력이 높은 것으로 나타났다. 하지만 간단한 모양을 기억하는 시각 기억에서는 큰 차이가 없었다.

음악은 다양한 인지 기능과 운동 기능을 자극해서 다른 지적인 영역으로 전환될 수 있다. 또한 음악교육은 아이들의 감성을 풍부하게 해서 지능발달을 촉진시킨다. 모든 문화권에서 노래를 통해 감정을 표현하는 것은 바로 음악에 치유의 힘과 높은 감성지능을 발휘하는 기능을 활용하고 있다는 증거로 볼 수 있다.

어른들은 십대 아이들이 왜 요새 유행하는 음악에 열광하는지 이해하지 못한다. 고전음악이나 아름다운 선율이 있어야만 좋은 음악이라고 생각하는 어른들은 못마땅하기만 하다. 우리는 대개 자신이 십대에 들었던 음악에 평생 동안 집착한다. 새로운 음악에 맞추어 취향을 변화시키기보다는 같은 장르의 음악을 사랑하는 경우가 대부분이다. 나이가 들면 새로운 음악에 관심이 없어지는 걸까?

우리 귀는 태어나기 4개월 전에 이미 완전한 기능을 수행하며, 뇌의 발달에 따라 몇 개월에서 몇 년이 지나면 완벽하게 청각을 처리하는 능력을 갖춘다. 2~3세만 되어도 정확하게 음높이와 리듬의 변화를 알아차린다. 어린아이들은 보통 두 살 무렵이 되면 자신이 좋아하는 음악을 선택하게 된다. 이 시기는 언어처리 능력이 발달하는 시기와 겹쳐진다.

연구에 의하면 십대 시절은 자신이 좋아하는 음악을 선택하는 시기라고 한다. 대부분의 아이들이 음악에 진짜 관심을 갖게 되는 시기는 10~11세 무렵이다. 이전에는 음악에 별 관심이 없던 아이들도 이 시기가 되면 음악을 좋아하게 된다. 열네 살 무렵이 되면 음악에 대한 뇌의 배선이 성인의 수준과 비슷해진다. 일반적으로 18~20세 정도가 되면 각자의 음악적 취향이 완성된다. 심지어 알츠하이머병에 걸려 거의 모든 기억을 상실한 노인들조차 십대 시절에 즐겨 듣던 노래는 대부분 기억한다.

낯선 남자에게서 그의 향기를 느꼈다

후각은 가장 원시적인 감각으로 고등동물보다는 하등동물에게 더 발달되어 있다. 흔히 냄새를 잘 맡는 사람을 '개코'라고 부른다. 하지만 사람의 코는 대부분의 포유류나 파충류에 훨씬 못 미친다. 우리 뇌에서 후각 중추가 차지하는 비율은 뇌 전체의 0.1퍼센트밖에 안 된다.

이 세상에는 감별할 수 있는 냄새가 무려 40만 가지가 있는데, 동물마다 냄새를 맡는 능력에 차이가 있다. 개의 후각은 인간보다 훨씬 뛰어나다. 개의 후각세포는 약 2억 2,000만개나 되어 사람의 500만개보다 훨씬 많으며, 인간보다 약 1백만 배나 냄새를 잘 맡는다. 냄새는 공기보다 물속에서 더 잘 감지되기 때문에 개의 코는 늘 축축하게 젖어 있다. 개보다 후각이 발달된 동물은 뱀장어뿐이라고 알려져 있다. 하지만 고래는 거대한 후각 기관을 가지고 있음에도 거의 아무런 냄새를 맡지 못한다.

뇌의 감각세포는 한번 손상되면 재생되지 않는다. 예를 들어 시력은 한번 잃으면 다시 회복하기란 거의 불가능하다. 하지만 코 안쪽에 있는 후각세포는 30일을 주기로 끊임없이 재생된다. 후각 정보는 후각신경을 통해 뇌로 들어가 측두엽의 안쪽에 있는 후각 중추에 도달한다. 이곳은 감정과 기억을 담당하는 변연계의 편도체와 해마가 있는 영역이다. 때문에 후각은 인간의 감정, 기억과 밀접한 관계를 가지고 있다. 기분 좋은 냄새는 우뇌의 전두엽 영역을 활성화시킨다. 이에 비해 불쾌한 냄새는 편도체와 측두엽을 자극한다.

후각 기능은 왼쪽보다는 오른쪽 대뇌와 많이 연결되어 있기 때문에 좌뇌에 위치한 언어 중추와는 별로 연관이 없다. 그래서인지 후각은 시각, 청각에 비해 섬세한 차이를 표현하는 어휘가 덜 분화되어 있다. 후각은 시각, 청각과 달리 어느 정도 시간이 지나야 그 정보가 뇌에 저장되는데, 똑같은 냄새를 알아차리는데도 약 12초 정도 걸린다.

오랜 역사를 돌이켜보면, 생존에 필요하지 않은 것들은 진화 과정에서 사라져버린다. 연구에 의하면 시각이 발달할수록 후각은 퇴화된다고 한다. 인간은 많은 색깔을 구별할 수 있는 대신, 냄새를 맡는 능력은 포기해야만 했다. 인간은 약 1만 여종의 서로 다른 냄새 성분을 인식할 수 있는 것으로 알려져 있다. 우리가 색깔을 구별할 때 그에 알맞는 이름들이 존재한다. 그러나 냄새에는 그에 적합한 이름들이 증발해 버렸다. 예를 들어 그윽한 커피 향을 말로 표현하기란 얼마나 어려운가. 우리가 색을 말할 때는 '빨간색'이나 '분홍색'이라고 하지, '장미색'이라고 하지 않는다. 그런데 향기를 말할 때는 '장미향'이라고밖에 말할 수 없다.

여성의 후각은 남성보다 예민한데, 이러한 차이는 사춘기 이후에만 발견된다. 에스트로겐 수치가 오르는 배란기 때 여성의 후각은 더욱 예민해진다. 한편 남성에게 에스트로겐을 주입하면 후각 기능이 향상된다는 보고도 있다. 후각 능력과 직접적으로 연결된 신체의 메커니즘은 번식과 관련된 여자의 월경에서 찾아볼 수 있다.

미국 시카고대학의 마사 매클린턱은 기숙사에 거주하던 여학생들의 월경주기가 비슷한 시기로 접근하는 현상을 발견했다. 기숙사의 같은 방에서 생활하거나 친한 여학생들의 경우 학기를 끝마칠 무렵에는 대부분 똑같은 월경주기를 가진다. 여자 수영구조요원들의 경우에도 수영시즌이 시작되는 여름에는 월경주기가 천차만별이지만, 가을이 되면 대부분 3~4일 이상 차이가 나지 않는 것으로 조사되었다. 이러한 과정은 땀 냄새를 맡는 후각을 통해 이루어진다.

냄새를 맡는 순간은 냄새 속에 있을 때가 아니라 냄새에서 벗어날 때라고 한다. 미국 애리조나주립대학의 닐 비커스 교수팀은 나방을 대상으로 이와 같은 연구 결과를 얻었다. 연구팀은 터널 속에 암컷 나방의 성호르몬을 분비한 다음, 수컷 나방을 그 속에 날렸을 때 나방의 후 각신경세포에서 발생하는 전기신호의 변화를 측정했다. 그 결과 나방의 코에 해당하는 더듬이에서 이제까지 알려진 것처럼, 냄새 속에 있을 때가 아니라 냄새에서 빠져나올 때 전기 신호가 발생했다.

바람 부는 날 굴뚝에서 나오는 연기는 바람이 진행하는 방향으로 흘러가면서 중간 중간 끊어지는 모양이 된다. 연구팀은 나방이 더듬이를 움직이는 것은 바람에 흩날리는 굴뚝 연기처럼 냄새와 공기의 불연속적인 파동을 만들기 위한 것이라고 설명했다. 마찬가지로 사람도 냄새를 맡을 때 코를 킁킁거림으로써 냄새의 파동을 만든다. 향수를 감별하는 사람들은 경험적으로 이러한 사실을 알고 있다. 감별사들은 코를 직접 대지 않고 손을 휘저어 향수를 맡는다. 직접 향수 냄새를 맡으면 코가 금방 냄새에 익숙해져 더 이상 아무런 냄새를 맡지 못하지만, 손으로 휘저으면 계속 냄새를 맡을 수 있기 때문이다.

향기는 배우자 선택에 있어서도 중요한 판단기준이 된다. 조사에 따르면 여성은 남성의 향기에서 성적 매력을 느낀다고 한다. 프랑스의 작가 마르셀 프루스트의 대표작 '잃어버린 시간을 찾아서'에서 주인공이 홍차에 적신 마들렌 과자의 냄새에 이끌려 어린 시절 고향을 찾아 시간 여행을 떠나는 얘기가 나온다. 이처럼 냄새가 기억을 이끌어내는 것을 '프루스트 현상'이라고 한다.

여성은 남성이 분비하는 항체의 냄새를 맡을 수 있다고 한다. 항체가 많이 분비되면 질병을 이길 확률이 높기 때문에 여성들은 항체 냄새가 강한 남성에 끌린다. 영국의 한 설문조사에 의하면 여성의 71퍼센트가 '남성의 향기에서 성적 매력을 느낀다.'고 답했다. 반면 옷차

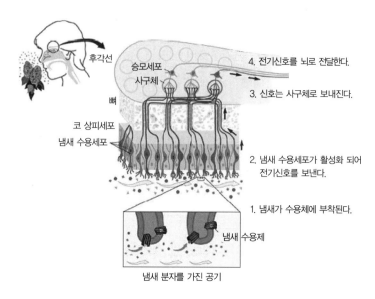

후각선

승모세포
사구체

4. 전기신호를 뇌로 전달한다.

3. 신호는 사구체로 보내진다.

뼈

코 상피세포

냄새 수용세포

2. 냄새 수용세포가 활성화 되어
   전기신호를 보낸다.

1. 냄새가 수용체에 부착된다.

냄새 수용제

냄새 분자를 가진 공기

:: 냄새 수용체와 후각 기관의 구조

림새는 17퍼센트, 머리 모양은 8퍼센트에 그쳤다. 또 응답자 중 70퍼
센트의 여성들은 남성들이 스킨로션과 같이 향기가 나는 화장품을 사
용할 때 섹시함을 느낀다고 답변했다.

미국 시카고대학의 마사 매클린톡은 사람들이 이성에게 끌리는데
있어 후각이 중요한 역할을 한다는 연구 결과를 발표했다. 우리 몸의
면역 세포에는 개인마다 독특한 냄새가 나는 물질이 있는데, 이로 인
해 흔히 '살냄새'라고 부르는 묘한 체취를 풍긴다. 매클린톡 박사는
서로 다른 체취를 가진 남성 6명에게 48시간 같은 셔츠를 입혀서 냄새
를 흠뻑 배게 한 다음, 미혼 여성들에게 셔츠 냄새를 맡게 하여 가장
끌리는 냄새가 어떤 것인지 조사했다. 흥미롭게도 여성들이 가장 선호
하는 냄새는 자신의 아버지와 비슷한 체취를 가진 남성이었다. 우리가

어떤 사람을 처음 만났음에도 불구하고 낯설어하지 않고 끌리는 이유는 이와 같은 유전자가 태어날 때부터 내재되어 있기 때문이다.

후각은 감정에 중요한 영향을 미치기도 하며, 무언가 나쁜 일이 생길 때는 후각이 예민해진다. 미국 노스웨스턴대학의 연구팀은 12명의 건강한 성인들을 대상으로 한 실험을 통해 가벼운 전기 충격을 받았을 때 사람의 후각 기능이 더 잘 발휘된다는 사실을 발견했다. 연구팀은 실험 대상자들에게 특별한 냄새가 나는 화학물질 세 종류의 냄새를 되풀이해서 맡게 했다.

두 개의 병에는 같은 물질이 담겨 있고 세 번째 병에는 잘 구별할 수 없을 정도로 비슷한 물질이 담겨 있었다. 그들은 대략 세 번 중 한 번 꼴로 냄새를 구별할 수 있었다. 그러나 세 번째 냄새를 맡고 있는 동안 가벼운 전기 충격을 준 뒤 다시 실험을 했을 때 그 차이를 정확히 가려낸 경우가 70퍼센트나 되었다. 이는 뇌의 후각 영역이 냄새 정보를 저장하는 방식에 변화를 일으켜 충격과 관련된 냄새의 기억을 더 강하게 각인시켜 결과적으로 다른 비슷한 냄새로부터 더 빨리 구별할 수 있게 된 것이다.

이러한 현상은 주변의 무수히 많은 냄새 중에서 위험한 냄새를 재빨리 구별해 낼 수 있도록 진화된 인간의 무의식적 생존 전략이다. 실제로 부엌에서 불이 났던 경험을 갖고 있는 사람들은 연기 냄새만 맡고도 이것이 기름과 관련된 것인지, 아니면 가스레인지에서 나는 것인지를 금방 구별한다. 우리는 후각을 대수롭지 않게 생각하지만 두뇌는 수많은 종류의 서로 다른 냄새들과 관련된 이미지를 종합할 수 있다. 이것은 사람의 후각에 얼마나 많은 잠재력이 있는지를 말해준다.

우리는 왜 달콤한 음식을 좋아할까

혀를 통해 들어온 미각은 전두엽 속에 파묻혀 있는 도피질과 전두엽 앞쪽에 퍼져 있는 맛의 중추로 전달된다. 도피질은 맛을 느끼면 항상 활성화되는 반면, 전두엽 앞쪽은 배가 고플 때만 활성화되고 음식 냄새와 모양만으로도 흥분한다. 맛있는 음식을 찾아다니는 미식가는 전두엽이 발달한 창조적인 사람이라고 할 수 있다. 음식 문화가 발달한 프랑스, 이탈리아, 중국 등은 다양한 문화와 문명이 발달된 곳이기도 하다.

개미핥기는 개미만 먹고 코알라는 유칼리나무의 잎만 먹고 산다. 사슴은 여러 가지 풀을 먹지만 고기 맛을 모르고, 사자는 고기를 먹지만 과일과 풀 맛은 모른다. 이에 반해 거의 모든 동물과 식물을 먹는 잡식성의 인간은 어쩌면 그 다양한 음식 종류 때문에 뇌가 발달했을지도 모른다.

우리 속담에 "달면 삼키고 쓰면 뱉는다."라는 말이 있다. 아무리 작은 단세포 생물이라도 생명유지를 위해 유익한 물질과 해로운 물질을 구별해내는 감각 체계를 가지고 있다. 예를 들어 가장 단순한 생명체에서는 세포와 외부 세계를 구별하는 세포막이 그 역할을 하고 있다. 고등생물은 미각, 후각, 시각, 청각, 촉각 등으로 기능이 분화된 감각 체계를 가지고 있다. 특히 미각과 후각은 생명체가 영양소와 독성분을 구별하기 위해 발달된 감각이다.

맛은 혀뿐 아니라 입천장, 입바닥, 빰의 안쪽 등 입안의 모든 부분과 인두, 후두까지 포함하는 넓은 부위에서 느껴진다. 일반적으로 비휘발성 물질은 맛으로, 휘발성 물질은 냄새로 인식되지만 식초 같은 물질은 맛과 함께 냄새로도 인식된다. 맛을 느끼는 주 감각기관은 혀에 존재하는 네 가지 종류의 맛봉오리를 가지고 있다. 맛봉오리에는 맛세포가 있고, 맛세포의 위쪽 끝에는 미세융모가 있다. 세포막에는 여러 가지 맛을 인식하는 맛 수용체가 있으며, 각각의 물질과 결합하면 전기신호를 발생시켜 대뇌에서 맛을 인식하도록 만든다.

빛에 빨강, 초록, 파랑의 3원색이 있듯이 맛에도 기본이 되는 원미元味라는 것이 존재한다. 동양에서는 음양오행설에 상응하는 다섯 가지 맛으로 단맛, 쓴맛, 짠맛, 신맛, 매운맛을 일컬었고, 서양에서는 4원소설에 대응하는 네 가지의 단맛, 쓴맛, 짠맛, 신맛을 기본적인 맛으로 생각했다. 최근에는 단맛, 쓴맛, 짠맛, 신맛, 감칠맛을 기본적인 맛으로 인정하고 있다.

사람들은 원미 외에도 매운맛, 떫은맛 등 여러 가지 맛을 느끼는데, 이러한 맛들은 원미처럼 맛 수용체에서 인식되는 것이 아니라 구강 내의 자율신경이나 혀의 점막 등에서 복합적으로 느껴지는 감각이다. 예를 들어 매운맛은 구강 내의 자율신경에서 느끼는 일종의 통증이다. 매운맛을 내는 음식들은 각기 다른 종류의 매운맛 성분들을 가지고 있다. 예를 들어 생강은 진저론, 마늘은 알리신, 고추는 캡사이신이 주로 매운맛을 낸다.

사람을 비롯해 대부분의 포유류는 단맛을 매우 좋아하는데, 단맛은 뇌에 영향을 미쳐 엔돌핀의 분비를 촉진하기 때문이다. 단맛을 내는 물질 중에는 실제로 중독을 일으키는 성분들을 가진 것도 있다. 초콜릿에는 도취감을 유도하는 성분, 그리고 헤로인 성분과 비슷한 분자구조를 지닌 물질이 들어 있다. 짜증이 나거나 스트레스를 받을 때 초콜릿이나 케이크를 먹고 싶은 이유는 이와 같은 기분전환 효과가 있기 때문이다. 원래 단맛을 느끼게 하는 포도당은 '달다' 라는 뜻의 그리스 어에서 유래되었으며, 당을 구성하는 가장 기본적인 입자이다. 포도당 은 생명체의 활동에 필수적인 에너지를 생산하는 매우 중요한 역할을 한다. 특히 뇌는 우리 몸에서 소비되는 포도당의 25퍼센트를 사용한다.

우리가 단 음식을 좋아하는 또 다른 이유는 포도당과 인슐린의 묘한 상관관계 때문이다. 우리가 식사를 하면 위에서 음식을 분해하고 장에 서 영양분을 흡수한 다음, 혈액을 통해 당을 온몸으로 전달한다. 이때 혈액 속의 당 성분인 혈당이 높아지면, 췌장에서 인슐린을 분비하여 혈당을 글리코겐이나 지방으로 저장한다. 그런데 설탕 같은 물질은 분 자 구조가 단순해서 빠르게 소화, 흡수가 된다. 때문에 이들 음식은 먹 자마자 순식간에 혈당치를 상승시킨다. 이에 따라 우리 몸은 인슐린을 많이 분비해서 혈당량을 떨어뜨리는데, 평소보다 많이 분비된 인슐린 은 혈당치를 급격히 떨어뜨리는 역할을 한다. 그러면 우리 몸은 혈당 이 낮아졌다고 판단하고 배가 고픈 것으로 착각해 다시 달콤한 음식을 찾게 된다. 단 음식을 방금 먹고 돌아섰는데도 다시 단 것이 땡기는 일 종의 중독 증상이 나타나는 것이다. 이러한 악순환이 반복되다 보면 결국 체내의 인슐린-혈당 조절 시스템이 망가져서 당뇨병을 비롯한 여러 가지 질병이 생기게 된다.

녹말 역시 포도당으로 이루어져 있지만, 복합탄수화물이기 때문에 흡수하는데 시간이 오래 걸린다. 한편 섬유질은 포도당으로 이루어져 있지만 우리 몸에 존재하는 소화 효소로는 분해할 수 없는 구조로 되 어 있어서 아무리 많이 먹어도 에너지를 얻을 수 없다.

떫은맛은 폴리페놀이 많이 함유된 식품을 먹을 때, 폴리페놀 성분이 혀의 점막을 구성하는 단백질과 강한 수소결합을 함으로써 점막이 수축되는 감각을 말한다. 홍차, 맥주, 포도주 등에 들어 있는 탄닌이 대표적인 떫은맛 성분이다. 박하 등을 먹었을 때는 찬맛을 느끼는데, 이것은 박하 성분이 침에 녹을 때 용해열을 흡수하면서 나타나는 냉각효과로 인해 혀의 점막이 일시적으로 마비되는 현상이다.

우리 혀에는 맛을 느낄 수 있는 미각 세포가 있는데 단맛, 쓴맛, 신맛, 짠맛을 느끼는 부위가 다르게 분포되어 있다. 하지만 매운맛을 느끼는 부위는 없다. 우리가 매운 음식을 먹었을 때 뇌는 매운맛을 통증으로 인식하여 콧물이 분비되도록 한다. 청량고추 같은 매운 음식을 먹으면 그 속에 들어 있는 캡사이신 성분이 혀를 자극하고, 뇌는 이 자극을 통증이라고 판단한다. 뇌는 통증을 완화시키기 위해 코에는 콧물을, 눈에는 눈물을 내보내도록 명령한다. 이러한 현상은 매운 음식의 냄새를 맡아도 마찬가지다. 매운 향이 콧속의 점막을 자극하면 콧물이 나오게 된다. 매운 음식을 먹으면 스트레스가 풀린다고 느끼는 이유는 뇌가 매운 자극의 통증을 완화시키기 위해 기분을 좋게 만드는 엔돌핀을 배출하기 때문이다.

현재 미국인의 약 50퍼센트가 비만이라고 한다. 이러한 상태로 계속 살이 찐다면 2020년에는 미국인 모두 비만이 될 것이라는 우려의 목소리가 높다. 매년 많은 사람들이 동맥경화, 심장질환 등 비만에 따른 합병증으로 사망하고 있다. 배고픔을 충족시키려는 지나친 욕구가 우리들을 죽음으로 몰아가고 있는 것이다.

식욕은 전두엽의 맛 중추가 조절하는 것이 아니라 충동과 욕구를 제어하는 시상하부가 담당한다. 배가 고플 때면 맹렬한 식욕이 일어나 음식을 삼키지만, 식사를 마치고 나면 식욕은 허무하게 사라진다. 이처럼 식욕이 덧없이 사라지는 까닭은 신경계 호르몬의 적절한 조화 때문이다. 체내의 포도당, 미네랄, 지방의 수치가 낮아지면 혈당, 위, 장, 지방세포에서 호르몬과 신경전달물질을 분비하여 시상하부로 정보를 전달한다. 시상하부에서 신호를 받은 대뇌피질은 뇌의 각 부분을 각성시켜 배고픔을 느끼게 하고 음식을 먹게 만드는 행동을 유발한다. 음식을 배부르게 먹으면 위와 장에서는 포만감에 대한 신호를 시상하부에 보낸다. 이 신호는 다시 대뇌피질에 보내져 먹는 걸 중단하려는 의식이 생긴다. 이러한 연락 체계에서 어느 한 군데라도 문제가 생기면 과식증이나 거식증으로 이어진다.

시상하부 자체가 식욕에 문제를 일으키기도 하는데, 이곳에는 식욕을 제어하는 두 개의 핵이 있다. 외측핵은 혈당치가 낮아지는 것을 감지하여 배고프다는 신호를 보내고, 복내측핵은 혈당치가 높아지면 배부르다는 신호를 보낸다. 따라서 외측핵에 손상을 입으면 음식을 제대로 먹지 못하고, 복내측핵이 손상을 입으면 끝없이 먹어대는 경우가 발생한다. 하지만 시상하부의 기능 자체에 문제가 생기는 경우는 드물다.

가장 큰 원인은 신호를 주고받는 신경전달물질에서 만들어진다. 예를 들어 세로토닌이 지나치게 많아지면 식욕이 없어지고, 부족하면 식욕이 높아진다. 실제로 식욕이 부진한 사람은 세로토닌 수치가 비정상적으로 높고, 식욕이 높은 사람은 세로토닌 수치가 낮다고 하는 연구 결과가 있다.

변연계의 기능부전 뿐만 아니라 문화적인 측면에서도 섭식장애가 일어나기도 한다. 식욕이 부진한 사람은 더 날씬해지려고 다이어트를 하기도 한다. 반면 식욕에 대한 욕구가 강한 사람은 과식을 한 다음, 몸무게가 늘어나는 것을 걱정해서 다시 토해내기도 한다. 이 모든 것이 뇌의 의식에서부터 비롯된다.

일반적으로 식욕이 부진한 사람은 자신에게 엄격하고 참을성이 많으며 내성적인 성격을 갖고 있다. 이에 비해 식욕 항진인 사람은 사교적이고 주의력이 산만하며 충동적이라고 한다. 이러한 사람들에게는 약물 치료와 더불어 심리적인 치료가 병행되어야 한다. 현재는 뇌에 직접 작용하여 생리적 기능을 조작하는 여러 종류의 약물이 나와 있다. 하지만 불필요한 지방을 몸에 축적하려는 인간의 본능은 오랜 옛날부터 유전자 속에 각인되어 있다. 모든 동물은 생존을 위해 배가 고플 때만 먹지만, 인간은 배가 고프지 않을 때도 먹을 수 있는 유일하게 탐욕적인 동물이다.

미국 위스콘신대학의 잭 니츠케 박사는 맛에 관한 흥미로운 연구 결과를 발표했다. 그는 실험 대상자에게 포도당 같은 달콤한 맛과 퀴닌 같은 쓴 맛을 내는 물질을 다양한 농도로 섞어서 맛을 느끼게 했다. 그런 다음 얼마나 유쾌한지 혹은 불쾌한지 질문하면서 1차 미각 영역의 활동을 조사했다. 1차 미각 영역은 혀로 감지한 미각 정보를 가장 먼저 처리하는 대뇌피질의 일부분이다.

그는 사전에 실험 대상자들에게 맛에 대한 정보를 알려주었는데, 그 중에는 잘못된 정보도 섞여 있었다. 실험 대상자들은 정보와 느낌 사이에서 어떻게 반응했을까? 상당히 쓴맛의 퀴닌을 주면서 '약간 불쾌한 맛'이라는 잘못된 정보를 알려주자, 실험 대상자들은 본래의 쓴맛에 비해 덜 쓰다고 반응했다. 반면 '상당히 불쾌한 맛'이라고 알려주었을 때 실제로 쓴맛에 대해서는 그 정도를 한층 더 강하게 느꼈다. 단맛에 대해서도 비슷한 결과가 나왔다. 이는 본래 맛을 평가하는데 잘못된 선입관이 작용한다는 것을 의미한다. 옛날에 맛있게 먹었던 음식을 다시 먹으면 더욱 맛있게 느껴지고 그 반대도 마찬가지다. 이처럼 과거의 경험에서 비롯된 선입관에 따라 미각에 대한 반응이 달라진다.

피부는 제3의 뇌

만약 촉각이 없다면 세상은 어떻게 될까? 눈을 감으면 세상은 온통 암흑천지로 변해버리고 귀를 막으면 초기 무성영화 시대처럼 우스꽝스런 팬터마임의 세계가 펼쳐질 것이다. 눈과 귀와는 달리 촉각은 너무도 자연스런 감각이어서 아무도 거기에 대해 신경 쓰지 않는다. 하지만 촉각을 잃어버리면 우리 몸의 존재 기반을 잃어버리는 것과 같다.

19살에 촉각을 잃은 이안 워터맨은 걸을 수도 서 있을 수도 없었다. 하지만 근육과 신경의 손상을 입지 않았기 때문에 자신의 의지에 따라 근육을 통제할 수 있었다. 팔과 다리를 움직일 수는 있었지만, 눈으로 보지 않고서는 팔다리가 어디에 있는지, 어떻게 움직이는지 알 수 없었다. 촉각을 잃은 후 그는 앉는 걸 다시 배우는데 두 달이 걸렸다. 그리고 1년 반 후에야 다시 설 수 있었다. 그나마 눈의 도움을 받고서야 가능한 일이었다. 그의 생활은 눈으로 하루 종일 온몸의 움직임을 통제함으로써 유지된다. 보지 않고서는 몸을 통제할 수 없기 때문이다.

잠을 자기 위해 침대에 누워도 자신의 몸과 침대를 전혀 느낄 수 없다. 아무런 느낌도 없이 공중에 누워 붕 떠있는 듯한 기분이 어떤지를 상상해보라.

촉각은 엄마 뱃속에 있는 태아가 피부로 따뜻한 느낌을 받을 수 있을 만큼 생명체의 진화에서 가장 오래된 감각이다. 단세포 생물조차도 무언가를 갖다 대면 즉시 반응할 정도로 촉각은 기본적인 감각이다. 촉각은 매우 예민해서 1마이크로미터의 차이도 식별할 수 있다. 여기서 1마이크로미터는 1밀리미터의 1,000분의 1에 해당한다. 우리 눈은 100마이크로미터보다 작은 것을 볼 수 없으니 촉각의 예민함은 시각보다 무려 100배나 더 뛰어난 셈이다.

생명체의 기본단위인 세포에는 면역 반응, 반사 작용, 대사 조절이라는 세 가지 기초적인 생명 반응이 있다. 먼저 세포막으로 둘러싸인 안과 밖을 구별해주고 세포 내의 항상성을 유지하는 면역 반응, 둘째 외부의 다양한 자극에 대해 감각적으로 반응하는 반사 작용, 마지막으로 음식을 섭취해서 에너지를 흡수한 후 불필요한 부분을 배출하는 대사 조절이 그것이다. 외부의 자극을 받아들여 뇌에 전달하는 다른 감각기관과는 달리 이 모든 반응을 통합적으로 처리하는 감각은 촉각이며, 가장 대표적인 부분이 바로 우리 몸을 둘러싸고 있는 피부다.

피부의 주된 기능은 우리 신체의 내부를 보호하는 것이다. 성인의 피부를 펼치면 약 반 평1.6m² 정도이고 무게는 약 3킬로그램이나 된다. 뇌의 무게는 1.4킬로그램, 인체의 장기 중에서 가장 크다는 간도 기껏해야 2킬로그램이므로, 피부는 우리 몸에서 가장 큰 기관에 속한다. 하지만 피부는 우리가 피상적으로 알고 있는 것과는 달리 단순한 물리적 표피 이상의 기능을 한다.

피부의 가장 바깥층에 있는 각질은 견고한 벽돌담처럼 감각 신경이 없어서 통증을 전혀 느끼지 못한다. 죽은 세포가 벽돌이라면 회반죽처럼 지질이 그 사이를 메우고 있는 것이다. 그 아래에는 세포로 빽빽이 채워진 표피와 진피가 있으며, 가장 깊은 곳에 피하 지방이 자리잡고 있다. 점막이나 호흡기, 소화기의 안쪽 표면도 비슷한 구조를 가지고 있지만, 각질이 없다는 점에서 피부와 다르다.

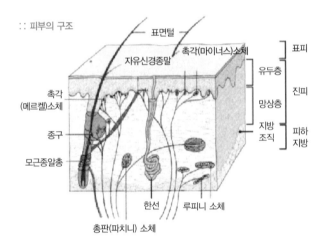

:: 피부의 구조

우리가 느끼는 피부의 감각은 가볍게 스쳤을 때, 강하게 눌렀을 때, 꼬집혔을 때, 각각 다른 자극을 받는다. 피부에 느껴지는 압력과는 달리 온도에도 민감하게 반응한다. 극단적으로 뜨겁거나 차가우면 통증이 느껴지며, 이러한 다양한 자극은 각각 다른 시스템에 의해 작동된다. 압력이나 진동을 가했을 때 자극을 수용하는 압력 센서와 진동 센서인 신경섬유들이 전기신호를 발생하여 신경을 통해 뇌로 전달한다. 눌렀을 때 느껴지는 압점과 찌르는 듯한 아픔을 느끼는 통점은 밀리미터 간격으로 드문드문 분포해 있다. 그럼에도 불구하고 우리는 이보다 훨씬 작은 마이크로미터 단위의 압력이나 통증을 느낄 수 있다.

통증의 종류는 매우 다양해서 근육통을 느낄 수도 있고, 욱신욱신 쑤시거나 찌르는 듯한 통증을 느낄 수도 있고, 정신적 고통을 느낄 수도 있다. 통증은 일반적으로 나쁜 것으로 생각하지만, 통증을 느낄 수 있다는 것은 그만큼 건강하다는 증거이다. 통증은 일종의 화재경보기와 같다. 무언가 위험을 느끼고 있을 때 신체에 통증을 나타내서 뇌에 경보를 울리는 것이다. 통증을 못 느낀다는 것은 몸 속 어딘가에 잠재적으로 위험한 불길이 타오르고 있는데, 아무런 경고 신호가 없는 것과 같다.

통증에 익숙해지는 것은 가장 좋지 않은 방법이다. 통증이 계속되면 통증 수용체의 각성도가 높아지므로 통증은 점점 커질 수밖에 없다. 떼를 쓰며 우는 아이에게는 달래주어야 하듯이 통증을 느끼면 적절한 치료를 해주어야 한다. 아이가 아무리 떼를 써도 본체만체하면 더욱더 떼를 쓸 뿐이다. 통증도 마찬가지로 아프면 약물이나 침술, 마사지 등을 통해 초기에 진화시켜야 한다.

눈의 착각으로 인한 착시 현상은 대부분 잘 알려져 있다. 예를 들어 우리 눈은 같은 길이의 화살표라도 방향에 따라 길이가 달라 보이거나 평행선이 휘어져 보이는 등 수많은 착각들을 경험한다. 놀랍게도 촉각 또한 이와 비슷한 착각을 일으킨다. 우리가 부드러운 면과 거친 면이 나란히 있는 곳을 만지면, 거친 면에 비해 부드러운 면을 움푹 패어 있다고 지각한다.

뇌와 피부는 기본적으로 서로 닮은꼴인데, 그 배후에는 생명체의 탄생에 대한 비밀이 숨겨져 있다. 인체가 만들어지는 과정에서 수정란이 분열하여 처음 만들어지는 것이 내배엽, 중배엽, 외배엽이라는 삼층 구조이다. 발생 단계가 진행되면서 신체의 세밀한 부분들이 차례대로 만들어지는데, 이 과정에서 표면을 덮고 있는 외배엽이 길게 홈을 만들면서 파이프 형태가 된다. 그 후 한쪽 끝이 부풀어 오르면서 뇌와 척수가 만들어진다. 눈, 코, 입, 귀도 외배엽에서 형성되며, 나머지 그대로 남아 있는 부분은 피부의 표피가 된다. 따지고 보면 신경계, 감각기관, 표피는 모두 한 배에서 태어난 형제들인 셈이다.

촉각에서 가장 중요한 부분을 담당하는 곳은 손이다. 인체의 각 부위에서 전달하는 감각 및 운동을 처리하는 뇌의 영역을 지도로 만들면 손이 전체의 30퍼센트를 차지한다. 수백만 년 전 인간은 두 발로 걷게 되면서 자유롭게 손을 이용할 수 있게 되었다. 그 결과 뇌가 발달하게

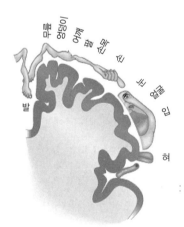

:: 펜필드의 호문쿨루스. 인체의 뇌 지도에 의하면 우리 몸은 손과 입, 혀가 크고 몸통은 아주 작은 기형적인 모습이다

되었고, 오늘날처럼 만물의 영장이 되었다. 정교한 손놀림이 뇌 발달의 원동력이 된 것이다.

손에는 14개의 손가락뼈와 5개의 손바닥뼈 그리고 8개의 손목뼈를 포함해서 모두 27개의 뼈가 있다. 양쪽 손을 합치면 무려 54개로, 몸을 구성하는 206개의 뼈 중에서 4분의 1을 차지한다. 이것은 우리가 얼마나 손에 의지하며 살고 있는지를 말해준다. 우리는 손가락 끝에 밀집된 신경 덕분에 섬세한 촉감을 느낄 수 있다. 컴컴한 밤에 갑자기 정전이 되어 눈이 보이지 않을 때 우리는 본능적으로 어둠 속에서 손으로 더듬는다. 시각장애인은 손으로 점자를 더듬어 책을 읽고, 말 못하는 장애인은 수화로 이야기를 한다. 그만큼 손은 시각과 더불어 우리와 주위 환경을 연결해주는 중요한 통로이다.

미국 캘리포니아대학의 신경생리학자 프랭크 윌슨은 손의 진화가 뇌의 발달을 가속시켰다고 설명한다. 그의 주장에 따르면 손의 진화가 뇌의 용량을 급속하게 팽창시켰을 뿐 아니라 이 과정에서 언어를 처리하는 영역이 발생했다. 손은 뇌의 지시에 따라 수동적으로 움직이는 존재가 아니라 적극적으로 만지고, 집어 들고, 조작하면서 뇌가 정교한 신경망을 구축하는데 주도적인 역할을 하고 있다. 뇌를 발달시키기 위해서는 일상생활에서 정교한 손동작을 훈련시켜야 한다. 그것이 젓가락질이든, 바느질이든, 종이를 접든 손을 많이 사용하는 습관을 키우면 그만큼 뇌가 활성화된다.

팔다리를 절단한 사람이 수술 후에도 여전히 팔다리가 있는 것 같은 느낌을 갖는데, 이를 '환지 현상'이라고 한다. 놀라운 점은 팔다리가 없음에도 불구하고 통증을 느낀다는 것이다. 이러한 환지통은 팔다리를 절단한 부위의 근처에 있는 신경의 자극으로 인해 생기는 것이 아니다. 뇌는 고정된 회로가 아니며 환경의 변화에 따라 끊임없이 신경세포들을 재구성한다. 예를 들어 팔이 절단된 경우, 팔로부터 더 이상 신호를 받아들이지 못하게 된 뇌세포는 얼굴이나 어깨로부터 신호를 받아들여 팔이 달려있는 것 같은 느낌을 갖게 된다.

감각의 오케스트라

우리는 감각을 아주 당연하게 받아들인다. 심지어 보는 것이 믿는 것이라고 말하기까지 한다. 하지만 때로는 보는 것이 듣는 것일 수도 있다. 감각 회로도 전화선처럼 혼선이 될 수 있는데, 이런 경우 색깔을 듣기도 하고 소리를 볼 수도 있다. 이러한 현상을 '공감각'이라고 하는데, 뇌에 손상을 입거나 마약을 투여했을 때 또는 자연적으로 발생하기도 한다.

가장 흔한 시청 공감각의 경우, 머릿속에 '불꽃쇼'가 벌어지는 것처럼 소리가 색깔로 인식된다. 특히 모음이 가장 생생한 시각반응을 불러일으킨다. 높은 단모음은 밝고 화려한 색깔로 보이며, 장모음은 어둡고 칙칙한 색깔로 보인다. 아기의 뇌는 어른과 달리 청각과 시각이 연결되어 있다. 특히 시각 정보와 청각 정보를 받아들일 때 시상부위의 신경세포들이 연결되면, 아기는 소리를 보거나 색을 듣는 경험을 할 수 있다. 나중에 어른이 된 후에도 계속 연결되어 있으면 공감각이라고 불리는 상태가 된다.

19세기 찰스 다윈의 사촌인 프랜시스 골턴은 일부 사람들이 정상인과는 달리 특정 음조를 들을 때마다 그에 상응하는 색깔을 느낀다는 사실을 발견했다. 숫자나 소리에서 색깔을 보거나 경치에서 냄새를 맡는 것처럼 여러 가지 감각이 섞여버린 상태가 되는 것이다.

미국 캘리포니아대학의 신경학자 라마찬드란 교수는 공감각이 단순한 상상이나 기억이 아니라 실제로 존재하는 감각 현상이라는 것을 입증했다. 그는 흰색 바탕에 검은색 숫자 5가 흩어져 있는 간단한 컴퓨터 디스플레이를 고안해 냈다. 그는 컴퓨터로 작성된 5라는 숫자들 사이에 이와 정확히 대칭인 2라는 숫자들을 끼워 넣었다. 이때 대부분의 사람들은 무작위로 뒤범벅된 숫자들을 볼 뿐이지만, 공감각이 있는 사람들은 5를 녹색으로, 2를 빨간색의 삼각형으로 본다. 공감각을 가진 사람이 이러한 모양을 더 쉽게 인식할 수 있는 것은 그들이 미쳤기 때문이 아니라 실제 감각 현상을 경험하고 있기 때문이다.

:: 공감각에 대한 임상 테스트

천천히 한 걸음씩 앞으로 걸어보라. 그러면 정말 간단해 보이는 운동에도 정확한 리듬이 필요하다는 사실을 느낄 수 있다. 우리에게는 스스로 가지고 있는지조차 모르고 있다가 잃어버린 후에야 깨닫는 감각들이 있다. 균형감각은 너무나 자연스럽게 작동하는 탓에 아리스토텔레스가 명명한 오감에도 들어가지 못한 채 수세기 동안 간과되었다. 귀는 아기의 울음소리, 모차르트의 아름다운 선율, 자동차의 경적소리만 들으라고 있는 것은 아니다. 귀는 소리를 듣는 것 외에도 중요한 기능이 또 있는데, 바로 균형감각을 유지하는 기능이다.

우리가 공간에서 방향감각을 가질 수 있는 것은 귀 속에 있는 전정기관 덕분이다. 균형을 유지하고 방향감각을 느낄 수 있는 전정기관은 속귀 안에 있는 세 개의 반고리관과 타원낭으로 이루어져 있다. 반고리관은 서로 다른 축을 중심으로 하는 세 개의 반고리 모양을 하고 있다.

세 개의 반고리관은 각각 수평면과 수직면, 전후 방향에서의 움직임을 탐지한다. 우리가 몸을 움직일 때마다 그 정보는 반고리관으로 전달된다. 반고리관 안에는 림프액이 차 있어 몸이 움직일 때마다 출렁거려서 털처럼 돋아 있는 섬모세포를 흥분시킨다. 이러한 흥분은 곧바로 전기신호로 바뀌어 전정 신경으로 전달된다. 우리는 반고리관을 통해 삼차원 공간에서 움직임을 탐지하여 우리가 똑바로 서 있는지, 중력이 어떤 영향을 미치는지를 알 수 있는 것이다.

전정기관은 시각과도 밀접하게 연결되어 있다. 달리기를 하면서 고개를 위아래로 끄덕거릴 때도 시선을 가운데로 유지할 수 있는 것은 전정기관이 뇌로 메시지를 보내 달리는 속도와 방향을 말해주고 있기 때문이다. 신호를 받은 뇌는 안구의 위치를 조정하여 눈이 계속해서 일정한 목표물을 유지할 수 있게끔 한다.

우리 몸에서 평형을 유지하는 장치는 전정기관뿐 아니라 시각, 고유

감각, 소뇌를 포함한 네 가지 시스템으로 구성되어 있다. 시각은 평형을 유지하게 해주고, 고유감각은 몸의 각 부분들이 공간의 어느 위치에 있는지 알게 해준다. 소뇌는 이 모든 부분들을 통합하여 평형을 유지하게 해주는 중앙처리장치CPU에 해당한다.

몸의 균형을 유지해주는 전정기관에 문제가 생기면 한쪽으로 쏠리거나 빙빙 도는 듯한 느낌을 받는다. 귀의 이상으로 인한 어지럼증은 10명 중 3명이 평생 한 번쯤 겪을 정도로 흔한 병이다. 어지럼증은 흔히 '이석증'으로 불린다. 이석증은 귀의 평형 유지기관 속에 있는 '이석'이라는 돌가루가 원래 위치에서 떨어져 나와 옆에 붙어 있는 세반고리관으로 들어갔을 때 생긴다.

이석은 원래 몸의 기울기를 감지하는 구실을 하는데, 제자리에서 떨어져 나오면 중심을 잡기가 힘들어진다. 이 때문에 잠자리에서 돌아누울 때나 누웠다 일어날 때, 혹은 앉았다가 누울 때 어지럽고 속이 메슥거린다. 이석은 주로 머리에 충격을 받았을 때 떨어져 나온다. 어지럼증은 교통사고를 당한 사람이 잘 걸리며 오랫동안 치과 진료를 받거나 울퉁불퉁한 길을 운전한 후에도 발생한다. 잠잘 때 한쪽으로만 누워 자도 어지럼증에 걸릴 위험이 있다.

뇌는 어떻게 시간을 인식할까

삶에서 시간이 차지하는 비중은 공간보다 더 중요하다. 특히 현대와 같이 바쁘게 돌아가는 생활 속에서 우리는 시간의 수레바퀴를 돌리는 다람쥐처럼 뒤처지지 않기 위해 안간

힘을 다하고 있다. 사무실에서 오고가는 대화, 전화벨 소리, 컴퓨터의 자판 두들기는 소리 등 번잡한 소음 속에서도 시간은 무심히 흘러간다.

뇌는 어떻게 시간의 흐름을 인식하는 것일까? 어쩌면 이 문제는 우주의 역사에서 시간은 언제 시작되었는지, 시간의 끝은 어디인지를 아는 것보다 더 중요할지도 모른다. 뇌가 시간의 흐름을 인식하지 못하면 우리에게 시간은 무의미해지기 때문이다.

오랫동안 과학자들은 뇌의 어느 부위에서 시간을 측정하는지 알아내려고 노력했다. 낮과 밤의 주기를 파악하는 생체리듬은 뇌의 시상하부가 통제하듯, 시간을 재는 부위가 따로 있을 것으로 생각했다. 프랑스 국립연구소의 제니퍼 쿨 연구팀은 12명을 대상으로 색깔과 시간간격을 담당하는 뇌 부위를 기능성자기공명영상으로 촬영했다. 연구팀은 실험 대상자에게 컴퓨터 화면에 차례대로 두 개의 원을 보여주면서 첫 번째 원과 두 번째 원의 색깔과 시간 간격을 비교하도록 했다. 실험 결과 시간을 물었을 때는 광범위하게 넓은 부위에서 뇌가 활성화되는 반면, 색깔에 대한 질문에서는 시각피질에서만 활성화된다는 것을 알아냈다.

뇌는 짧은 시간에 대해서는 운동 및 리듬과 연결시키고, 긴 시간은 외부의 변화와 연결시키는 프로그램을 갖고 있다. 시간을 재기 위해서는 잣대가 필요하다. 뇌는 운동을 매개로 하여 어떤 일이 얼마나 오래 지속되었는지를 측정한다. 시계의 분이나 초가 아니라 눈의 깜박임, 발걸음, 손가락 두드리기 등이 시간의 단위로 이용된다. 그리고 대기 시간이 머릿속에 새겨진 예상 시간보다 길어지면 초조해진다. 운동뿐 아니라 기억도 내면의 시간을 측정하는 기준이 된다.

사회심리학자 로버트 레바인은 삶의 속도에서 대도시 사람들이 농부들보다 두 배 이상 빨리 움직이고 말하고 반응한다는 사실을 밝혀냈다. 시간은 그것이 운동이든 기억이든 끊임없이 사건과 연결되며, 순수한 시간은 존재하지 않는다. 내면의 시간은 어떤 사건이 벌어져야만 경험할 수 있는 것이다.

　　매순간은 삶의 모자이크 조각들로 구성되어 있다. 우리가 모자이크를 볼 때 각각의 조각에는 관심을 쏟지 않듯이, 우리는 모든 것을 구성하는 각각의 순간들은 보지 못한다. 우리가 삶이라고 부르는 것은 다름 아닌 이러한 수많은 순간들의 집합인데도 불구하고 순간은 순식간에 사라져 버린다.

　　엄밀히 말해 순간이란 한 번의 눈길로 지각할 수 있는 아주 짧은 사건을 의미한다. 하지만 일상생활에서 순간이란 너무 길지 않은 모든 시간을 의미한다. 언제 한순간이 끝나고 다음 순간이 시작되는지 정의하기는 힘들다. 영화를 볼 때 우리는 한순간에서 다음 순간으로 변하는 장면을 본다. 방금 현재였던 장면은 벌써 과거가 되어버리고 미래의 다음 장면은 벌써 현재가 된다. 미래와 과거는 한순간, 즉 우리가 현재라고 부르는 가장 작은 시간 단위에 맞닿아 있다.

　　지금까지 알려진 가장 빠른 스톱워치는 레이저 광선이다. 광선으로 만든 신호 중 가장 짧은 것은 기껏해야 몇 아토초 밖에 걸리지 않는다. 1아토초는 10^{-18}초인데, 1아토초와 1초의 관계는 1초와 우주의 나이처럼 찰나에서 영겁만큼이나 엄청난 차이를 보인다. 물리학에서는 더 이상 나눌 수 없는 시간의 경계를 플랑크 시간이라고 부른다. 플랑크 시간은 10^{-43}초로서 모든 사건이 의미를 잃어버리는 경계를 말하므로, 이를 '신의 시간' 이라 부르기도 한다.

　우리가 경험할 수 있는 생물학적 플랑크 시간은 얼마일까? 동물과 인간의 모든 정보는 전기적, 화학적 경로를 통해 전달된다. 신경세포는 정보를 1초에 최대 100미터의 속도로 인체에 전달한다. 누군가 당신의 발가락을 밟으면 그 고통은 아무리 빨라도 100분의 1초는 걸려야 뇌에 전달된다. 그리고 뇌가 발을 빼라는 명령을 전달하는데도 비슷한 시간이 걸린다. 이것이 바로 반응 시간이다. 이러한 반응 시간은 길이에 의해 규정된 것일 뿐이다.

　모기는 1초에 날갯짓을 1,000번이나 할 만큼 더 빠른 속도로 살아간다. 망막에서 뇌의 시각 중추까지 약 10센티미터를 전진하는데 걸리는 시간은 1,000분의 1초이다. 그런데 신호를 전달하기 위해서는 먼저 신호가 만들어져야 한다. 뇌에서 가장 빠른 뉴런들은 초당 약 600개의 신호를 만들어낼 수 있다. 그리고 각 신호가 전달되는 데는 모기의 날갯짓만큼의 시간이 걸린다.

　우리가 느끼는 이 모든 것은 뉴런의 신호이므로 우리는 그보다 짧은 순간을 경험할 수 없다. 하지만 놀랍게도 우리는 1만 분의 2~3초의 시차를 구분할 수 있다. 다만 그것을 시간으로 경험하는 것이 아니라 소리로 감지할 뿐이다. 어떤 물체에서 음파가 발생하면 미세한 시차로 인해 어느 한쪽 귀에 먼저 도착한다. 뉴런들은 두 귀의 전기신호를 서로 다른 경로를 통해 뇌의 청각 중추로 전달한다. 그래서 두 귀에 도착하는 시간이 1만 분의 몇 초만 달라도 그 차이를 정확히 알 수 있다. 하지만 이 정보는 소리로 해석되는 것이 아니라 음원의 위치를 알아내는데 사용될 뿐이다. 우리는 1,000분의 1초를 결코 순간으로 감지할 수 없다. 지각은 그보다 훨씬 느리게 작동하기 때문이다.

　복잡한 과정일수록 신경세포들이 더 많이 참여하기 때문에 하나의 뉴런에서 다른 뉴런으로 신호가 전달되느라 시간이 지체된다. 듣는 것보다 보는 것이 더 느린 이유도 그 때문이다. 소리를 듣기 위해서는 달팽이관 속에 있는 청각세포 2,000개가 음파의 정확한 특성을 전기신호로 만들어서 뇌에 전달해야 한다. 따라서 우리는 연속되는 소리 중 최소한 100분의 1초 간격으로 분리되는 음만을 구별할 수 있다.

　눈으로 보는 것은 그보다 훨씬 복잡하다. 망막에서 1억 개 이상의 간상세포와 원추세포가 빛을 감지하면, 이 정보를 뇌의 뒤쪽에 있는 시각 중추로 전달한다. 양쪽 눈에서 전달되는 수많은 정보들을 해석하기 위해서는 그만큼 시간이 많이 걸린다. 두 개의 이미지를 구분하기 위해서는 약 10분의 1초의 간격이 필요하다. 한순간이 얼마나 짧은지를 지각하는 것은 우리가 어떤 감각으로 경험하느냐에 따라 달라진다.

　아무 일을 하지 않아도 되는 시간들은 쉽게 몽상으로 채워진다. 하지만 지루함을 느끼면 우리의 감각은 예민해진다. 우리가 기다림을 참을 수 없는 이유는 지루함이 기다리는 시간 그 자체보다 더 크게 다가오기 때문이다. 이때의 지루함은 충족되지 않은 것에 대한 실망감에서 비롯된다. 사람들이 우리를 기다리게 하면 우리 의지와는 상관없이 고통을 느낀다. 해야 할 일을 하지 않고 있다는 무력감, 뭔가 중요한 것을 등한히 하고 있다는 초조함, 지루하고 단조로운 과제에 사로잡혀 진짜 하고 싶은 것을 하지 못한다는 분노 같은 것들을 느낀다. 이와 비슷한 경험으로 혼잡한 도로에서 교통 흐름이 정체되어 차안에서 오도 가도 못하게 되면 짜증이 난다.

감옥에 갇힌 사람들은 시간이 무한정 늘어나는 경험을 하게 된다. 오랫동안 감옥에 혼자 수감되어 있던 남아프리카공화국의 넬슨 만델라는 "한 시간 한 시간이 일 년 같았다."고 회상한다. 반대로 기분이 고조되어 있으면 주변에서 일어나는 일들에 대한 집중력이 높아지고, 세계는 밝게 빛나기 시작한다.

우리는 이러한 현상 속에서 달갑지 않은 아이러니를 경험한다. 행복한 시간은 너무 짧고, 불행한 시간은 끝나지 않을 것처럼 보인다. 아인슈타인은 뜨거운 난로 위에서 1분은 한 시간처럼 느껴지지만 미인과 있을 때 한 시간은 1분처럼 느껴진다고 말했다.

시간감각에 가장 큰 영향을 미치는 것은 집중력이다. 우리는 어떤 시간을 길게 느낄 것인지, 짧게 느낄 것인지를 조종할 수 있다. 예를 들어 기다리는 시간에 잡지를 들추어보면 시간은 금방 지나간다. 하지만 기분 좋은 순간들은 결코 영원하지 않기 때문에 아이러니하게도 시간의 귀중함을 깨닫게 된다.

한순간의 가치를 아는 사람은 그 순간을 더욱 치열하게 느끼고자 한다. 우리가 받아들이는 모든 인상은 우리가 느끼는 시간으로 결정된다. 눈에 띄지 않는 변화에 주목할수록 그 효과는 더욱 커진다. 시간과 관련된 놀라운 현상 중 특히 매력적인 것은 시간이 날아가고 있음을 의식함으로써 시간을 지연시킬 수 있다는 사실이다.

기억은 어디에 저장될까

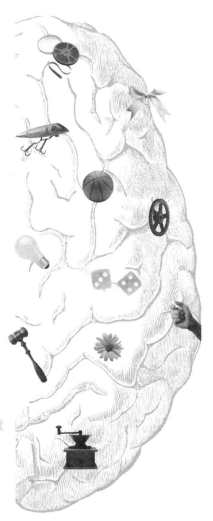

뇌는 어떻게 정보를 전달할까

　　　　　　　　　　　　"나는 누구인가?"라는 물음에 성 아 우구스티누스는 "나는 곧 나의 기억이다."라고 답했다. 이 말은 내가 단순히 존재하는 것이 아니라 기억을 통해 새롭게 완성되는 것으로 해석할 수 있다. 기억은 전화번호나 아는 사람들의 얼굴을 머릿속에 저장하거나 시를 암송하는 능력 이상의 것이다. 기억이 없다면 우리는 단순한 문장 하나도 제대로 읽을 수 없다. 문장 안에 담겨 있는 내용을 이해하려면 그 문장이 끝날 때까지 최소한 문장의 첫 단어를 기억할 수 있어야 하기 때문이다.

　과거에는 기억을 창고나 도서관으로, 최근에는 컴퓨터로 비유하길 좋아한다. 이러한 것들의 기능은 기억들을 적절한 방법으로 정리해놓음으로써 필요할 때 언제든지 신속하게 접근할 수 있다는 점이다. 하지만 이러한 모델에는 기억이라는 개념을 설명할 수 있겠지만 회상이라는 개념은 없다. 그런데 사람들이 관심을 갖는 문제는 저장이 아니라 회상, 즉 기억을 떠올리는 것이다. 그래서 네덜란드의 작가 노테봄이 말했던 것처럼 "기억은 마음 내키는 대로 아무데나 가서 드러눕는 개와 같다." 아니면 버지니아 울프가 말했듯이 "기억은 바늘을 안팎으로, 위아래로, 이리저리로 꿰며 바느질을 하는 침모와 같다."

우리 뇌에는 1,000억 개의 뉴런이 100조 개의 시냅스로 연결된 복잡한 네트워크를 형성하고 있다. 뉴런은 외부로부터 자극이 들어오면 전기신호를 만들어낸다. 전기신호는 뉴런에 있는 긴 돌기인 축색을 따라 전달되고 시냅스라는 뉴런 사이의 접속 부위를 만나면 전기신호가 화학신호로 바뀐다. 이러한 화학신호는 인접한 다른 뉴런을 통해 다시 전기신호로 바뀌는 일련의 과정을 거쳐 정보가 전달된다.

뇌가 근육에 명령을 내릴 때도 같은 방식으로 처리된다. 이때 전기신호는 마치 디지털 컴퓨터에서 사용되는 0과 1의 이진법처럼 켜졌다 꺼졌다 하는 식으로 발생한다. 전기신호는 뇌의 어느 부위로 전달되는지, 얼마나 빨리 나타나는지에 따라 의미가 달라진다. 예를 들어 척수와 같은 중추신경계에서는 전기신호가 전달되는 속도에 따라 특정 색깔이나 특정 인물 같은 외형적인 모습을 나타내는 것으로 밝혀졌다. 한편 말초신경계에서는 전기신호의 속도가 빠를수록 큰 소리로 인식되거나 근육의 수축이 강해지는 것으로 의미가 전달된다.

특정한 정보는 하나의 세포에 저장되기보다는 세포들의 집단을 통해 특별한 패턴으로 저장된다. 즉 어느 그룹의 뉴런들이 활동하고 어떤 모습으로 활동하는지에 따라 정보의 의미가 달라진다. 예를 들어 청각 영역의 경우, 음악 소리를 들었던 경험을 되살릴 때 특정한 뉴런의 다발이 일제히 활성화된다. 이와 같이 하나의 기억이란 하나의 패턴인 셈이다. 최초의 자극이 사라진 후에도 뇌에는 미미한 신호로 각인된 채 남아 있다. 그런데 똑같은 패턴이 여러 차례 반복되면 뉴런 집단이 활성화되어 흥분되는 정도가 강해지고, 이러한 패턴이 기억으로 형성된다.

뉴런은 폭죽처럼 분자들끼리 상호작용을 주고받으면서 동시에 발화한다. 폭죽과 다른 점은 뉴런의 발화가 일회성으로 한정되지 않는다는 것이다. 또한 폭죽과는 달리 불이 붙는 방식도 느리거나 빠르거나 세각각이다. 뉴런의 발화가 빠를수록 전기신호의 크기를 나타내는 전류도 커지고, 그만큼 이웃한 뉴런으로 전달되기 쉽다. 인접해 있던 뉴런의 자극을 받은 또 다른 뉴런에서는 화학 변화가 일어난다. 이러한 자극들이 동시에 일어나면 인접한 뉴런들의 활성화는 한층 더 민감해진다. 이러한 과정을 '장기증강 LTP' 이라고 한다.

한번 발화된 뉴런은 오랫동안 민감한 상태를 유지한다. 만약 그 사이에 최초의 뉴런이 다시 흥분하면, 첫 번째에 비해 강도가 약하더라도 인접한 뉴런은 반드시 발화된다. 다시 말해 두 번째 발화는 훨씬 더 쉽게 반응하는 것이다. 이렇게 자극이 반복되면서 뉴런들이 통합되고, 어느 한 개의 뉴런이 활성화되기만 해도 그것과 연결돼 있던 뉴런 다발들은 동시에 발화된다. 이것이 바로 기억의 메커니즘이다. 기억을 단순하게 정의하면 감각에 의해 받아들여진 뉴런들의 자극에 대한 반응으로 뇌에서 학습을 통해 다시 풀어내는 것이다.

기억은 어디에 저장될까

학습과 기억에 관여하는 유전자들은 신호 전달의 조절 인자인 세포 안의 칼슘 농도에 영향을 받는다. 칼슘 농도의 조절에 이상이 생기면 학습능력에 장애가 생길뿐 아니라 간질 등과 같은 뇌신경 질환을 유발한다.

기억에 대한 연구는 1957년 어떤 환자의 뇌수술에서 시작되었다. 27살의 HM은 간질 발작이 너무 심해서 마지막 선택으로 대뇌의 측두엽 부분을 제거하는 위험한 수술을 받았다. 수술은 성공적이었지만, 그는 과거 속에서만 존재하는 사람이 되었다. 과거의 기억은 남아 있었지만 바로 전에 일어난 일들은 전혀 기억하지 못했기 때문이다. 하지만 그의 사례를 통해 뇌 속에 있는 해마가 기억에 중추적인 역할을 하는 것으로 밝혀졌다.

한번은 HM에게 복잡한 그림을 그리는 과제들을 주었다. 그림 솜씨는 날로 꾸준하게 향상되었지만, 그는 그림을 그렸다는 사실을 기억하지 못했다. 즉, 무엇을 그렸는지는 기억을 못하지만 그림을 그리는 방법은 기억하고 있었던 것이다. 이것은 뇌가 무엇을 기억하는지와 어떻게 기억하는지에 대한 처리방법이 다르다는 것을 의미한다. 장기기억은 어떤 이름이나 사실에 대한 정보를 담아두는 '서술기억' 과 자전거 타기 또는 수영처럼 행위나 조작을 하는 방법을 담아두는 '절차기억' 으로 나누어진다. HM의 경우 서술기억은 상실했지만 절차기억은 남아 있었던 것이다.

약 100년 전 스페인의 신경학자 라몬 이 카할은 기억이 형성되려면 뇌세포인 뉴런 사이의 연결이 강해져야 한다고 추측했다. 당시에는 성인의 뇌가 더 이상 새로운 뉴런을 만들어내지 않는다는 것이 정설이었기 때문에 카할은 뉴런들 사이의 변화가 핵심이라고 생각했던 것이다. 후에 그는 신경세포의 기본 단위인 뉴런의 구조와 기능을 밝혀낸 공로로 노벨상을 받았다.

1970년대 이후 과학자들은 뇌신경조직을 분리하는 연구를 통해서 기억 형성의 비밀을 밝혀냈다. 단기기억에서는 뉴런을 연결하는 시냅스에서 강한 화학적 변화가 일어나는 반면, 장기기억에서는 단백질이 합성되어 새로운 시냅스가 만들어진다. 1998년에는 뇌의 해마에서 뉴런이 평생 동안 새롭게 생겨난다는 충격적인 사실이 밝혀졌다. 뉴런은 성장이 끝나면 더 이상 새로 분열하지 않는다는 그동안의 정설이 무너진 것이다. 또한 서울대 생명과학부의 강봉균 교수팀은 저장된 기억을 끄집어낼 때 시냅스를 단단하게 해주는 단백질이 분해되어 시냅스가 풀리면서 기억이 재생된다는 것을 밝혀냈다.

기억의 종류는 우리가 기억하고자 하는 성격에 따라 다양하게 분류할 수 있다. 예를 들어 보존되는 기간에 따라 단기기억과 장기기억으로 나눌 수 있다. 단기기억은 30초부터 길어야 몇 분 정도까지 기억할 수 있으며 시간이 지나면 바로 잊어버린다. 우리가 전화를 걸 때 수첩에 적힌 전화번호를 외운 다음, 다이얼을 다 누르기도 전에 기억은 바람처럼 사라져버린다. 이처럼 단기기억은 짧은 순간에만 기억되고 필요할 때만 일시적으로 기억된다.

독일의 심리학자 에른스트 푀펠에 의하면, 현재를 체험하는 시간은 3초 동안만 지속된다고 한다. 의식적인 정보나 내용은 단지 3초 동안의 생존 기회를 갖는다. 이때는 오직 하나의 의식만이 존재한다. 우리 뇌는 기억을 통해 연속해서 이어지는 내용을 하나로 묶어 종합적인 형상으로 만든다. 보편적인 시의 운율이나 음악 소절에도 3초의 법칙이 선호된다. 한글에서도 문장을 구성하는데 3음절을 가장 많이 사용하는데서 알 수 있듯이, 3이라는 숫자는 우리 마음속에 내재되어 있는 보편적인 숫자다.

　단기기억은 한 번에 기억할 수 있는 용량이 제한되어 있다. 숫자의 경우 우리가 순간적으로 기억할 수 있는 숫자의 개수는 보통 7개 정도이다. 흥미롭게도 7이라는 숫자는 우리 일상에서 다양한 용도로 사용된다. 날짜를 나타낼 때 일주일을 7일로 구분하고 음의 높이를 나타내는 음계도 7을 사용한다. 요즘은 사용자가 워낙 많은 탓에 숫자가 늘어났지만, 전화번호도 지역번호를 제외하면 7자리 수를 사용한다. 그런데 친구나 연인에게 매일 전화를 하면 수첩을 일일이 들여다보지 않아도 자연스럽게 다이얼을 누를 수 있다. 이것은 자주 사용하다보니 머릿속에 각인되어 단기기억이 장기기억으로 저장된 경우다. 기억을 컴퓨터에 비유하자면 단기기억은 RAM에 저장된 정보이고, 장기기억은 하드디스크에 저장된 정보라고 할 수 있다.

　장기기억은 사건이나 경험에 따라 여러 가지로 분류된다. 예를 들어 '인생에서 가장 기억에 남는 것은 무엇인가? 또는 애인에게 처음으로 사랑을 고백했던 장소는 어디인가?' 등등 과거에 언제 어디서 무엇을 했다는 경험에 관련된 기억을 '일화기억' 또는 '에피소드기억' 이라고 한다. 그런데 자신의 경험과는 관계없이 지식에 관련된 기억도 있다. 예를 들어 '지구는 둥글다.' 또는' 1+1은 2다.' 처럼 보다 관념적이고 추상적인 기억을 '의미기억' 이라고 한다.

일화기억은 의식적으로 생각해낼 수 있지만 의미기억은 뭔가 특별한 계기가 없으면 생각이 나지 않는다. 의미기억의 경우 일부러 생각해내고 싶어도 생각이 나지 않거나 깜빡 잊어버리기도 한다. 시험 도중 답이 생각나지 않는 이유는 그것이 의미기억이기 때문이다. 이제 우리는 시험 점수를 높이기 위해 어떻게 해야 하는지 알 수 있을 것이다. 그 방법은 의미기억을 일화기억으로 바꿔서 저장하는 것이다.

장기기억의 또 다른 종류에는 절차기억과 프라이밍기억이 있다. 자전거를 타는 법이나 자동차를 운전하는 법, 혹은 각종 스포츠에서 다양한 기술을 습득하기 위해서는 오랜 시간에 걸쳐 몸으로 익혀야 한다. 이렇게 한번 익히면 나중에 나이가 들어도 잊어버리지 않는 기억을 '절차기억'이라고 한다. 흔히 '세살 버릇 여든까지 간다.'는 표현을 사용하는데, 한번 익힌 습관은 좀처럼 바꾸기 힘들다. 때문에 좋은 습관을 기르는 것이야말로 인생의 성공을 보장하는 가장 확실한 방법 중 하나이다.

일화기억이나 의미기억이 '무엇WHAT'을 기억하는지에 대한 앎의 저장 방식이라면, 절차기억은 '어떻게HOW' 하는지에 대한 저장 방식이다. 한편 프라이밍기억은 이미 익숙한 자극이나 비슷한 경험에 대해 무의식적으로 처리할 수 있는 기억이다. 우리가 한 번 가봤던 길이나 장소를 쉽게 찾을 수 있는 것도 바로 이 때문이다. 기업체에서 방송이나 언론을 통해 동일한 광고를 반복해서 내보내는 이유도 프라이밍기억을 이용하여 대중의 구매 욕구를 자극하기 위한 것이다.

기억의 종류

단기기억 : 최근에 일어난 것들을 기억

장기기억 : 오래 전에 일어났던 것들을 기억

언어기억 : 생각하고 말하고 들었던 것들을 기억

공간기억 : 눈으로 보았던 것과 과거에 경험했던 것들을 기억

일화기억 : 특정한 장소, 시점, 상황에서 일어났던 것들을 기억

의미기억 : 어떤 개념이나 언어에 대한 지식을 기억

절차기억 : 규정, 절차 또는 어떤 일을 처리하는 순서나 방법을 기억

서술기억 : 어떤 사실이나 특정한 정보를 기억

기억은 어떻게 재구성될까?

어린 시절의 특별한 추억을 돌이켜 보면 마치 어제 일처럼 생생하게 기억이 난다. 이처럼 기억이 새로워지는 이유는 과거의 경험을 밑그림 삼아 그 위에 계속 덧칠을 하기 때문이다. 즉 이전의 기억에 스스로 꾸며낸 허구를 조합하는 것이다. 서울대 강봉균 교수에 의하면, 기억이 변형되는 이유는 기억을 저장하는 시냅스가 허물어지기 때문이라고 한다.

기억은 '저장'과 '출력'의 두 단계로 이루어진다. 기억을 저장할 때는 뉴런을 연결하는 시냅스가 견고해져서 정보를 전달하는 능력이 향상된다. 그런데 시냅스가 견고해지기 위해서는 단백질이 필요하다. 따

라서 지식이나 경험을 저장할 때 단백질 합성을 억제하면 기억이 형성되지 않는다. 마찬가지로 저장된 기억을 떠올릴 때도 단백질 합성을 억제하면 이미 형성된 기억이 사라진다. 기억을 재생시킬 때는 뉴런 사이의 시냅스가 약해지는데, 단백질이 있어야 다시 시냅스를 견고하게 강화해서 기억을 유지할 수 있다.

해마는 단기기억을 저장하고 분류한 후 대뇌피질에 정보를 보내서 장기기억으로 바꾸는 역할을 한다. 또한 해마는 이전의 기억을 떠올리는 기능도 가지고 있다. 해마가 손상되어도 어떤 사건이나 사물에 대한 감정 그 자체의 기억과 운전기술 같은 절차기억들은 뇌의 다른 부분들과 연결되어 있기 때문에 새롭게 형성될 수 있다.

측두엽에서 해마를 제거한 HM은 수술하기 11년 전인 열여섯 살 이후의 일들은 기억하지 못했지만, 그 이전의 일들은 기억하고 있었다. 이처럼 새로운 일을 기억하지 못하는 현상을 '순행성 기억상실'이라 하고, 반대로 옛날 일을 기억하지 못하는 현상을 '역행성 기억상실'이라고 한다. HM의 경우 두 가지 기억장애가 모두 발생했지만, 새로운 기억을 만드는 기능의 손상이 특히 심했다.

변화를 추구하는 사람들의 뇌와 그렇지 않은 사람들의 뇌는 연결 구조가 다르다. 독일 본대학의 연구팀은 새로운 경험을 즐기는 사람들은 뇌의 기억 중추와 보상 중추가 새로운 것을 싫어하는 사람들에 비해 보다 강력하게 연결되어 있는 것을 발견했다. 연구팀은 생활양식의 변화를 적극적으로 추구하는 사람들은 새로운 기억과 오래된 기억을 저장하고 되살리는 해마와 쾌락을 추구하는 보상 중추인 배쪽줄무늬체의 연결이 발달해 있는 것을 밝혀냈다. 이들의 연구에 따르면 해마는 어떤 경험이 새로운 것인지 구별하고 배쪽줄무늬체에 신호를 보내 긍정적인 감정을 유발하는 신경전달물질을 방출하도록 한다는 것이다.

영국 런던대학의 인지신경학자 엘리노어 맥과이어는 런던의 택시운전사들을 대상으로 자기공명영상장치MRI로 그들의 뇌 구조를 조사했다. 영국의 런던 시내에는 약 2만4천 개나 되는 도로가 얽혀 있다. 런던에서 택시운전을 하려면 수천 개의 장소를 헤매지 않고 찾는 훈련을 한 후 시험을 통과해야 한다. 조사 결과 런던의 택시운전사들은 뇌의 해마 부분이 일반인보다 더 큰 것으로 나타났다. 특히 운전 경력이 30년이나 된 사람은 기억 중추인 해마가 3퍼센트나 커져 있었다. 신경세포 수로 환산하면 20퍼센트나 증가한 셈인데, 이것은 특정 훈련을 통해 뇌의 신경세포가 늘어날 수도 있다는 것을 의미한다.

우리는 슬픈 기억보다 행복한 기억을 더 오래 간직하고 있다. 일반적으로 슬픔이나 불행한 감정이 기쁨이나 행복한 감정보다 편도체를 더 강하게 자극한다. 슬프거나 불행한 감정은 시간이 지남에 따라 차츰 약해지지만, 기쁨이나 행복 같은 감정은 시간이 지나도 그다지 약해지지 않는다. 같은 정도의 세기를 가진 슬픈 경험과 기쁜 경험이 있다면, 슬픔보다도 기쁜 감정이 오랫동안 기억된다. 그래서 시간이 흐를수록 즐거운 경험의 일화기억이 많이 남게 된다. 연구에 의하면, 대학생을 대상으로 어린 시절의 에피소드를 기억하게 했을 때 즐거운 기억, 괴로운 기억, 어느 쪽에도 해당되지 않는 기억의 비율이 각각 5:3:2로 나타났다.

잃어버린 시간을 찾아서

"무미건조한 하루를 보내고 내일도 우울한 하루를 보내야 한다는 생각에 지친 나는 케이크 한 조각이 담긴 차 한 스푼을 곧 기계적으로 입술로 가져갔다. 따스한 액체와 그 안에 든 빵이 입에 닿자마자 전율이 내 온몸을 휩쓸고 지나가서 나는 움직임을 멈추고, 내게 일어나고 있는 그 놀라운 변화에 집중했다. 격렬한 쾌감이 몰려왔지만, 그것들은 모두 개별적으로 분리되어 있었으며 그것이 어디서 오는 감각인지 알 수 없었다."

프랑스의 작가 마르셀 프루스트의 『잃어버린 시간을 찾아서』에 나오는 한 장면이다. 주인공은 케이크 한 조각을 차에 적셔 마시다가 어떤 냄새로 인해 갑자기 어린 시절을 회상하며 고향을 찾아 시간 여행을 떠나게 된다. 이처럼 냄새를 통해 기억을 불러일으키는 것을 '프루스트 현상'이라고 한다.

냄새가 어린 시절의 기억을 불러낸다는 사실은 새삼스러운 것이 아니다. 냄새는 다른 어떤 감각보다 시각적 연상을 통해 감정의 색채를 더 강렬하게 자극한다. 미국 모넬 화학감각연구센터의 레이첼 헤르츠 박사는 실험 대상자들에게 어떤 그림을 보여주면서 특정한 향기를 맡게 했다. 그런 다음 그림을 기억하도록 한 결과, 기억의 정확성에는 별 차이가 없었지만 그림을 훨씬 더 잘 기억해낸다는 사실을 밝혀냈다. 반면 촉각이나 청각은 그와 같은 효과가 없었다. 헤르츠 박사는 이를 생명체의 생존 본능으로 설명했다. 생명체는 냄새와 같은 화학신호로 생존여부를 판단하는 경우가 많은데, 이때 좋은 냄새와 좋은 감정을 거의 동일시한다는 것이다.

진화의 관점에서 볼 때 후각은 원시적인 감각이다. 코 안쪽에는 두 개의 후각 상피가 있는데, 이곳에 후각세포들이 모여 있다. 인간의 후각세포는 약 500만 개인데 비해, 냄새를 잘 맡기로 유명한 셰퍼드의 후각세포는 약 2억2,000만 개로 인간보다 400배 이상 많다. 이는 세포수 차이일 뿐 후각능력은 그보다 더 월등해 인간보다 1만 배나 좋다고 한다. 사실 인간은 시각의 세계에서 살고 있고 개는 후각의 세계에서 살고 있다고 해도 과언이 아니다. 사람은 대부분 시각적인 자극에 먼저 반응하지만 동물들, 특히 개의 경우 후각 자극에 더 민감하게 반응한다.

냄새와 감정의 관계는 해부학적으로 설명될 수 있는데, 인간의 후각 시스템은 변연계와 직접 연결되어 있다. 변연계는 감정을 다스리는 중추인 편도체와 기억을 관장하는 중추인 해마가 연결되어 있다. 냄새는 특별히 빠르게 인지되는 감각은 아니다. 우리 뇌는 먼저 좋은 냄새인지 나쁜 냄새인지를 구분한 후, 어느 정도 시간이 흐른 후에야 냄새의 정체를 파악한다. 냄새가 처음 도달해서 기억에 저장될 때까지의 경로가 매우 짧기 때문에 냄새에 대한 정보는 언어를 담당하는 부분과 연결되지 못한다. 때문에 냄새를 빨리 구분할 수는 있지만 어떤 냄새인지 알아채기까지는 어느 정도 시간이 필요하다. 그래서 후각은 '침묵의 감각'으로 알려져 있다.

일반적으로 사람들은 냄새를 말로 설명하기 어렵기 때문에 그 냄새를 만들어내는 사물을 통해 간접적으로 설명한다. 우리가 눈으로 장미꽃을 봤을 때 즉시 그에 해당하는 적합한 단어로 다른 사람들에게 설명해줄 수 있다. 하지만 장미꽃 냄새를 맡았을 때는 그냥 장미꽃 냄새라고 말할 수밖에 없다. 냄새에 관한 일반적인 표현들, 예를 들어 달콤한 냄새라든가 시큼한 냄새 같은 표현들은 대부분 맛과 관련된 표현으로부터 빌려온 것이다. 결국 냄새를 표현하는 어휘는 극히 제한되어 있어서 냄새를 분류하거나 구체적으로 표현하지 못한다.

자전적 기억은 언어능력의 발달과 함께 형성된다고 한다. 자전적 기억이란 자서전처럼 우리 머릿속에 기록된 삶의 연대기다. 개인적인 기억을 저장하기 위해서는 사물을 추상화하는 능력이 필요하다. 그런데 후각은 변연계를 통해 해마로 곧장 전달되고, 뇌에 저장된 냄새는 다시 그 전달경로를 통해서만 되살릴 수 있다. 냄새로 인해 되살아나는 기억을 말로 설명하기 어려운 이유가 여기에 있다. 냄새에 관한 정보는 언어 중추를 거치지 않기 때문이다. 그래서 그 기억을 되살리기 위해서는 각고의 노력이 필요하다.

나이가 들면 왜 기억력이 나빠질까

나이가 들면 지능이 떨어지는 것이 아니라 전기신호의 질이 떨어지게 된다. 마치 외딴 도로 위에서 자동차를 운전하며 라디오를 듣는 것과 같다. 전파가 약하거나 방해가 심해서 뇌가 정보를 받아들이지 못하는 것이다. 중년에 기억력이 저하되고 뇌가 멍해지는 증상을 겪는 이들은 이름과 단어가 생각날 듯 말 듯 의식 주위를 맴도는 걸 경험한다. 미국 하버드대학의 심리학자 다니엘 쉑터는 무려 45개 언어에서 생각이 날 듯 말 듯한 상황을 묘사하기 위해 혀와 관련된 표현을 사용하는 것으로 밝혀냈다. 우리나라에서는 '혀끝에 맴돈다.' 라는 말이 있다. 어떤 표현이든 가벼운 고통을 느끼거나 또는 재채기가 나올 듯 말 듯한 답답함을 묘사하고 있다.

기억력과 집중력은 뇌의 처리 속도가 느려지기 시작하는 20대부터 서서히 녹이 슬기 시작한다. 쥐와 영장류도 비슷한 뇌의 감퇴를 경험한다. 우리가 그걸 느끼지 못하는 이유는 뇌에서 여분의 신경세포가 느려진 속도를 상쇄해주기 때문이다. 하지만 40대 초반에 이르면 예비 신경세포도 바닥나고, 우리 몸은 20대와 현격한 차이를 보이기 시작한다.

기억력이 저하되는 것도 문제지만, 정신 능력이 급격하게 퇴보할 것이라는 두려움과 불안감이 건망증을 확대시키기도 한다. 기억력이 떨어지면 사람들은 노화가 자신을 어떻게 바꾸어 놓을 것인지에 대해 걱정하기 시작한다. 그리고 차츰 곤혹과 좌절, 분노에 휘말리고 결국 두려움에 빠져 허우적거린다.

보통 기억력은 나이가 들면서 떨어진다는 생각이 널리 퍼져 있으며, 노인들에게 나타나는 치매가 그 같은 견해를 뒷받침하고 있다. 하지만 일반적인 믿음과는 달리 나이가 들어도 기억력에 큰 영향을 미치지 않는다는 연구 결과가 있다.

호주 뉴사우스웨일즈대학의 심리학자 로라 헤인스는 18세에서 27세 사이의 젊은이들과 63세에서 78세 사이 노인들을 대상으로 기억력 조사를 실시한 결과, 78세 된 노인들도 18세 젊은이들과 전혀 다를 바 없는 기억력을 보인다는 것을 밝혀냈다. 그동안 나이와 기억력 사이의 상관관계에 대한 연구는 주로 무작위로 추출한 숫자나 무의미한 몇 마디를 기억하도록 하는 것이었다. 하지만 이번 연구는 일상생활에서 흔히 접하는 상식 문제들을 중심으로 실시되었다. 따라서 신경계통 질환을 앓은 적이 없다면 나이 때문에 기억력을 비롯한 인식능력이 감퇴될 것이라는 걱정은 안 해도 될 것 같다.

태어날 때 이미 우리 유전자는 뇌가 어떻게 노화될 것인지 결정해 놓았다. 하지만 중요한 것은 책이 연필로 작성되었으며, 우리는 지우개를 들고 있다는 사실이다. 뇌와 몸을 어떻게 다루는가에 따라 우리 삶은 크게 달라진다. 과학자들은 최근 인지능력의 노화 문제에 관심을 쏟고 있다. 특정한 돌연변이 유전자를 가지고 있는 극소수의 사람을 제외하고, 알츠하이머병은 이제 더 이상 불치의 병이 아니다. 균형 잡힌 식사를 하고, 체중과 혈당을 조절하고, 수면 습관을 고치고, 무엇보다 뇌가 적절한 운동을 하도록 행동해야 한다. 이러한 습관은 우리가 결정적인 갈림길에 다다랐을 때 올바른 선택을 할 수 있도록 도움을 주고, 건강하게 나이 먹을 수 있도록 보장해준다.

전두엽은 정보 및 아이디어의 조직화 및 서열화, 의사결정, 시간관리, 기타 복잡한 과업을 수행하는 안내자 역할을 한다. 전두엽에서는 과거의 기억이나 외부의 경험으로부터 필요한 정보만을 재조합하는 '작업기억'을 처리한다. 작업기억은 단기기억의 일종이며, 정보가 장기기억으로 저장되기 전까지 짧은 시간 동안 정보를 저장하고 활용할 수 있는 능력이다. 작업기억이 손상을 입으면 논쟁이나 주장을 펼친다든가, 문장의 내용을 기억하는 것이 힘들어진다.

시공간의 한계를 뛰어넘는 새 기술이 발명될 때마다 사람들은 주의력이 떨어지고 건망증이 심해졌다. 인간의 삶이 극적으로 바뀌면서 속도 및 시간과 관련된 갖가지 질병, 즉 신경쇠약증에 걸리기 시작했다.

신경쇠약증은 재능과 시간에 대한 지나친 요구 또는 자기 파괴에 의해 생겨난 불안이나 공포, 걱정을 말하며, 주요 증상은 끊임없이 두리번 대는 주의력 결핍으로 나타난다.

우리는 기억을 저장하는 데 과학기술에 너무 의존하고 있다. 정보를 사냥하기 위해 뇌를 운동시키지 않는다면 장기적으로는 중요한 뇌 기능이 퇴화할지도 모른다. 일본 홋카이도 의과대학의 사와구치 토시유키는 컴퓨터를 주 업무 도구로 사용하는 사람들의 10퍼센트는 새로운 일을 기억하거나 옛 정보를 끄집어내 중요한 정보와 그렇지 않은 정보를 구별하는 능력을 상실했다는 연구 결과를 발표했다. 전자 다이어리와 핸드폰 단축키, 맞춤법 교정기, GPS로 인해 뇌의 사용 빈도가 낮아져서 결국 학습 및 기억력과 관련된 뇌 부위가 부실하고 허약해졌기 때문이다.

불행하게도 우리 삶에서는 끊임없이 방해받는 게 정상이 되었다. 현대 생활의 문제는 다음 행동으로 옮기기 전에 무엇이 중요한 일인가를 따져볼 만큼 충분한 시간이 없다는 점이다. 바쁘게 생활하는 것 같지만 돌이켜보면 특별히 하는 일도 없이 하루가 흐리멍덩하게 흘러갈 뿐이다.

복잡한 사고를 실행하고 집중하기 위해서는 들어오는 자극과 내보내는 욕구를 충분한 시간 동안 제어할 수 있어야 한다. 그런 점에서 멀티태스킹 능력은 오히려 주의 집중하는데 방해가 된다. 일상적이고 단순한 일을 제외하면 여러 가지를 한꺼번에 처리하는 것보다 한번에 하나씩 과제를 수행하는 것이 훨씬 효과적이다.

나이가 들어 기억력에 치명적인 위협이 되는 것으로 알츠하이머병을 들 수 있다. 알츠하이머병에는 유전성과 돌발성의 두 가지 형태가 있다. 유전성 알츠하이머병은 유전자의 돌연변이로 생기는데, 30~40대의 젊은 나이에 증상이 나타난다. 빠르고 가혹하게 진행되기는 하지만 다행히 아주 드물다. 우리가 잘 알고 있는 돌발성 알츠하이머병은 65세 이상 노인 10명 중 1명이 걸린다. 80세가 되면 4명 중 1명, 85세 이상에서는 거의 절반으로 많아진다. 알츠하이머병을 앓는 사람들은 무엇인가를 잊고 있다는 사실조차 알지 못한다.

"알츠하이머라는 이름의 병이 있다는 사실을 아는 사람은 알츠하이머병에 걸리지 않았다."라는 말이 있다. 이 병에 걸리면 뇌세포들이 죽고 불필요한 단백질들만 퍼지게 된다. 첫 번째 증상은 집중력이 떨어지고, 다음에는 의미 있는 문장을 만드는 능력이 사라지며, 마침내는 의학적으로 말하는 '인성 붕괴'에 다다르게 된다. 알츠하이머병에 걸린 사람들은 점차 혼미한 어둠 속으로 빠져든다. 시간에 대한 감각을 상실하고, 어린아이처럼 말도 안 되는 소리들을 중얼거리기 시작한다.

기억은 어떻게 왜곡될까

인간의 기억 구조는 비디오카메라로 녹음하는 것과는 다르다. 우리 뇌는 몇 번이고 과거를 재현하는데, 그 과정에서 '말 전달하기' 게임처럼 마지막에는 실제로 일어난 것과는 전혀 다른 기억이 만들어진다. 사람들이 실제로 일어나지 않았던 일을 일어난 것처럼 착각하는 '가짜 기억'은 왜 발생하는 것일까? 최근 가짜 기억은 뇌에서 기억할 내용을 의미로 처리하는 과정에서 생성되는 부산물이라는 연구 결과가 발표되었다.

미국 워싱턴대학의 엘리자베스 로프터스 연구팀은 사실이 아닌 것을 생각하기만 해도 가짜 기억을 심어줄 수 있다는 결과를 보고했다. 연구팀은 가짜 기억의 생성 과정을 과학적으로 증명하기 위해 일명 '쇼핑몰에서 길을 잃다' 라는 실험을 고안했다. 24명의 실험 대상자를 모집한 연구팀은 그들의 가족에게서 들은 어린 시절에 관한 실제 추억 세 가지와 쇼핑몰에서 길을 잃었다는 가짜 기억 한 가지를 적은 소책자를 준비했다. 그리고 실험 대상자들에게 소책자를 읽어준 후 자신이 직접 기억하는 내용을 상세히 말해보라고 지시했다.

과연 어떤 일이 벌어졌을까? 놀랍게도 실험 대상자의 25퍼센트가 쇼핑몰에서 길을 잃은 기억을 떠올렸다. 하지만 통계 수치보다 더 놀라운 것은 가짜 기억과 관련된 묘사가 너무 상세하다는 점이었다. '길을 잃고 헤매다가 파란색 옷을 입은 할아버지를 만났다.', '그날 너무 놀라서 가족을 다시는 못 볼 것 같았다.', '어머니께서 다시는 그러지 말라고 하셨다.' 등등 길을 잃었던 쇼핑몰의 구체적인 상황과 당시 자신의 심리 상태를 생생하게 되살렸다. 물론 그들은 쇼핑몰에서 한 번도 길을 잃은 적이 없는 사람들이었다.

사람들은 어떤 충격적인 경험에 대해 많이 생각하고 그에 대해 의미를 부여할수록 진짜 기억과 공상을 구별하기 어려워진다. 진짜 기억이 조금씩 변화되면서 재편집된 새로운 버전의 가짜 기억이 저장되는 것이다.

사람들은 왜 이처럼 가짜 기억을 진짜처럼 생생하게 떠올리는 것일까? 최근 한국과 미국의 공동연구팀이 가짜 기억의 생성 과정에 대해

과학적으로 규명한 연구 결과를 내놓았다. 실험 대상자 16명을 대상으로 기능성자기공명영상을 이용해 연구한 결과, 정보에 의미를 부여하는 기능을 가진 좌뇌의 하전두이랑이 진짜 기억과 가짜 기억을 형성할 때 활성화되는 것으로 밝혀졌다.

이에 비해 기억 과정에서 가장 중요한 역할을 하는 내측 측두엽은 진짜 기억이 형성될 때만 활성화되었다. 이렇게 볼 때 가짜 기억은 진짜 기억에 의미를 부여하는 과정에서 서로 뒤섞여 생성된다는 추정이 가능해진다. 오래 전 함께 한 일에 대해 서로 판이하게 다른 기억들을 진술한다면, 그것은 아마 기억에서조차 개인의 주관적인 판단이 작용하기 때문일 것이다.

나이가 들면 왜 시간이 빨리 갈까

아인슈타인은 언젠가 이렇게 말한 적이 있다. "예쁜 여자와 함께 보내는 1시간은 1분처럼 느껴지고, 뜨거운 난로 위에서의 1분은 1시간처럼 느껴진다. 그것이 바로 상대성이다." 시간의 길이는 짧을수록 정확하게 입력된다. 시간이 길어지면 우리의 시간 감각은 절대 믿을 만한 것이 못된다.

짧은 시간을 어림하는 데는 운동감각과 단기기억이 사용되지만, 2~3분을 넘어가는 시간에 대해서는 외부 환경에서 시간의 근거를 찾는다. 우리가 시간을 얼마나 길게 느끼는가는 주의 집중과 밀접한 연관이 있다.

우리가 어떤 일에 몰두하고 있으면 시간은 쏜살같이 지나간다. 그에 반해 시간을 계속 의식할 때는 영화 속의 정지 화면처럼 몇 초도 길게 느껴진다. 이것은 대학생들을 대상으로 한 실험에서 증명되었다. 대학생들에게 일정 시점부터 그들을 놀라게 할 때까지 어느 정도의 시간이 흐른 것 같으냐고 묻자, 거의 대부분이 실제로는 30초 정도밖에 걸리지 않는데도 1분이 훨씬 넘게 걸린 것으로 생각했다.

매우 긴장된 순간에는 시간의 흐름을 알려주는 모든 신호에 강하게 주의를 집중함에 따라 시간은 엄청나게 연장되고 종종 왜곡된다. 미국 하버드대학의 심리학자 피터 체는 실험 참가자들에게 1초 동안 모니터에 나타났다가 사라지는 검은 원들을 보여주었다. 그러다가 갑자기 하나의 원이 부풀어 오르면서 붉은색으로 변하자 실험 참가자들은 이 원이 다른 원들보다 2배 정도 더 모니터에 머물렀다고 평가했다. 하지만 어느 경우든 걸린 시간은 정확히 1초였다. 이러한 현상은 예기치 않은 사건이 지각을 더 강하게 요구하기 때문이다. 우리는 검은 원을 볼 때보다 부풀어 오르는 붉은 원을 관찰할 때 더 많은 정보를 받아들이는 것이다.

정보가 많아질수록 기억의 용량은 커지고 그에 따라 더 많은 시간이 흐른다는 느낌을 갖게 된다. 뭔가 재미있는 일을 하고 있을 때는 시간이 금방 지나간다. 그 이유는 우리가 시간의 신호에 주의를 기울이지 않기 때문이다.

영국의 신경심리학자 제니퍼 코울은 우리가 어떤 일에 정신을 빼앗기고 있을 때 머릿속에서 어떤 일이 일어나는지 연구했다. 그녀는 빈 화면에 얼룩이 나타나 빨강색에서 분홍색 사이의 색깔로 여러 차례 변하다가 사라지는 장면을 실험 대상자에게 보여주었다. 그리고 그들에게 어떤 색깔의 얼룩이 얼마나 머물렀는지 물어보았다. 실험이 반복되자 참가자들은 흘러가는 시간 대신 점점 더 색깔에 관심을 기울였다.

처음 실험을 할 때는 운동과 단기기억을 담당하는 영역의 활동이 활발해지는 것을 확인했다. 하지만 실험이 반복되면서 색깔에 주의를 기울이게 되자 이러한 신호는 약해졌다. 이제 그들은 얼룩이 나타나는 시간이 더 짧아졌다고 대답했다. 그들이 더 이상 시간에 관심을 갖지 않자 시간은 마치 질주하는 것처럼 보인 것이다. 우리가 어떤 일에 몰두할 때도 이와 비슷한 일이 벌어진다. 때로는 배가 꼬르륵거려야 비로소 반나절이 지나간 것을 의식하게 된다. 우리가 일에 몰두할 때는 시간의 신호에 주의를 기울이지 않기 때문이다.

일반적으로 우리는 시간이 흐른다는 신호를 더 많이 감지할수록 그 기간을 더 길게 평가한다. 미국의 심리학자 로버트 오른스타인은 저장된 정보의 기준에 따라 시간 감각을 느낀다고 주장했다. 기억 속에서 우리의 시간 감각은 정보의 양에 따라 재구성된다.

시간의 길이는 우리가 새로운 것을 많이 경험할수록, 그리고 변화를 많이 경험할수록 길게 느껴진다. 예를 들어 자동차를 타고 낯선 곳을 찾아갈 때보다 돌아오는 길이 더 가깝게 느껴진 적이 있을 것이다. 처음 갈 때는 좀더 집중해서 주위를 살펴봄에 따라 새롭게 습득하는 정보의 양이 많아진다. 하지만 돌아올 때는 이미 알고 있는 길이라 건성건성 지나치게 된다. 오른스타인에 의하면, 경험된 시간과 기억된 시간은 서로 비례하는 것으로 나타났다.

시간을 지각하기 위해서는 작업기억이 필요하다. 생후 9개월쯤 된 아기는 어렴풋이 미래에 대한 감각을 가지게 된다. 18개월 정도 되면

'먼저'와 '나중'을 이해하고 전후 관계를 파악할 수 있다. 이때는 의식적인 기억을 사용하는데, 이것은 전두엽이 어느 정도 발달되어야 가능한 일이다.

네 돌이 지난 아이들은 하루 전체를 조망할 수 있다. 이 시기의 아이들은 사람들이 아침에 일어나 이를 닦고 출근하고 저녁에 집에 돌아와 밥을 먹고 잠자리에 드는 그림 카드를 올바른 순서대로 배열한다. 네 살 정도가 되면 뇌세포의 숫자가 일생 중 가장 많아지고 조밀하게 연결된다. 그 후 뇌세포 간의 연결이 약간 줄어들고 뉴런들이 조직화되지만 인지 능력은 다소 떨어진다. 아이들의 기억은 비어 있기 때문에 스펀지처럼 모든 인상을 기억한다. 따라서 아이들이 새로운 것을 입력하는 속도는 어른보다 훨씬 빠르다.

미국의 신경학자 제임스 매클러랜드는 실험과 모형을 통해 새로운 경험을 입력하는 뇌의 능력이 나이가 들어감에 따라 감소할 수밖에 없음을 보여주었다. 우리는 초등학교에 입학할 때 선물로 받은 가방이나 필통이 어떤 색깔이었는지 아직도 또렷이 기억한다. 하지만 몇 십 년을 살아오면서 출근할 때나 여행갈 때 어떤 가방을 들고 다녔는지 까맣게 잊어버린다. 사람들에게 지금까지 살면서 어느 시절이 가장 뚜렷하게 기억에 남느냐고 물으면 대부분 4~20세 사이의 시기를 언급한다.

머리가 커지면서 뇌의 용량도 커지기 때문에 청소년들은 일생 중 가장 많은 뉴런을 가지게 된다. 이러한 변화가 가장 많이 일어나는 부위는 감정을 통제하고 작업기억을 저장하고 미래를 계획하고 시간 감각을 제어하는 전두엽이다. 급격하게 발달하는 또 다른 영역은 바로 운동을 담당하는 소뇌다. 연구에 의하면 최고의 성적을 낸 운동선수들은 모두 사춘기 때 집중적으로 트레이닝을 받았다고 한다.

사춘기가 지나면 정체되었던 시간이 질주하기 시작한다. 그래서 어른이 되면 시계와 달력을 이용해 시간을 관리한다. 우리는 과거를 돌이켜 볼 시간이 점점 많아지고 다가올 시간은 더 이상 무한하지 않다는 것을 의식하게 된다. 이제 나이가 들수록 시간이 더 빨리 흐르는 것처럼 느껴진다.

오래된 기억은 빛바래져 지워져야 하고 새로운 기억은 생생하게 남아야 하지 않을까? 어린 시절의 경험은 크게 다가오기 때문에 뇌는 모든 것을 입력시킨다. 하지만 나이가 들면 새로운 것을 경험할 기회가 적기 때문에 그만큼 저장할 것이 적어진다. 어떤 경험이 기억 속에 저장될 것인지는 초기에 결정된다. 입력 후 몇 년간 유지된 기억이라면 평생 남아 있게 마련이다. 그 때문에 여든 노인도 어린 시절을 마치 어제 일처럼 생생하게 회상할 수 있는 것이다.

첫 키스의 경험은 단 한번 뿐이다. 세상에 대해 아는 게 많아질수록 비슷한 경험들은 기억 속에서 사라진다. 이미 알고 있던 것이 약간 달라졌다고 해서 새롭게 기억하는 것은 뇌의 효율성에 어긋나기 때문이다. 그리고 별로 기억에 남는 것이 없으면 시간은 그만큼 짧게 느껴진다.

나이가 들수록 뇌는 노화되기 시작한다. 70대가 되면 뇌의 용량이 매년 0.5~1퍼센트씩 줄어들기 시작한다. 더 나쁜 점은 뇌에 혈액 공급이 줄어들면서 산소 공급이 부족해진다. 특히 근원적인 기억을 담당하는 전두엽의 기능이 떨어지게 된다. 그래서 노인들은 어떤 정보를 어디에서 얻었는지 기억하기가 훨씬 힘이 든다.

Chapter 7

뇌를 어떻게 **발달**시킬까

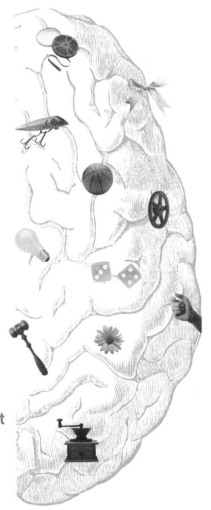

Evolution
뇌는 어떻게 진화했을까

Function
뇌는 어떻게 작동할까

Emotion
감정은 무엇을 느낄까

Mind
마음은 어디에 있을까

Perception
감각은 무엇을 인식할까

Memory
기억은 어디에 저장될까

Development
뇌를 어떻게 발달시킬까

Application
뇌를 어떻게 활용할까

유전인가 환경인가

뇌의 형성과 기능에 각각의 유전자가 영향을 준다는 것은 틀림없는 사실이다. 그러나 어떤 유전자가 인간의 행동을 조절하고 결정하는지는 아직 아무도 모르고 있다. 오늘날 행동유전학자들은 알코올 중독, 조울증, 범죄성, 언어 능력, 지능, 그리고 성적 경향에 관한 유전자를 찾고 있으며, 이러한 형질을 지배하는 유전자가 존재한다는 사실을 긍정적으로 받아들이고 있다.

분자생물학적으로 유전자는 정확하게 부여된 일만을 수행한다. 어떤 유전자는 신체 조직을 이루는 단백질을 만들고, 어떤 유전자는 생명 현상을 조절해주는 효소를 만들기도 하며, 또 다른 유전자는 다른 유전자의 활동을 제어하기도 한다.

미국 캘리포니아대학 브레인맵핑 연구소의 폴 톰슨 교수팀은 지능의 유전성을 파악하기 위해 쌍둥이를 대상으로 연구를 했는데, 인지 능력을 담당하는 전두엽의 회백질이 매우 유사한 것으로 나타났다. 연구팀은 각각 10쌍의 일란성 쌍둥이와 이란성 쌍둥이의 뇌를 기능성자기공명영상으로 스캔한 후 대뇌 회백질의 밀도를 비교했다. 유전적으로 일란성 쌍둥이는 100퍼센트 동일하며, 이란성 쌍둥이는 50퍼센트 정도 같은 것으로 알려져 있다.

쌍둥이의 경우 환경이 동일하다고 간주했을 때 언어를 담당하는 측두엽, 인지 능력을 담당하는 전두엽 부분의 유전성이 높게 나타났다. 일란성 쌍둥이의 경우 회백질 분포가 거의 동일했으며, 이란성 쌍둥이의 경우 언어 영역은 60~70퍼센트의 높은 유사성을 보였지만, 다른 부위는 거의 상관성이 없었다. 이는 인지 능력이 상당 부분 유전된다는 것을 보여준다. 또한 연구팀은 실험 대상자들의 단기 기억력, 집중력, 언어 능력 등을 측정하는 지능 검사도 실시했는데, 전두엽 부분의 회백질은 지능과 높은 상관 관계를 보였다.

한편 미국 펜실베니아대학의 매클러랜드 교수팀은 일란성 쌍둥이 110쌍과 이란성 쌍둥이 130쌍을 대상으로 다양한 뇌의 기능을 연구했다. 이들의 지능을 측정한 결과 인지 능력은 62퍼센트의 유전성을 보였으며, 언어 능력이나 기억력도 50퍼센트 정도의 유전성을 나타냈다. 또한 정신병의 유전성이 높다는 사실도 지능이나 인지 능력의 유전성을 뒷받침하고 있다. 가족의 병력을 조사해본 결과, 암이나 천식, 심장병에 비해 정신분열증이나 우울증, 치매와 같이 뇌기능과 관련된 병의 유전성이 높은 것으로 나타났다. 실제로 난독증이나 주의력 결핍증 등 인지 기능과 관련된 특정 유전자가 발견되기도 했다.

우리는 태어날때 약 1000억 개에 이르는 거의 모든 뉴런들이 이미 만들어져 있다. 하지만 뉴런들 사이의 연결은 대부분 출생 후에 이루어진다. 뉴런의 입출력을 담당하는 수상돌기들의 성장이 정점에 이르는 것은 생후 약 8개월쯤인데, 그 후로도 계속 수상돌기들이 만들어진다. 수상돌기의 결합은 특히 대뇌피질에서 왕성하게 일어나 뉴런의 숫자가 증가하지 않음에도 불구하고 성인이 되면 뇌의 크기가 4배가 된다. 이처럼 뉴런 사이의 결합이 믿기 어려울 만큼 경이적으로 증가하면서 우리 뇌는 놀라울 정도로 유연해진다. 규칙적인 운동을 하면 근육이 커지고 힘이 늘어나는 것처럼 사람의 뇌도 환경에 따라 새로운 결합을 만들어 내거나 어느 한 부위를 강화시키기도 한다.

캐나다의 심리학자 도널드 헵은 집에서 애완동물로 키운 쥐가 실험실에서 사육된 쥐보다 더 뛰어난 학습 능력을 보인다는 사실을 알아냈다. 그 후 과학자들은 다양한 조건에서 비슷한 실험을 반복해 왔다. 예를 들어 다른 동료 쥐와 장난감을 가지고 무리지어 사는 쥐와 자극이 전혀 없는 환경에서 무미건조하고 외롭게 사는 쥐를 비교한 실험이 있다. 실험 결과 겨우 4일 밖에 안 지났는데도 활발하게 사는 쥐들의 수상돌기가 더 길어지고 시냅스와 뉴런 결합도 더 많아졌다.

미국 듀크대학의 신경생물학자 데일 퍼브스는 쥐를 대상으로 촉각, 통각, 온도 감각에 관련된 대뇌피질의 영역을 연구했다. 연구에 의하면 대뇌피질 영역이 다른 부분보다 더 빨리 성장하고 심지어 같은 영역에서조차 특정 뉴런이 다른 뉴런보다 더 빨리 성장했다. 가장 흥미로운 발견은 이렇게 확장된 영역이 뇌의 다른 부분보다 더 많은 혈액을 공급받고 에너지를 더 빨리 소모한다는 것이다. 이것은 뇌에서 더 활동적인 영역이 더 많은 뉴런 결합을 만들어낸다는 직접적인 증거인 셈이다.

뇌를 규칙적으로 적절하게 사용하면 뉴런 결합이 늘어나기도 하지만, 반대로 단조롭고 따분하게 생활하면 정반대의 결과를 얻는다. 그렇다면 쥐를 대상으로 실험한 결과를 사람에게도 곧바로 적용할 수 있을까? 캐나다 맥마스터대학의 심리학자 다프네 모러와 테리 루이스는 정상적인 감각 정보를 박탈했을 때 인간의 뇌 발달에 어떤 일이 일어나는지를 알 수 있는 독창적인 연구 방법을 개발했다.

그들은 선천성 백내장을 치료받은 어린이들의 시력을 검사했다. 백내장에 걸리면 수정체가 혼탁해져 맹인과 다를 바 없는 상태가 된다. 갓난아이들은 모두 생후 6개월이 되기 전에 시력이 떨어지기 시작했다. 사람은 태어나면서부터 정상적인 시력을 갖는 게 아니라 생후 1년 동안 서서히 발달한다. 이 시기에는 대뇌피질의 관련 부위가 눈에서 입력되는 신경 신호를 해석하기 위해 뉴런 결합을 발달시킨다. 따라서 이같이 민감한 시기에 백내장을 앓은 아이는 성공적으로 치료되더라도 뇌에서 필요한 뉴런 결합이 형성되지 못하기 때문에 오랫동안 시각장애를 겪게 된다.

그렇다면 한쪽 눈만 백내장을 치료받은 아이와 양쪽 눈을 치료받은 아이는 어떤 차이가 있을까? 놀랍게도 양쪽 눈을 모두 치료받은 아이가 한쪽 눈만 치료받은 아이보다 훨씬 더 시력이 좋아졌다. 이 결과는 다음과 같이 설명할 수 있다. 한쪽 눈이 보이지 않게 되면 시각을 담당하는 뇌 영역은 그 눈에 필요한 뉴런 결합을 발달시키지 못한다. 대신 정상인 다른 한쪽 눈에 필요한 뉴런 결합이 그 영역을 차지하게 된다. 두 눈이 다 안보이게 되는 경우에는 뉴런 결합을 통해 대뇌피질의 시각 영역을 채워 넣을 수 있는 것이 아예 없게 된다. 그에 따라 대뇌피질은 좀 더 오랫동안 적응 능력을 유지할 수 있게 된다.

발달 중인 뇌에서는 뉴런들이 서로 연결되기 위해 필사적인 노력을 한다. 자리를 잡지 못한 뉴런들은 '세포자살'이라고 하는 아폽토시스 과정이 일어난다. 미성숙한 뇌에서도 아폽토시스가 이루어지는데, 이것은 남은 세포들의 연결을 강화시켜 뇌가 불필요한 세포들로 가득 차는 걸 막는 데 그 목적이 있다. 사진처럼 선명한 기억 능력을 갖고 있던 어린아이들은 성장하면서 대부분 그런 재능이 없어지는 이유도 세포들 간의 연결이 정돈되기 때문이다.

아폽토시스가 불완전해지는 경우에는 정신장애의 원인이 되기도 한다. 정신장애의 일종으로 좌뇌의 기능이 현저히 떨어지는 '서번트 증후군'은 자폐증 환자 10명 중 1명꼴로 나타나는데, 음악과 관련된 재능, 수학적 계산이나 암기 등 특수한 능력이 발휘되기도 한다. 반대로 '다운 증후군'과 같은 지능 장애는 아폽토시스가 지나치게 격렬해져 필요 이상으로 세포들 사이의 연결이 차단되었기 때문이다.

미국 피츠버그대학과 카네기멜론대학의 연구팀은 유전적 요인이 생각보다 많지 않으며, 오히려 태내 환경이 더욱 중요하다는 연구 결과를 발표했다. 연구팀에 의하면 "사람의 뇌는 태어나서 1년 안에 70퍼센트가 완성된다."며 더 좋은 태내 환경에서는 지능이 뚜렷하게 높아질 수 있다고 주장했다. 이와 같은 결과는 지능이 유전적인 영향을 받지만 환경과의 상호작용에 따라 변할 수 있음을 의미한다. 특히 외부 환경의 조그마한 변화가 어린 시절의 지능에 즉각적이고도 큰 영향을 미칠 수 있다. 결국 지능은 학교 공부를 잘 할 수 있는 능력일 뿐, 인생을 성공적으로 사는 데 필요한 능력은 아닌 것이다.

우리 뇌에는 1,000억 개 이상의 신경세포가 있고 각각의 신경세포는 주변에 있는 1,000개 이상의 신경세포에 정보를 전달해주고, 자신은 또 주위에서 10,000개 이상의 신경세포로부터 정보를 받아들이고 있다. 인간의 유전자 지도에 이렇게 많은 세포들 사이를 연결하고 각각의 회로를 구성할 만큼 충분한 정보가 들어 있을 수는 없다. 그 대신 유전자는 화학물질로 이루어진 통로를 만들어서 신경계 사이의 회로를 구성한다.

자라나는 어린 신경세포의 끝부분은 경찰견이 범인의 냄새를 따라가듯 화학물질 냄새를 맡아 길을 따라간다. 뉴런들은 유전적으로 이미 예정되어 있는 순서를 따라 근처에 있는 다른 뉴런들과 연결을 이루면서 서로 정보를 교환하기 시작한다. 하지만 바로 그 시점부터 뉴런이 받아들이고 전달해주는 신호는 뇌의 활동 여부에 달려 있으며, 뇌의 활동은 우리의 경험 정도에 달려 있다. 결국 경험에서 오는 차이가 뉴런 사이의 궁극적인 상호 연결을 좌우한다고 할 수 있다. 이러한 현상은 고양이를 이용한 실험에서도 잘 알 수 있다.

고양이는 눈과 뇌 사이의 신경 회로가 출생 후에야 비로소 완성된다. 만약 어린 고양이를 수평 선분만 그어진 방에 가두어 키우면 고양이 뇌에는 수직 선분을 볼 수 있는 신경이 발생하지 못한다. 이렇게 자란 고양이는 신경계가 영구히 변형되어 수직선을 식별하지 못하기 때문에 자주 의자 다리에 부딪히는 신세가 된다. 이것은 유전적 문제 때문에 생긴 것이 아니라 비정상적인 환경 조건 때문에 일어난 현상이다. 이러한 효과는 뇌와 행동에 영향을 미칠 수 있는 환경의 중요성을 알려준다. 인간을 비롯한 많은 동물들의 경우 신경계의 결합은 일생을 통해 어느 정도 유연성을 보여준다. 경험은 학습을 통해 기존의 행동을 변화시킬 수 있으며, 반대로 학습은 유전적으로 결정된 행동을 변화시킬 수 있다.

나이에 따른 뇌의 발달

정자와 수정된 난자는 채 하루가 지나기도 전에 두 개의 세포로 분열한다. 그리고 이틀 후에는 64개의 세포로 분열한다. 동그란 공 모양의 세포는 난관을 따라 이동해 자궁벽에 착상된다. 수정 후 3주가 지나면 외벽의 세포들은 관이 되면서 한쪽 끝은 뇌가 되고 다른 쪽 끝은 척수로 발전하기 시작한다. 수정 후 100일이 지나면 뇌는 세 부분으로 나뉘어져 성장한다. 이때 뇌의 무게는 약 30그램 정도로 증가한다. 150일이 되면 80그램, 190일이 되면 200그램을 넘어서고, 270일이 지나 아기가 태어날 무렵에는 400그램 정도가 된다. 임신 6개월이 되면 뇌의 크기는 고정되지만, 중앙의 뇌실에서 새로운 뉴런이 계속 만들어져 뇌의 바깥쪽인 대뇌피질을 형성한다. 임신 기간의 마지막 3개월 동안 대뇌피질은 매끈하던 겉모습이 사라지고 호두처럼 주름진 모양을 띠게 된다.

삿 태어난 아기의 봄무게는 어른 침팬지의 10분의 1에 불과하지만 뇌의 무게는 400그램으로 같다. 아기의 뇌는 1년 후에 2배인 800그램으로 증가하고, 4년 후에는 1,200그램으로 증가한다. 만 6~7세에는 어른과 같은 크기로 성장한다. 뇌의 무게뿐 아니라 뇌의 기능도 시기에 따라 달라진다. 최근 기능성자기공명영상을 이용한 연구 결과에 따르면, 뇌의 발달은 보통 앞쪽부터 시작되어 뒤쪽으로 이어진다.

대뇌피질의 뉴런은 태아 상태일 때 뇌 안쪽의 측뇌실 벽이라는 곳에서 수십억 개씩 만들어진다. 출산 전 몇 달 동안 뉴런들은 바깥쪽으로 이동해 위치를 잡는다. 이때 세포들을 올바른 방향으로 인도하는 화학물질이 신경전달물질의 하나인 아세틸콜린이다. 대뇌피질을 비롯한 뇌의 주요 부분은 임신 7주 정도가 지나면 뚜렷해지고, 태어날 때는 성인보다 많은 수의 뉴런이 만들어진다. 이처럼 태어나기도 전에 태아의 뇌 안에서는 화학적 변화에 따라 유전자의 힘이 발현된다.

신생아는 뉴런 사이의 연결이 거의 이루어지지 않은 상태로 태어난다. 따라서 대뇌피질을 비롯한 뇌의 대부분은 아직 제대로 기능하지 못한다. 그 후 6세까지 뉴런 사이에 활발한 연결이 이루어지는데, 불필요한 연결은 없어지는 동시에 학습을 통해 새로운 연결들이 만들어진다. 신생아의 뇌를 양전자방출단층촬영PET으로 조사해 보면, 신체를 제어하는 뇌간과 감각이나 운동을 제어하는 시상, 소뇌만이 활동한다는 것을 알 수 있다. 유아기 때의 뇌는 유연성이 가장 뛰어나다. 예를 들어 뇌의 어느 한쪽을 잘라내도 남은 뇌가 새롭게 연결하여 없어진 뇌의 본래 기능을 맡게 된다. 하지만 나이가 들면서 뇌의 기능이 고정되고 역할 분담도 확실해진다.

유전자와 환경의 차이로 인해 이 세상에 같은 뇌는 존재하지 않는다. 동일한 유전자를 가진 쌍둥이조차도 태아기의 사소한 차이가 뇌의 발달에 영향을 미친다. 때문에 출생 시 뇌의 피질이 서로 다르게 발달된 채 태어난다. 과거에 과학자들은 태아를 지각과 의식이 없는 지적 삶이 결여된 존재로 간주해 왔다. 하지만 최근 연구에 따르면, 자궁에서조차 환경이 중요한 것으로 밝혀졌다.

미국 피츠버그의과대학의 버나드 데블린 연구팀은 자궁 내의 환경이 어떤 영향을 미치는지를 파악하기 위해 일란성 쌍둥이와 이란성 쌍둥이의 IQ를 분석했다. 이전에는 일란성 쌍둥이의 IQ가 비슷한 이유를 동일한 유전자 때문이라고 생각했었다. 그런데 일란성 쌍둥이는 동일한 유전자 외에도 같은 자궁에서 같은 체험을 한다. 그래서 다른 유전자를 가졌지만 같은 자궁에서 태어난 이란성 쌍둥이를 다시 조사했다. 그 결과 그동안 유전자가 결정적 요인이라고 생각했던 IQ의 상당 부분이 실제로는 태아 때의 공통 경험에서 비롯된다는 것을 밝혀냈다.

미국 미네소타대학의 아동심리학자 찰스 넬슨은 뇌전도EEG를 이용하여 여러 가지 다른 목소리에 반응하는 신생아들의 뇌를 조사했다. 그는 신생아의 뇌가 낯선 사람들의 목소리와 어머니의 목소리에 다르게 반응한다는 사실을 발견했다. 이것은 어머니 뱃속에 있는 태아 때부터 이미 기억이 존재한다는 것을 의미한다.

아기는 감정을 극단적으로 표현하는데, 이는 의식적인 감정을 제어하는 대뇌피질이 아직 발달되어 있지 않기 때문이다. 또한 3세 이전의 일들을 기억하지 못하는 것은 해마가 충분히 성장하지 않았기 때문이다. 오래된 기억을 보존하는 장소인 해마는 용의 새끼라는 비유로 붙은 이름이지만, 실제로는 커다란 갈퀴처럼 생겼다.

생후 6개월부터 전두엽이 성장하면서 인지 기능이 발달한다. 한 살까지 모든 아기들은 로봇과 같은 기계처럼 오직 시각적 자극에만 관심을 표출한다. 한 살이 지날 무렵에는 유전자와 환경에 따라 각자의 방향이 정해진다. 생후 1년 반 정도가 지나면 언어 영역이 발달하기 시작한다. 언어를 이해하는 베르니케 영역은 말을 할 수 있는 능력을 담당하는 브로카 영역보다 빨리 성숙되므로 언어를 이해하기는 하지만, 말을 하지 못하는 시기가 있다. 두 살 정도의 아이가 말을 제대로 할 수 없어서 자주 울분을 터뜨리는 이유는 바로 그 때문이다.

언어 영역이 발달하는 것과 거의 같은 시기에 자의식이 눈을 뜨기 시작한다. 자의식이란 자신을 타인이나 외부와 구별하며, 사물을 판단하고 실행하는 '나'라는 존재가 머릿속에 있다고 느끼는 것을 말한다. 이 시기에 얼굴에 그림물감을 칠한 뒤 거울을 보여주면, 거울에 비친 얼굴이 아니라 자신의 얼굴을 닦으려고 한다.

태어나서 3세까지는 뇌의 앞부분인 전두엽을 비롯해 뇌의 기본적인 구조들이 형성되는 동시에 뉴런들 사이의 연결이 폭발적으로 일어난다. 뉴런의 연결이 어떻게 이루어지느냐에 따라 머리가 좋고 나쁨이 결정되므로 이 시기의 교육이 무척 중요하다. 뇌의 성장이 다양하게 이루어지므로 여러 부분에 걸쳐 많은 경험을 하도록 도와주어야 한다. 언어나 독서 등 한 가지 지능에 편중된 교육은 오히려 역효과를 가져올 수 있다.

4~6세까지는 종합적 사고를 담당하는 전두엽이 주로 발달하는 시기인데, 이 부위는 인간성과 도덕성도 담당하고 있다. '세 살 버릇 여든까지 간다'는 속담이 있듯 이 시기에 인성교육과 예절교육을 제대로 받으면 커서도 예의 바른 사람으로 성장할 수 있다. 또한 이 시기에는 어휘와 표현력이 급속도로 발달하므로 책을 읽어주거나 새로운 환경에 접할 수 있는 기회를 많이 만들어주어야 한다.

요즘 아이들은 유치원에 들어가기 전부터 한글 교육을 시작하는 경우가 대부분이다. 한글 카드, 한글 학습지 같은 한글 교재가 수없이 많으며, 부모들은 아이에게 되도록 빨리 한글을 가르치려는 욕구가 강하다. 하지만 뇌 발달이론에 따르면 언어 기능을 담당하는 측두엽의 발달시기에 맞춰 만 6세 이후에 한글을 가르치는 것이 가장 효과적이라고 한다. 너무 빨리 한글을 가르치면 초등학교에 들어가서 이미 배운 내용을 다시 학습하기 때문에 국어 공부에 재미를 느끼지 못하는 경우가 많다.

7~12세까지는 뇌의 두정엽과 측두엽이 발달하는 시기이다. 이 부위는 언어와 청각에 관련된 기능들을 담당하는 곳으로 외국어를 비롯한 언어 교육을 집중적으로 시키는 것이 좋다. 또한 두정엽은 논리적, 입체적인 사고를 담당하는 곳이므로 수학이나 과학 등 논리적인 사고나 공간 지각력을 키우는 활동이 효과적이다. 두정엽을 발달시키기 위해서는 퍼즐 게임, 도형 맞추기, 숫자 맞추기, 언어 맞추기 같은 입체적, 공간적 사고를 발달시키는 학습이 필요하다.

만 6세가 넘으면 언어 기능이 집중적으로 발달하기 때문에 조금만 자극을 주어도 쉽게 이해하고 재미있게 공부한다. 초등학교에 다닐 때는 다양한 문학작품이나 교양서적을 많이 읽고 접하는 것이 뇌 발달에 매우 유익하다. 과학자들은 외국어 공부는 초등학교 입학 전후에 시작하는 것이 가장 효과적이라고 말한다. 외국어는 다양한 방법으로 재미있게 공부하는 것이 좋다. 똑같은 내용을 단순히 따라 한다거나 반복해서 암기하게 되면 뇌의 일부 회로만 발달하게 된다. 그러면 특정한 내용을 암기하는 데는 효과가 있을지 몰라도 단순한 지식으로 남게 될 가능성이 높다.

12세 이후부터는 시각 기능을 담당하는 후두엽의 발달로 이어진다. 이 시기는 시각 기능이 발달하기 때문에 자신의 주위를 돌아보면서 자신과 타인의 차이점을 알게 되고 외모에 대한 관심이 부쩍 늘어난다. 특히 시각적인 요소들, 즉 외모나 유행 등에 지나치게 민감해지게 된다. 화려하고 멋진 연예인이나 운동선수들에게 빠져서 열광하는 것도 후두엽의 발달과 밀접한 연관이 있다.

사춘기 이전의 아이들은 주의력이 오래 지속되지 않는데, 그 이유는 주의를 집중하는데 중요한 역할을 하는 망상체가 제대로 발달하지 못했기 때문이다. 이성을 담당하는 전두엽도 성인이 되고 나서야 겨우 연결이 완성된다. 따라서 청소년들이 어른에 비해 감정적이고 충동적인 것은 전두엽이 아직 제대로 형성되지 않았기 때문이다.

공부를 하는 기능은 뇌의 가장 바깥쪽 영역인 대뇌피질에서 처리하므로 대뇌피질이 발달해야 머리가 좋다. 가장 좋은 방법은 뇌를 구성하는 신경세포와 뉴런, 시냅스 회로를 발달시켜 효율성을 극대화하는 것이다. 신경세포는 전기적, 화학적으로 끊임없이 신호를 전달하기 때문에 가끔씩 휴식을 취해야 할 필요가 있다.

휴식이 없는 과도한 흥분은 신경세포를 지치게 하기 때문에 효율성을 떨어뜨릴 뿐만 아니라 병을 생기게 하므로 적절한 휴식을 취해야만 한다. 단순한 암기는 주로 해마와 같은 변연계를 발달시키기 때문에 창조적인 뇌를 발달시키는데 큰 도움을 주지 못한다. 창조성을 담당하는 대뇌피질을 발달시키려면 암기보다는 원리를 생각하고 논리성을 추구하는 공부를 해야 한다.

뇌 건강은 영양에서부터 시작된다

임신과 수유 그리고 어린 시절에 섭취한 음식은 아이의 발육, 지능, 행동발달에 많은 영향을 미친다. 그리고 성인이 되어 사람들의 허리 두께가 늘어나면 노인이 되었을 때 뇌 활동이 감소하고, 문자 그대로 뇌가 쪼그라들 수도 있다.

음식은 단지 체중만 유지하고 늘리는 것이 아니라 몸에 염증을 일으키고 활성산소를 발생시켜 뇌의 기능을 떨어뜨린다. 최근 연구 결과에 의하면 산화 스트레스는 예민한 신경세포를 손상시키고, 우리 몸에 좋지 않은 음식을 선택하도록 조종하고 뇌의 기능을 방해하면서 살마저 찌게 하는 최악의 결과를 가져온다. 적절한 음식을 골라 즐거운 마음으로 먹으면 뇌의 능력을 최대한 끌어올릴 수 있다. 균형 잡힌 영양섭취와 운동, 바람직한 생활습관은 심장이나 혈관에만 좋은 것이 아니라 뇌에도 역시 좋은 것이다.

우리는 모두 질병에 걸릴 유전적 요소를 가지고 태어났다. 어떤 사람은 신경질환에, 어떤 사람은 당뇨병에, 또 어떤 사람은 암에 걸릴 잠재성이 다른 사람보다 크다. 과학자들은 영양 섭취가 이러한 유전 형질에 영향을 준다는 사실을 밝혀냈다. 다시 말해 어떤 병에 걸릴 잠재성이 있는 사람은 영양 섭취에 이상이 생겨 실제로 그 병에 걸릴 수도 있는 것이다.

우리 뇌의 60퍼센트는 지방으로 구성되어 있다. 그런데 뇌를 구성하고 있는 지방은 평소 식생활 습관을 그대로 반영한다. 요즘 사람들은 포화지방, 트랜스지방을 너무 많이 섭취하는데, 이로 인해 뇌의 화학구조가 질병에 취약한 쪽으로 바뀐다. 뇌세포는 너무 민감하기 때문에 심장이나 혈관과 마찬가지로 항산화 물질이 있어야 그 구조와 기능이 유지된다.

모든 인간은 99.9퍼센트의 동일한 유전자 배열을 갖고 있다. 겨우 0.1퍼센트의 차이가 모발과 피부색 그리고 다른 차이점을 만드는데, 가장 중요한 차이는 질병에 대한 감수성이다. 우리들의 영양 섭취 방식에는 문제가 많지만, 그럼에도 불구하고 그럭저럭 잘 지내고 있다.

아이스크림과 과자를 비롯해 패스트푸드만 먹는 사람들은 건강한 식습관을 가진 사람보다 겉보기에는 더 건강해 보이고 감기에도 잘 걸리지 않는 것처럼 보인다. 그 중에 소수는 비교적 무병장수하기도 한다. 누구나 이러한 사람을 한두 명쯤 알고 있고, 소문난 골초가 아흔 살이 넘도록 장수하는 경우도 종종 본다. 하지만 영양소를 균형 있게 섭취하는 것과 유전의 영향은 별개의 문제이다.

심혈관계 질환, 암, 당뇨병, 신경퇴행성 질환, 정신질환에 걸리는 것은 포화지방과 당분 섭취에 문제가 있어서가 아니라 유전 때문이라고 생각하는 경향이 있다. 일란성 쌍둥이를 대상으로 한 연구를 토대로 볼 때, 유전자 배열은 질병에 대한 감수성에 부분적으로만 영향을 준다. 만약 질병이 유전자에 의해서만 매개된다면 일란성 쌍둥이는 일생 동안 똑같은 병에 걸릴 것이다. 하지만 쌍둥이 중 50퍼센트도 안 되는 사람들만 똑같은 병에 걸린다. 이것은 영양 섭취, 스트레스, 사회적 요인, 환경적 요소들이 유전보다 더 큰 영향을 미친다는 것을 뜻한다.

인체의 신진대사 과정에서 필연적으로 생기는 찌꺼기가 바로 활성산소다. 활성산소 분자들은 전자와 결합해서 몸을 산성화시켜 일종의 녹이 슬게 만든다. 활성산소는 뇌세포의 지방과 단백질 성분을 파괴하며, 특히 유전 물질인 DNA를 손상시킨다.

우리가 생명을 유지하기 위해 사용하는 산소의 5퍼센트는 독성이 강한 활성산소로 바뀌어 세포를 손상시킨다. 생명에 필수적인 햇빛은 말할 것도 없고, 오염된 대기나 담배 연기 속에는 수백 종류의 산화를 유발시키는 물질들이 존재하는 것으로 알려져 있다. 다행히 우리 몸은 생명체를 공격하는 산화물질에 대해 스스로를 방어하는 시스템을 가지고 있다. 하지만 방어기전은 식품 섭취를 통해 항산화 물질을 적절히 공급해줄 때만 그 기능을 제대로 수행할 수 있다. 활성산소가 너무 많거나 방어기전에 필요한 음식의 질이 낮을 때는 문제가 발생한다.

대부분의 야채에는 항산화 물질이 많이 포함되어 있다. 또한 계피, 정향, 겨자, 칠리 등의 향신료는 탁월한 항산화 능력을 갖고 있다. 특히 울금 또는 강황이라고 부르는 카레에 들어 있는 노란 가루는 신경을 보호하고 기분을 좋게 해준다. 강황 뿌리에는 커큐민이라는 성분이 들어 있는데, 이것은 강력한 항산화 물질인 동시에 뛰어난 소염 효과를 보여준다. 엄청난 양의 카레를 먹는 인도 사람들이 알츠하이머 병에 걸릴 확률은 미국의 4분의 1에도 못 미친다. 생강 역시 강황과 마찬가지로 염증을 억제하고 두통과 소화기 장애를 치료해준다.

땅콩과 아몬드, 포도주, 녹차, 홍차, 다크 초콜릿 등도 강력한 항산화 물질이다. 사과 역시 산화 방지에 탁월한 효과가 있다. "하루에 사과 한 알이면 의사가 필요 없다."는 격언이 허무맹랑한 이야기만은 아니다. 연구에 의하면 사과를 많이 먹은 쥐들은 미로 찾기에서 훨씬 높은 점수를 받았고, 학습과 기억력에 결정적인 영향을 미치는 신경전달 물질인 아세틸콜린의 수치가 높았다.

얼마 전까지만 해도 견과류에는 지방이 들어 있기 때문에 몸에 나쁘다는 억울한 누명이 씌워져 있었다. 하지만 연구 결과 견과류에는 양질의 불포화지방산, 비타민 E, 스테롤이라는 심장에 좋은 물질이 들어 있다는 것이 밝혀졌다. 또한 견과류는 염증을 가라앉히고 항산화 능력이 뛰어나다. 견과류 중에서도 아몬드는 심장에 좋을 뿐 아니라 노화 현상을 예방해준다.

연구에 의하면 알츠하이머병에 걸린 실험용 쥐에게 아몬드를 먹이고, 4개월 후에 기억력 테스트를 했더니 일반 먹이를 먹은 쥐보다 훨씬 뛰어났다. 견과류는 칼로리가 높아서 많이 먹으면 살이 찔 거라는 일반적인 생각과는 달리, 적당량을 먹을 경우 오히려 체중이 감소한다. 호두에는 염증을 가라앉히는 오메가-3 지방산이 많이 들어 있으며, 수면을 조절하고 강력한 항산화 작용을 하는 멜라토닌이 들어 있다.

녹차를 규칙적으로 마시면 건강에 좋다는 것은 잘 알려진 사실이다. 녹차에는 카테킨이라는 성분이 있어서 콜레스테롤 수치와 혈압을 낮추고 뇌졸중의 위험을 감소시킨다. 특히 일본에서 즐겨 마시는 연한 녹차 잎을 곱게 갈아 만든 말차에는 일반 녹차보다 137배나 되는 카테킨이 들어 있다.

향기가 구수한 커피 한 잔은 건강 측면에서도 사랑해줄만한 충분한 이유가 있다. 커피를 마시면 건강에 나쁘다는 루머는 그저 소문에 불과할 뿐이다. 미국 캘리포니아대학과 일본 노화방지연구소의 공동 연구에 의하면, 커피는 세포의 지방 성분을 산화 스트레스로부터 보호하는데 특히 효과적이다. 커피를 마심으로써 알츠하이머병이나 파킨슨병을 포함한 신경퇴행성 질환을 예방할 수 있다는 것은 다행스런 일이

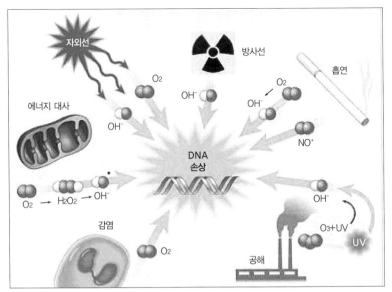

:: 활성산소의 발생 경로 : 햇빛, 방사선, 흡연, 공해, 에너지대사, 감염 등을 통해 활성산소가 발생해서 DNA가 손상된다.

다. 한편 지난 8년 간 13만 명의 사람들을 추적 연구한 결과, 커피를 많이 마실수록 자살률이 낮아진다는 사실을 발견했다. 또 다른 연구에서는 우울증 증상이 적게 나타났으며, 당뇨병 가능성을 30퍼센트나 낮추었다.

카페인 및 커피를 반대하는 사람들은 카페인이 우리 몸에서 칼슘이 빠져나가게 해서 골다공증을 유발한다고 말한다. 하지만 대부분의 연구에서 커피나 차는 골다공증과 아무런 연관이 없는 것으로 밝혀졌다. 노르웨이 학자의 연구에 의하면 식품을 통해 섭취하는 항산화 물질 중에 가장 큰 부분을 차지하는 것이 커피라고 한다.

우리가 먹는 음식이 바로 우리 자신이다

우리 뇌는 몸에 공급되는 에너지의 20퍼센트를 소비한다. 그러면 에너지는 어디에서 공급받을까? 그것은 바로 음식이다. 음식은 뇌가 적절한 기능을 수행할 수 있도록 연료를 공급하는 동시에 뇌를 형성한다. 우리는 질 낮은 영양을 섭취하고 패스트푸드를 먹으면서도 살아갈 수 있다. 하지만 이러한 식단은 날이 갈수록 정신 상태를 무디게 하고 뇌의 기능을 떨어뜨린다.

우리 몸에서 주된 역할을 하는 영양소는 탄수화물, 지방, 단백질이다. 영양 섭취는 마치 유행처럼 번지는 경향이 있다. 영양에도 패션이 있듯 다이어트처럼 유행에 따라 좋은 영양소에 대한 기준이 시대에 따라 달라져 왔다. 경우에 따라 무지방 식품이 유행하기도 하고 탄수화물이 유행하기도 한다. 가장 대표적인 예가 좋은 지방과 나쁜 지방, 좋은 탄수화물과 나쁜 탄수화물로 분류해서 편식을 유도하는 경우다. 이러한 말도 안 되는 미신을 퍼뜨린 식품업체들은 큰 이익을 보았지만, 소비자들에게는 전혀 도움이 되지 않았다.

뇌는 60퍼센트의 지방으로 구성되어 있기 때문에 음식을 통해 지방을 반드시 섭취해야 한다. 그리고 탄수화물은 뇌에 필요한 연료를 공급해준다. 탄수화물이 부족하면 신경전달물질을 구성하는 아미노산이 줄어들기 때문이다. 고단백 식사를 하면서 탄수화물을 적게 섭취하면 몸무게는 줄어들지언정, 소화가 잘 되지 않고 몸에 힘이 없어진다. 미국 서던일리노이대학의 브라이언 벗키 교수팀은 황제 다이어트고기를 주로 먹으며 체중을 감량하는 방법를 하는 사람들이 피로를 더 잘 느끼고, 기분이 쉽게 나빠진다는 사실을 보고했다. 이것은 우리 몸의 주된 에너지원인 탄수화물이 부족해서 일어나는 현상이다.

탄수화물의 공급원인 곡물에서 얻는 에너지는 우리가 섭취하는 에너지의 약 25퍼센트를 차지한다. 복합탄수화물은 느리지만 지속적으로 에너지와 주요 영양소를 공급한다. 설탕과 같은 단당류는 빠른 시간 내에 에너지를 공급하지만 궁극적으로는 뇌의 기능을 떨어뜨린다. 단당류를 많이 섭취하면 혈당이 급격하게 상승하고, 이로 인해 인슐린이 더 많이 분비된다. 인슐린은 당이 혈액으로 들어가서 에너지로 사용되고 남은 에너지는 체내에 저장되도록 만든다.

세포는 시간이 지남에 따라 높은 인슐린 농도에 적응하기 때문에 같은 효과를 내기 위해 훨씬 많은 인슐린이 필요해진다. 따라서 당뇨병 및 심혈관계 질환에 더 잘 걸리게 된다. 연구에 의하면 1인당 설탕 소비량은 우울증 같은 정신질환의 증가와 비례하는 것으로 나타났다.

한동안 사람들은 지방이 아주 나쁘다고 생각했다. 하지만 진짜 나쁜 지방은 포화지방과 트랜스지방이라는 가공된 지방이다. 이것들은 고체 지방이기 때문에 실온에서 단단해진다. 슈퍼마켓에 진열되어 있는 고깃덩어리에서 보이는 흰 부분이 바로 포화지방이다. 또한 버터, 치즈, 마가린, 우유 등에도 포화지방이 들어 있다. 트랜스지방은 원래 액체 기름이었던 것을 마가린이나 제빵에 사용하기 위해 만든 가공된 고체 기름이다. 트랜스지방은 '식물성 경화유' 또는 '쇼트닝'이라고 부르는 가짜 기름이다. 포화지방과 트랜스지방은 염증을 심화시키고 혈당 조절을 어렵게 하며, 혈액 순환을 나쁘게 만든다.

이제 사람들은 종류에 관계없이 모든 지방을 되도록 적게 섭취하려고 노력한다. 하지만 우리에게 꼭 필요한 두 가지 지방이 있다. 바로 오메가-3 지방산과 오메가-6 지방산이다. 우리 몸에서 만들어지지 않고 음식을 통해 섭취해야 하기 때문에 '필수 지방산'이라고 한다. 필수 지방산에 속하는 오메가-3이 분해되면 DHA가 생성되는데, 이 물질은 건강한 뇌세포를 만드는데 필요한 재료를 제공하므로 특히 중요하다.

중년의 약 40퍼센트는 필수 지방산이 부족하다고 한다. 필수 지방산은 뉴런의 섬세한 가지를 둘러싸는 신경 세포막을 만든다. 이는 세포막을 좀더 유동적이고 유연하게 만들어서 신호 전달을 원활하게 해주는 역할을 한다. 예전에는 생선과 땅콩 같은 자연식품에서 지방을 주로 섭취했다. 하지만 가공식품이 식단을 점령하기 시작하면서 트랜스지방이 우리 몸속으로 침투하기 시작했다.

트랜스지방은 부패를 늦추기 때문에 패스트푸드점에서 튀김용 기름으로 많이 사용한다. 신경세포 속으로 들어간 트랜스지방은 신호를 제대로 전달하지 못하기 때문에 뇌의 정보처리 속도가 서서히 늦어지게 된다. 다행스러운 건 필수 지방산을 늘리고 트랜스지방을 줄이면 신경 세포막이 회복될 수 있다는 점이다.

오메가-6 지방산은 콩기름, 옥수수기름 등에 함유되어 있는데, 어디에나 들어 있어서 결핍될 염려가 전혀 없다. 따라서 뇌가 적절히 기능하도록 하려면 오메가-3 지방산에 신경을 써야 한다. 등 푸른 생선에 많이 들어 있는 오메가-3 지방산이 분해되면 DHA와 EPA로 만들어진다. DHA는 임신, 뇌 발달, 학습 및 노년기의 인지능력 감퇴 예방에 중요한 역할을 하고 EPA는 기분을 조절하는 중요한 영양소로 우울증 치료 및 염증 완화에 도움이 된다. 우리가 섭취하는 지방의 대부분은 고기를 통해 얻는다. 그런데 고기의 조직은 그 동물이 주로 어떤 영양소를 먹었느냐에 따라 많이 달라진다. 오늘날 우리가 먹는 고기는 사료 때문에 오메가-6 지방산의 함유량이 훨씬 많아졌다. 반면 푸른 초원을 누비는 동물의 고기에는 뇌 건강에 좋은 오메가-3 지방산이 많이 함유되어 있다.

단백질은 신경전달물질을 구성하는데 꼭 필요한 아미노산을 제공한다. 예를 들어 트립토판이라는 아미노산은 우유에 들어 있는데, 이것은 기분을 좋게 하는 신경전달물질인 세로토닌으로 전환된다. 유제품에 들어 있는 단백질은 포화지방산을 먹지 않고서도 양질의 단백질을 섭취할 수 있는 좋은 식품이다.

비타민과 미네랄은 뇌가 제 기능을 발휘하는데 꼭 필요하다. 식물성 음식에는 비타민과 미네랄뿐 아니라 식물의 색, 맛, 질감을 나타내는 2만 5천여 가지의 미세 화학물질이 함유되어 있다. 이러한 미세 화학물질을 '파이토케미컬식물화학물질'이라고 부르는데, 여기에는 항산화 작용을 하는 식물성 색소가 포함되어 있다. 이 물질은 심혈관계 질환 및 암을 예방하며 신경세포들을 보호해준다.

영양학 측면에서 우리가 소홀히 다루고 있는 것이 섬유질이다. 식품 속의 섬유질은 중금속과 호르몬 부산물 등의 독소를 제거해 인지능력을 개선하는데 도움을 준다. 또한 섬유질은 장에 서식하는 이로운 세균의 성장을 도움으로써 우리 몸에 아주 좋은 역할을 한다. 더욱 좋은 점은 섬유질을 충분히 섭취하면 날씬한 몸매를 유지하며, 산화 스트레스를 낮출 수 있다는 것이다.

매일 아침 비타민제를 한 주먹씩 삼키는 것이 과연 효과가 있을까?

삼킨 약 중에 몸에 좋은 것이 틀림없이 있겠지만, 과연 어떤 것이 내 몸에 필요한 것인지는 알 수 없다. 건강식품 판매점의 선반에는 기억력과 집중력 증진을 약속하는 제품들이 가득 차 있다. 최근의 연구 결과를 보면, 건강보조제에 쏟아 부은 돈이 대부분 낭비됐을 가능성이 높다. 비타민 E와 C, 베타카로틴 등 대다수의 산화 방지제는 아무런 예방 효과가 없기 때문이다.

과일이나 야채 같은 진짜 식품을 먹었을 때만 활성산소를 제거한다. 연구자들은 항산화제를 보조식품으로 섭취하면 지나치게 빨리 소화, 흡수되어 효능이 없어진다고 한다. 따라서 과일과 야채를 함께 먹으면 섬유질이 영양소를 소화기 안에 붙잡아 두기 때문에 효과가 극대화된다.

현대인들은 영양보충제에 엄청난 돈을 쏟아 붓고 있다. 그 중 대부분은 뇌 건강을 촉진하는 미량영양소 구매에 사용한다고 한다. 약을 사들이는 사람들 중 상당수는 현대 사회의 속도에 엄청난 심리적 부담감을 느끼고 있는 중년층이다. 이러한 사람들이 기억력을 향상시키기 위해 건강보조제에 관심을 기울이는 건 전혀 새로운 현상이 아니다.

IQ가 높으면 머리가 좋을까

우리는 스스로 똑똑하다고 생각할지 모른다. 하지만 뇌는 우리가 생각하는 것보다 훨씬 똑똑하다. 뇌는 자신을 이해하고 지능을 향상시킬 수 있는 잠재력을 가지고 있기 때문이다. 우리가 배울 수 있는 학습량은 무한하다. 우리가 뇌에 대해 더 많이 알수록 그만큼 더 많은 것을 배우고 알 수 있다.

진화론의 창시자 찰스 다윈의 사촌인 프랜시스 골턴은 푸른 눈이나 혈액형처럼 지능도 유전된다고 생각했다. 그가 지능을 분류하고자 했던 목적은 인간의 능력을 계량화해서 과학의 대상으로 만들려는 의도였다. 전통적인 지능이론은 선천적인 재능과 후천적인 재능을 구별하기 위한 연구에서 비롯되었다. 1905년 프랑스의 심리학자 비네는 아동의 정신 발육을 진단할 목적으로 특정한 연령 집단의 아이들에게 적용할 수 있는 검사 방법을 개발했다. 그 후 독일의 빌헬름 슈테른은 비네의 연구 성과를 보완하여 '지능지수'로 알려진 공식을 개발했다.

지능지수는 일반적으로 IQIntelligence Quotient라고 하며, 정신연령과 생활연령의 비로 나타낸다. 정신 연령과 생활 연령이 같다면 IQ는 100이 되고, 이를 표준 지능이라 한다. IQ가 120이면 정신 연령이 생활 연령보다 20퍼센트 뛰어난 것을 의미한다. 예를 들어 8살짜리 아이가 10살짜리 아이를 대상으로 하는 검사를 모두 통과했다고 하자. 그러면 그 아이의 정신연령은 10이 되고, 이것을 실제 나이인 8로 나눈 다음 100을 곱하면 125라는 IQ를 얻을 수 있다.

이러한 방법으로 검사를 받은 아이들의 정신연령은 실제 나이와 비슷한 것으로 나타났다. 그 중의 절반 정도는 약 90에서 110의 평균 지능을 가진 것으로 밝혀졌으며, 25퍼센트는 60에서 90 사이의 평균 이하, 나머지 25퍼센트는 110에서 150 사이로 평균 이상의 지능을 가진 것으로 나타났다. 그러나 많은 전문가들은 정신연령이란 개념 자체가 객관적인 근거를 가지고 있지 않기 때문에 인간의 지능을 수치로 나타낼 수 없다고 주장한다. 또한 지능 발달에는 개인차가 있기 때문에 연령에 따라 지능이 달리 나타나기도 한다. 예를 들어 어느 특정한 연령의 아이가 천재 수준의 IQ를 가졌다 해도 더 이상 지능이 발달하지 않으면 생활연령만 높아져 IQ는 점점 낮아지게 된다. 그래서 어릴 적 신동이란 소문을 들었던 아이가 나중에 지극히 평범한 어른이 되는 것도 전혀 이상한 일이 아니다.

지능이론은 실제 교육 현장과 여러 분야에 적용되면서 위력을 발휘하기 시작했다. 그런데 초기에는 지능 검사의 결과를 연구자들이 인종주의적이고 우생학적으로 해석해 많은 논란을 낳기도 했다. 좋게 말하면 장애 또는 영재의 판별처럼 적합한 인지 능력의 파악에 이용되지만, 나쁘게 말하면 인간의 능력을 기성복으로 재단하는 고정관념을 형성하는 도구로 사용될 수 있다.

지능이란 무엇인가에 대해 확실하게 정의내리기는 어렵다. 사고의 처리속도, 추리력, 기억력, 언어 능력, 수리 능력 등에 대해서 객관적인 지표를 만들기도 힘들지만 인간의 능력을 점수로 환산한다는 것 자체가 문제가 될 수 있다. 미국의 로버트 스턴버그는 기본적으로 분석력, 창의력, 응용력의 세 가지 독립적인 지능이 있다고 주장한다. 분석력 문제는 정의가 명확하고 문제를 푸는 데 필요한 모든 정보가 주어지며, 정답이 하나뿐이다. 이것은 일상적 경험에서 유추하고 주관적 흥미와는 전혀 무관한, 쉽게 말해 학교 시험과 같은 것이다. 응용력 문제는 정의가 불확실하고 주어진 정보가 충분하지 않으며, 답이 한 개 이상일 수도 있다. 어떤 형식을 선택하든 IQ 테스트는 특정 능력에 편중할 수밖에 없다.

미국의 심리학자 하워드 가드너는 지능이론의 대안으로 각각의 지능을 독립적인 능력으로 인식하여 복합 지능에 대한 다중지능이론을 주장했다. 다중지능이론은 미국의 노벨의학상 수상자인 로저 스페리가 발표한 좌우뇌 이론에 근거를 두고 있다. 로저 스페리에 의하면 인간의 뇌가 분석적, 논리적 능력을 담당하는 좌뇌뿐 아니라 창조성과 감각적 능력을 담당하는 우뇌로 이루어져 있다고 한다.

다중지능이론은 인간의 능력을 종합적으로 판단하고 기존의 지능이론이 갖지 못한 잠재적인 능력을 발굴하는데 주안점을 두고 있다. 그런데 다중지능이론에서 주장하는 여러 지능들이 과연 독립적인가 하는 문제가 제기될 수 있다. 각각의 지능들이 독립적일 수 없다면, 애초에 '다중' 이라는 개념 자체가 성립될 수 없기 때문이다.

한편 사람의 지능은 언어 능력과 같이 경험과 지식의 축적을 통해 형성되는 결정적 지능과 추론이나 계산능력 같은 유동적 지능으로 분류할 수 있다. 나이가 들면서 경험과 지식이 축적될수록 결정적 지능은 높아진다. 원숙한 나이에도 좋은 작품을 내는 소설가가 드물지 않은 경우가 이에 해당한다. 반면 유동적 지능은 청년기에 가장 왕성하다가 나이가 들수록 떨어지는데, 컴퓨터 프로그래머나 바둑기사의 경우 젊은 시절 좋은 업적을 내는 것이 전형적인 예라고 할 수 있다.

서울대 생명과학부의 이건호 연구팀은 225명의 실험자들을 대상으로 자기공명영상을 이용해 뇌 사진을 찍고 그 특징을 분석해서 뇌 구조와 IQ가 어떤 관계에 있는지 조사했다. 그 결과 언어 능력이나 지식 수준이 뛰어날수록 뇌의 왼쪽 측두엽 부위가 두꺼워지고 유동적 지능이 높을수록 전전두엽과 후두엽 부위의 활동성이 높아지는 것으로 나타났다. 즉 학습과 기억을 통해 축적되는 결정적 지능은 대뇌피질의 두께 차이로 설명되고 추론 능력이나 공간 지각력 같은 유동적 지능은 뇌신경망 회로의 원활한 정도로 표현될 수 있다는 것이다. 컴퓨터로 비유하자면 결정적 지능이 높은 것은 메모리가 큰것에 해당하고, 유동적 지능이 높은 것은 연산속도가 빠른 것에 해당한다.

천재와 범인의 차이를 지능지수로 구분한다면, 과연 천재의 IQ는 어느 정도일까? 적어도 IQ가 150은 넘어야 된다는 것이 일반적인 생각인데, 결론부터 말하자면 창조적인 천재들의 IQ가 일반인보다 월등히 높다는 것은 20세기에 만들어진 신화에 불과하다.

이 주장은 1920년대 미국의 심리학자 루이스 터먼과 캐서린 콕스에 의해 만들어졌다. 콕스는 과거의 천재적인 위인 3백 명을 선정해 이들이 만들어낸 창조적인 업적을 가지고 IQ를 역산했다. 그 결과 평균 160이 넘었는데, 괴테가 210으로 가장 높았고, 뉴턴이 190에 달했다고 한다. 위인이나 천재가 되려면 적어도 IQ 150은 넘어야 한다는 속설은 여기에서 비롯된 것이다. 그런데 콕스는 이미 사망한 위인들의 창조성만을 가지고 역산하여 IQ를 산출했기 때문에 과학적 근거가 전혀 없었다. 터먼조차 IQ 140이 넘는 미국 청소년 1천5백 명을 뽑아 20년 넘게 관찰했지만, 아이러니하게도 이들 중에는 '창조적인 천재'가 단 한 명도 나타나지 않았다. 반면 IQ 140이 안 돼 터먼의 관찰그룹에 속하지 못했던 윌리엄 쇼클리는 반도체를 발명해서 노벨 물리학상을 받았고, 역시 노벨 물리학상을 받은 리처드 파인만은 IQ 122의 평범한 수준이었다. 일반적으로 영재란 IQ가 상위 2~3퍼센트 안에 드는 사람을 말하는데, 단순히 IQ만으로는 천재성을 설명할 수 없다.

어떻게 하면 기억을 잘할까

나이가 들면 뇌세포가 죽으면서 머리가 나빠진다는 것은 오랫동안 사실로 받아들여졌다. 하지만 최근 연구에 따르면, 비록 뇌세포가 손상되더라도 신경세포는 계속 늘어날 수도 있다는 사실이 밝혀졌다. 그렇다고 모든 신경세포가 증가하는 것은 아니고 특정 부위의 신경세포만 증가한다. 그중에서 널리 알려진 것이 뇌에서 기억을 담당하는 해마의 신경세포다.

미국 럿거스대학의 트레이시 쇼어스는 쥐의 기억력을 조사하는 과정에서 쥐를 학습시키면 해마의 신경세포가 증식된다는 사실을 발견했다. 흥미로운 점은 기억력이 뛰어난 쥐일수록 새로운 신경세포가 더 많이 생겨났다는 것이다. 또 다른 연구에서는 쥐의 해마 신경세포에서 증식 능력을 제거하자 기억력이 현저히 떨어진다는 사실을 발견했다.

영국 런던대학의 엘리노어 맥과이어는 런던의 택시 운전사들에 대한 기억력을 조사했다. 런던 시내의 도로는 거미줄처럼 복잡해서 택시 운전사가 되려면 복잡한 도로를 모두 파악해야 한다. 맥과이어는 택시 운전사들의 뇌를 조사한 결과 베테랑 운전사일수록 해마 부위가 크다는 사실을 발견했다. 해마가 크다는 것은 그만큼 신경세포가 많이 늘어났다는 증거로 받아들여진다.

기억력을 좋게 하려면 어떻게 해야 할까? 당연히 해마의 신경세포 수를 늘리면 된다. 가장 효율적인 방법은 평소에 꾸준히 머리를 써서 공부하는 것이다. 또한 매너리즘에서 벗어나 뇌에 자극을 주는 것도 효과적인 방법이다. 실제로 쥐를 사육하는 상자에 쳇바퀴나 사다리 같은 놀이기구를 넣어두자 쥐의 신경세포가 활발하게 증식했다. 그 밖에도 적당한 운동과 다양한 모임 활동을 통해 꾸준히 자신을 계발하는 것도 해마의 신경세포를 늘리는데 도움을 준다.

일생 동안 뇌는 물리적, 기능적으로 끊임없이 변한다. 뇌에는 1,000억 개의 뉴런이 있고 각각의 뉴런은 다른 뉴런들과 평균 1,000개씩 연결된다. 이는 뇌에서 100조 개의 연결이 만들어질 수 있음을 뜻한다. 뇌의 유연성이란 뉴런들 사이의 새로운 연결을 통해 스스로를 재조직하는 능력을 말한다. 축색에서 새로운 신경 말단이 자라 다른 신경세포들과 연결되면 신경 네트워크가 확장되면서 학습 능력이 향상된다.

오랜 옛날부터 사람들은 기억력을 높이기 위해 다양한 방법을 모색해왔다. 고대 그리스의 아리스토텔레스는 기억력을 높이기 위해 족제비와 비버, 두더지의 지방을 섞은 합성물을 두피에 즐겨 발랐다는 기록이 있다. 중국인들은 다양한 효능을 지닌 여러 약초를 달여 마시면 기억력이 향상된다고 믿었다. 인도의 전통 민속의학인 아유르베다에서는 기억력과 집중력, 창의력 향상을 위해 시럽을 권장해왔다. 과연 이러한 방법들이 과학적으로 효능이 있을까?

우리 뇌는 기본적인 에너지원으로 포도당을 사용한다. 포도당이 충분하지 않으면 에너지를 생산하는 미토콘드리아는 가동을 멈추게 된다. 이때 몸의 생존과 성장을 위해 영양분을 섭취하고 에너지를 생산하는 신진대사 속도가 15~20퍼센트 정도 떨어진다. 배가 고플 때 눈이 침침해지는 것은 다 이유가 있는 법이다. 젊었을 때는 샌드위치를 몇 입 먹으면 곧바로 포도당 수치가 회복된다. 하지만 나이가 든 뇌는 정상 기능을 회복하는 데 많은 시간이 걸린다. 혈액 내 포도당 수치는 뉴런이 아세틸콜린을 얼마나 제대로 전달하는가에 큰 영향을 미치기 때문에 뱃속이 비어 있으면 기억력이 점점 떨어진다.

기억력을 증진시키는 식단에는 저지방 단백질과 함께 현미, 보리, 오트밀 같은 복합탄수화물이 좋다. 이러한 음식은 체내에서 서서히 분해되기 때문에 포도당이 오랜 시간에 걸쳐 혈액 속으로 스며든다. 이 과정에서 위 속의 소화 효소는 복합탄수화물이 위 장벽을 쉽게 통과할 수 있도록 단당 분자로 분해시킨다. 이때 당장 필요 없는 포도당은 글리코겐으로 저장됐다가 몸이 생리적인 자극을 받으면 배출된다.

에빙하우스의 망각곡선

우리 뇌의 기억력은 컴퓨터와는 달리 영구적이지 않다. 오히려 시간이 지날수록 자연스럽게 잊어버리는 망각은 자연스런 현상이다. 이처럼 망각은 의도적으로 조작되지 않는다. 19세기 독일의 심리학자 에빙하우스는 실험 대상자에게 의미 없는 알파벳 3개로 나열된 단어들을 암기시킨 후 그 기억이 얼마나 빨리 사라지는가를 조사했다. 실험 결과 처음 네 시간 동안 절반 정도를 잊어버렸고 시간이 지남에 따라 조금씩 잊어버렸다.

의미 없는 내용은 외운 직후에 대부분 잊어버리고 그 순간을 넘긴 기억은 비교적 오랫동안 지속되는 현상을 '에빙하우스의 망각곡선'이라고 한다. 이것은 시험 전날 밤을 새워 벼락치기를 하는 것보다는 시험치는 날 아침에 벼락치기를 하는 것이 시험 때까지 외우고 있을 확률이 높다는 것을 보여준다. 에빙하우스에 의하면 시험 보기 전의 4시간이 성적을 좌우한다는 얘기가 된다.

망각은 의도적으로 조작될 수 없지만, 다른 기억들을 추가하면 망각이 더욱 빨라진다. 예를 들어 3개의 알파벳으로 구성된 단어를 20개 암기했다고 하자. 망각곡선에 따르면 다음날까지 기억하고 있는 단어는 약 40퍼센트인 8개 정도가 되겠지만 또 다른 단어를 10개 추가해서 기억하면 처음에 외웠던 20개를 암기하고 있는 비율이 많이 떨어진다. 이처럼 어느 정도 유사한 내용을 추가로 외우면 이전의 기억을 방해하게 된다. 애인과 헤어져 실의에 빠진 사람이 새로운 애인이 생기자마자 옛날 애인을 쉽게 잊는 것도 '기억의 간섭' 때문이다.

에빙하우스는 실험 대상자에게 20개의 단어를 외우도록 한 다음, 며칠 후 다시 기억력을 검사해 보았다. 그 결과 첫 번째에 비해 두 번째는 잘 잊혀지지 않는다는 사실을 발견했다. 그리고 세 번째에는 기억력이 더욱 좋아졌다. 이것은 첫 번째 검사에서 떠오르지 않았던 단어들이 완전히 잊혀진 것이 아니라 무의식 속에 저장되어 있다는 사실을 의미한다. 다시 말해 잊어버린 것이 아니라 단순히 떠오르지 않았을 뿐이다. 이러한 사실을 통해 복습이 중요한 역할을 한다는 것을 알 수 있다.

에빙하우스는 어느 정도 기간을 두고 복습을 해야 가장 효율적으로 기억할 수 있는지를 살펴보았다. 그의 실험에 따르면 한 달 이상의 공백기간을 두면 두 번째 검사에서도 기억력이 그다지 향상되지 않았다. 해마는 대뇌피질의 측두엽으로 들어오는 정보들 가운데 중요한 것들을 취사 선택해서 다시 대뇌피질로 보내는 역할을 하고 있다. 즉 해마는 기억을 일시적으로 보관하는 장소다. 학습 효과를 높이려면 예전의 기억이 해마에 보관되어 있는 동안 다시 끄집어내야 한다. 망각곡선을 고려할 때 과학적으로 가장 효과적인 공부 방법은 1주일 후에 한 번

복습을 하고 2주일 후에 두 번째, 마지막으로 한 달 뒤에 세 번째 복습을 하는 것이다.

　기억을 잘 하는 사람들의 공통적인 습관은 주기적으로 반복하는데 있다. 반복적으로 뇌를 자극하면 기억을 담당하는 해마에서 신경세포들이 연결되는 시냅스 부위가 강화되기 때문이다. 에빙하우스의 망각 곡선에 따르면 우리는 평균적으로 20일이 지나면 기억한 내용의 80퍼센트를 망각하는데 이 기간이 되기 전에 반복학습을 하는 게 가장 효과적이다. 가령 오늘 기억해야 할 일이 있다면 1시간 뒤 복습한 다음 자기 전에 다시 기억하면 거의 잊어버리지 않는다. 효과적으로 기억하기 위해서는 시각뿐 아니라 다양한 감각 그리고 연상법과 같은 기억도구들을 활용해야 한다.

시각화하라

연구 결과에 의하면 인간의 뇌는 좌우측으로 나뉘어져 있고 언어와 시각을 담당하는 뇌는 서로 다른 부위에 있다. 따라서 좌반구와 우반구를 동시에 사용한다면 그 중 하나만 사용하는 것보다 기억 효과가 훨씬 더 증진된다. 사회에서 원만한 인간 관계를 유지하기 위해서 상대방의 얼굴을 인식하는 것은 매우 중요한 일이다. 원숭이를 대상으로 한 실험 결과 얼굴을 기억하는 뇌세포는 측두엽에 있다. 갓난아기는 생후 2주부터 이 영역이 활성화되면서 어머니의 얼굴을 기억한다. 얼굴 기억을 담당하는 세포는 눈에 가장 먼저 반응하고 이어서 코와 입에 반응한다. 전체 감각에서 시각이 차지하는 비중이 80퍼센트나 된다는 점을 감안하면 머릿속에 입력되는 정보들을 시각화하는 요령을 터득해야 한다. 예를 들어 숫자나 단어들을 외울 때 단순히 외우는 것보다는 특정 숫자나 단어를 연상하는 이미지와 함께 외우면 훨씬 쉽게 기억된다. 따라서 추상적인 내용을 그림과 도표를 이용해 이미지화시키는 훈련이 필요하다.

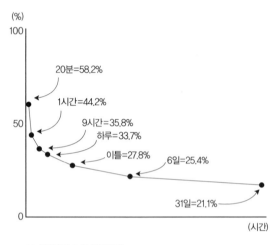

:: 에빙하우스의 망각곡선

다양한 감각을 활용하라

문자와 같은 시각적 내용을 청각이나 운동자극입술이나 혀, 손의 운동 등을 활용해 공감각화하면 기억하기 쉽다. 혼자말로 중얼거리거나 글로 쓰는 것도 한 가지 방법이다. 어떤 특정한 냄새를 맡으면 그 당시의 상황이 기억나는 것은 후각 중추가 단기기억을 조절하는 변연계에 붙어 있기 때문이다. 실험 대상자에게 얼굴이 그려진 사진을 보여주고 몇 분이 지난 후 다른 사진들을 함께 보여주었을 때 90퍼센트 이상의 사람이 정확히 구별해냈다. 이번에는 어떤 냄새를 맡게 하고 똑같은 시간이 지난 후 다른 냄새를 맡게 하자 70퍼센트 이상이 구별할 수 있었다.

이것은 시각 정보가 후각 정보보다 짧은 시간 내에 기억될 수 있음을 뜻한다. 그런데 오랜 시간이 지나면 사정이 달라진다. 3개월 후 똑같은 실험을 했을 때 시각 정보에 대한 기억은 60퍼센트로 떨어졌다. 반면 후각 정보에 대한 기억은 거의 변하지 않는 것으로 나타났다. 이와 같은 사실은 마르셀 프루스트의 『잃어버린 시간을 찾아서』에 나오는 홍차에 적신 과자 냄새에 의해 어린 시절의 기억이 되살아나는 얘기를 통해 확인할 수 있다.

한 번에 한 가지 정보만을 입력하라

컴퓨터의 메모리가 한정되어 있는 것처럼 우리 뇌의 기억력도 어느 정도 용량이 한정되어 있다. 특히 작업기억의 용량이 한정되어 있기 때문에 쓸데없는 정보를 입력하지 않는 것도 필요한 것을 기억하는 데 도움이 될 수 있다. 예를 들어 어떤 사람은 기억력 증진을 위해 전화번호를 100개 이상 외우기도 하는데, 이러한 방법은 기억력을 증진시키기보다는 오히려 기억 장소를 차지하기 때문에 정작 필요한 정보들을 기억하는데 방해가 될 수도 있다.

일반적으로 한꺼번에 많은 정보를 입력하면 뇌세포의 네트워크에서 교통혼잡 현상이 일어나 견고하게 저장되지 않는다. 뇌세포는 일정한 양 이상의 지속적인 자극을 받으면 더 이상 반응하지 않는 때가 있다. 이러한 현상은 뇌세포가 피로해져서 기능이 떨어진 때문이다. 뇌의 피로를 줄이고 기억력을 유지하기 위해서는 적절한 휴식을 취하는 것이 좋다. 이때는 억지로 많은 것을 기억하려 하지 말고 적당히 저장하는 것도 기억력을 좋게 하는 방법이다.

먼저 이해한 다음 기억하라

논술처럼 이해를 동반하는 지식을 기억하기 위해서는 단순 암기 때보다 더 많은 신경세포들이 활성화되어야 한다. 이 과정에서 뉴런은 더욱 두꺼워지고 네트워크는 조밀하게 연결된다. 이렇게 이해하면서 기억한 지식은 장기기억으로 저장되어 단순히 암기한 것보다 더 오래 간다. 또한 뇌에서 정보를 처리하는 속도가 너무 빠르면 뇌가 소화를 못해 오랫동안 기억하지 못한다. 속독을 통해 책을 읽으면 그 내용이 오래 기억되지 않거나 재미있는 영화를 보고 난 뒤 돌아서면 쉽게 잊어버리는 것도 뇌가 적극적으로 이해하지 않고 수동적으로 받아들였기 때문이다.

잊어버리기 전에 다시 반복하라

보고 들은 내용이 뇌에 입력될 때는 순간적으로 신경세포의 회로들이 활성화되는데, 이를 장기기억으로 저장하기 위해서는 다시 같은 정보를 입력하여 뇌를 자극해야 한다. 저장된 정보를 나중에 다시 활용하기 위해서는 사전에 그 정보를 편집, 가공하는 과정이 필요하다. 전체적인 내용을 요약하면 이미 저장된 정보들의 신경세포가 활성화되어 서로 교신을 통해 기억이 강화된다. 이미 저장된 정보를 질문으로 바꾸거나 정보들 사이에 비슷한 점, 다른 점, 새로운 점 등을 비교 검토하면 더 많은 신경세포들이 동원되어 뇌가 발달하게 된다.

지능에 대한 잘못된 속설

머리가 크면 지능이 높을까?

머리가 크거나 무거운 사람이 똑똑하다는 말은 가장 널리 퍼진 속설 중 하나이다. 뇌의 무게는 개인차가 있지만 보통 1,400그램 정도이다. 사람은 다른 동물과 달리 뇌의 무게나 크기에 개인 편차가 거의 없는데도 뇌가 크거나 무거울수록 머리가 좋을 것이라고 생각한다. 하지만 머리가 크다고 반드시 지능이 높은 것은 아니다. 예를 들어 코끼리의 뇌는 사람의 뇌보다 무려 네 배 이상 크지만 간단한 의사소통 밖에 하지 못한다.

아인슈타인의 뇌는 1,230그램으로 오히려 보통 사람보다 가벼웠다. 다만 수학적인 추론을 담당하는 것으로 알려진 두정엽 아래 부분이 일반인에 비해 15퍼센트나 컸고, 두정엽과 측두엽 사이의 실비안 고랑이 훨씬 조밀했다고 한다. 그러나 언어 중추가 있는 측두엽은 보통 사람보다 조금 작은 것으로 나타났다. 이처럼 천재라고 해서 뇌의 기능이 모두 우수한 것은 아니라는 사실을 알 수 있다.

천재는 사고를 연합하는 연상 및 추론 기능, 그리고 한 가지 문제에 대해 끊임없이 추구하는 근면성과 집중력이 누구보다 뛰어나다. 이러한 창조적인 기능들은 주로 전두엽과 두정엽에서 나오는 것으로 알려져 있다. 이 부위를 발달시키기 위해서는 어릴 때부터 퍼즐 게임, 도형 맞추기, 숫자 및 언어에 관련된 입체적, 공간적 사고를 발달시키는 교육이 필요하다. 단순 계산에 의해 바로 답이 나오는 문제는 뇌의 일부 기능만 동원되지만, 원리나 실험, 관찰을 통해 시간이 많이 필요한 문제들을 해결하면 뇌의 많은 부분들이 활성화되어 창의적인 능력이 발달하게 된다.

예쁜 여자는 머리가 나쁠까?

예쁘고 공부 잘하는 여자도 분명 존재하겠지만, '예쁜 여자는 머리가 나쁘다.'는 사회적인 편견 또한 일반화되어 있다. 사람들은 인상이나 외모를 지능과 연관시켜 선입견을 갖는 경우가 많다. 하지만 이러한 인식은 말 그대로 편견이자 선입견이며, 과학적으로 근거가 없는 말이다.

예뻐지기 위해 돈과 시간을 투자하는 여자들이 그렇지 않은 여자들에 비해 상대적으로 공부하는 데 시간을 덜 쓸 것이라는 생각이 낳은 오해라고 할 수 있다. 예쁜 여자와 지능은 아무런 상관관계가 없지만, 뚱뚱한 여자는 머리가 나쁠 확률이 많다.

비만은 혈압과 심장에 좋지 않을 뿐만 아니라 지능도 떨어뜨린다는 연구 결과가 있다. 프랑스 툴르즈대학의 막심 쿠르노는 32~62세 연령층의 성인 남녀 2천2백 명을 대상으로 체중을 측정하고 지능검사를 실시한 후 5년 뒤 같은 조사를 실시했다. 첫 번째 검사에서 체질량지수BMI가 20 이하인 보통 사람들은 어휘 시험에서 단어의 56퍼센트를 기억할 수 있었지만, 체질량지수가 30 이상의 비만인 사람들은 44퍼센트만을 기억하는 것으로 나타났다. 두 번째 검사에서 보통 체중을 가진 사람들은 5년 전과 같은 수준의 기억력을 그대로 유지한 반면, 비만인 사람들은 단어에 대한 기억력이 37.5퍼센트까지 떨어졌다.

여기서 체질량지수는 체중을 신장의 제곱으로 나눈 값으로 18.5~24 이상이면 정상적인 체중으로 간주되고, 25~29 사이는 과체

중, 30 이상이면 비만으로 분류된다. 이와 같은 결과는 지방에서 분비되는 호르몬이 뇌세포를 파괴하여 뇌 기능의 저하를 가져오는 것으로 나타났다.

모유를 먹은 아이는 똑똑할까?

2006년 세계보건기구WHO는 사상 처음으로 모유 수유와 관련해 신생아의 성장을 생물학적인 측면에서 해석하는 새로운 국제 기준을 설정했으며, 모유 수유의 유익함을 입증하는 과학적 근거들을 지속적으로 제시하고 있다. 미국 소아과학술협회에 따르면, 모유를 수유하는 신생아는 호흡기 및 위장 감염 등의 질환에 걸릴 가능성이 적고 성장 후에도 천식, 당뇨, 백혈병 같은 만성 질환에 걸릴 가능성이 낮다는 연구결과들이 있다. 또한 모유를 먹은 갓난아기들은 분유를 먹는 아기들에 비해서 성장 후 높은 지능 점수를 보인다는 연구 결과도 있다.

최근 덴마크 역학센터와 미국 킨제이 연구소에서 발표한 보고서에 의하면, 출생 후 7~9개월 정도 모유를 먹고 자란 아기들은 출생 후 채 1개월도 모유를 먹지 못한 아기들보다 성장 후 지능지수가 평균 약 6점이 높은 것으로 나타났다. 심지어 지능지수는 젖 먹는 기간에 비례해서 높아진다는 연구 결과도 있다.

모유를 먹은 아이가 분유를 먹은 아이보다 더 똑똑하다는 통념은 과학적인 근거가 약하다는 주장도 있다. 영국 글래스고 의학연구소의 지오프 데어 박사는 모유 수유와 지능은 직접적인 연관성을 갖고 있지 않다는 결과를 발표했다. 데어 박사는 미국에 사는 3천명 이상의 여성이 낳은 아이 5천475명을 대상으로 모유 수유와 지능 사이의 연관성을 조사했다. 조사 결과 전체적으로 모유를 먹은 아이가 분유를 먹은 아이보다 지능이 높은 것으로 나타났다. 하지만 연구팀이 어머니의 지능, 가정 환경, 사회·경제적 위상을 감안하여 분석했더니 모유의 긍정적인 효과는 사라졌다.

다른 요인들을 모두 고려하더라도 모유를 먹는 아이는 분유를 먹는 아이보다 단지 0.5 포인트 정도 지능이 더 높은 것으로 나타났다. 연구팀에 의하면 이 정도의 수치는 통계상 아무런 의미가 없다고 한다. 또 형제 중에서 모유로 자란 아이와 분유로 자란 아이 사이에도 아무런 차이가 없는 것으로 나타났다. 연구팀은 모유를 먹는 아이가 분유를 먹는 아이보다 머리가 좋다면, 그것은 엄마의 지능이 더 뛰어나기 때문이라고 주장했다.

아이는 엄마 머리를 닮을까?

천재의 유전자는 어머니에게서 오는 것일까? '아들의 지능은 어머니가 물려준다.'는 속설 때문에 어머니들은 종종 난처한 입장에 빠지곤 한다. 아들 머리가 나쁜 것은 엄마 책임이라는 편견 때문이다. 지능이 유전의 결과인지, 환경의 산물인지에 대해서는 아직 의견이 분분하지만 일반적으로 유전과 환경에 모두 영향을 받는다고 알려져 있다.

지능이 유전된다는 속설은 19세기 말부터 거론되어 왔지만, 그것을 확실하게 뒷받침하는 결정적인 단서는 없다. 이러한 속설은 아마도 지능이 높은 가계가 많이 알려져 왔기 때문이 아닌가 싶다. 다만 알츠하이머병이나 정신 질환이 집안 내력인 것처럼 개인의 지능도 어느 정도 유전적으로 결정되는 측면이 강하다. 하지만 지능은 인간이 살아가면서 배우고 습득하는 과정에서 발현되기 때문에 유전으로만 획득될 수 있는 형질이 아니다.

과학자들에 의하면 개인차에 따라 다르지만 30대 초반까지도 계속 지능이 높아질 수 있다고 한다. 한편 어머니의 나이가 어려야 자녀의 IQ가 높다는 속설도 있다. 하지만 연구에 의하면 오히려 어머니의 나이가 많을수록 아이의 IQ, 특히 언어추론 능력이 높다고 한다. 30~34세의 어머니에게서 태어난 아이를 기준으로 할 때 22~24세의 어머니를 둔 아이의 IQ는 평균 3점이 낮고, 10대 어머니를 둔 아이의 IQ는 평균 8점이 낮았다.

컴퓨터는 인간보다 똑똑할까?

특정 영역에서는 컴퓨터가 인간보다 더 놀라운 능력을 발휘하기도 한다. 컴퓨터와 인간의 자존심이 걸린 머리싸움은 지난 1996년부터 네 차례에 걸쳐 벌어졌다. 1996년 IBM은 딥 블루Deep Blue를 개발, 세계 체스 챔피언인 러시아의 게리 카스파로프와 대결시켰다. 결과는 카스파로프의 낙승으로 끝났다. 하지만 다음해 성능이 향상된 딥 블루는 인간을 꺾고 세계 체스 챔피언에 올랐다.

5년 뒤인 2002년 카스파로프의 제자 크램닉은 딥 블루보다 성능이 향상된 '딥 주니어'와 대결했으나 무승부를 기록했다. 또한 최근 딥 블루에 패배했던 카스파로프가 딥 주니어와 대결해서 무승부를 기록했다. 결국 인간과 컴퓨터의 대결은 아직 승부가 나지 않은 셈이다.

최근 인공지능을 연구하는 학자들은 체스에 이어 바둑 프로그램을 만드는 데 관심을 모으고 있다. 바둑에는 학습과 의사결정 방식, 전략적 사고, 지식 표현, 패턴 인식, 직관 등 인공지능 연구의 핵심적인 과제들이 모두 관련되어 있기 때문이다.

뇌를 어떻게 **활용**할까

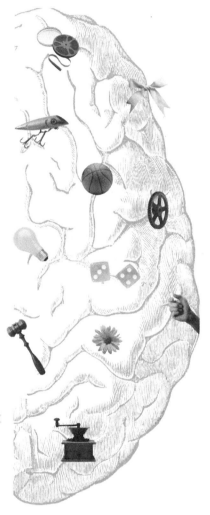

우리는 왜 잠을 자야 할까

낮이 있으면 밤이 있고, 여름이 있으면 겨울이 있는 것처럼 생명체를 비롯한 모든 자연 현상에는 일정한 주기와 리듬이 있다. 우리가 하루 세 끼 식사를 하는 것도 리듬이고, 몸 안의 찌꺼기를 배출하기 위해 화장실에 가는 것도 리듬이다. 그 중에서 가장 중요하고 다른 것들에 큰 영향을 미치는 것이 바로 수면 리듬이다. 우리를 잠들게 하는 것은 그리스 신화에 나오는 잠의 신 히프노스가 아니라 인체의 두 가지 요소 때문이다. 먼저 일주기─週期 리듬은 시간에 따라 잠들려는 경향이 커지고 작아지는 것을 말한다. 보통 가장 졸리는 시간은 새벽 2~3시경과 오후 3~4시경으로 사람에 따라 약간씩 차이가 있다. 또 다른 요소는 항상성homeostasis 리듬으로 생물체가 최적의 생존 조건을 갖추면서 안정성을 유지하려는 자율조절 과정이다.

에디슨이 전구를 발명했던 불과 100년 전만 하더라도 우리는 해가 뜨면 일어나고 해가 지면 자는, 낮과 밤의 자연 주기에 맞춰 생활했다.

이제 우리는 밤 11~12시 정도에 잠이 들어 새벽 6~7시에 일어난다. 하지만 이보다 2시간 정도 빨리 자고 일어나는 종달새형아침형이 있는 가 하면, 새벽 2~3시에 자고 오전 9~10시에 일어나는 올빼미형저녁 형의 수면 습관을 가진 사람도 있다. 아침형이냐 저녁형이냐의 여부는 유전적, 환경적 요인에 따라 달라진다. 연구에 따르면 유전적 요인이 큰 것으로 나타나는데, 저녁형보다는 아침형 인간이 많은 편이다.

우리가 잠드는 시간을 마음대로 조절하기는 힘들다. 하지만 잠자리 에서 일어나는 시간을 조절할 수는 있다. 일정한 시간에 일어나는 습 관을 들이면 자연스럽게 일정한 시간에 잠들 수 있게 된다. 대부분의 불면증 환자는 수면 리듬이 흐트러진 사람이다. 의사가 이들에게 권하 는 처방은 약물 외에 일정한 시간에 일어나도록 충고하는 것뿐이다. 그 다음으로 중요한 것이 일정한 시간에 세 끼 식사를 하고 역시 일정 한 시간에 햇빛을 보는 생활을 유지하는 것이다.

우리 몸 밖에서는 쉴 새 없이 세균과 바이러스가 침입하고 몸 안에 서는 암세포가 만들어지고 있다. 우리가 쉽게 병에 걸리지 않는 이유 는 면역 체계가 잘 작동하기 때문이다. 그런데 면역 기능을 유지하고 향상시키는데 필수적인 것이 바로 수면이다. 연구에 의하면 세균에 감 염된 토끼를 대상으로 충분히 잠을 재운 경우와 그렇지 않은 경우, 혈 액 속의 이물질이나 항체를 형성하는 백혈구의 일종인 림프구 숫자에 서 많은 차이가 나타났다. 또한 오랫동안 잠을 재우지 않은 쥐를 부검 한 결과, 장 속의 세균이 증식하여 몸 안으로 침투하는 것으로 나타났 다. 장기간 교대근무한 간호사들의 경우, 면역력이 떨어져 유방암에 걸리는 비율이 높다는 연구 결과도 있다.

미국 하버드대학의 연구팀은 24명의 학생에게 어떤 영상을 보여준 다음, 당일 수면을 취한 그룹과 그렇지 않은 그룹으로 나누었다. 그리고 2, 3일째는 양쪽 모두 수면을 취하게 한 뒤 4일째에 기억력 검사를 하자, 첫날 수면을 취한 그룹이 더 좋은 성적을 올렸다. 또한 잠을 잔 시간이 적은 그룹일수록 성적이 나빴다. 수면은 단지 뇌를 쉬게 할뿐 아니라 새로운 정보를 정리하고 기억하는 역할을 한다. 시험 전날 밤새워 공부하는 것보다 어느 정도 잠을 자는 것이 기억력 향상에 도움이 된다.

막 잠이 들려는데 바로 옆에서 코를 곤다면 좀처럼 잠을 이루기 힘들어진다. 조사에 의하면 성인 가운데 50퍼센트가 가끔 코를 골고 25퍼센트는 규칙적으로 코를 곤다고 한다. 코를 고는 현상은 입 속 끝에서 공기의 흐름이 막힐 때 나타난다. 이러한 소리는 85데시벨 정도로 지하철이 지나갈 때 나는 소리와 비슷하다. 계속될 경우 청력에 손상을 줄 수도 있지만, 코를 곤다고 해서 모두 수면무호흡증 환자라고 볼 수는 없다.

수면무호흡증이란 잠을 자는 동안 한 번에 10초 이상 숨이 멈추는 것을 말한다. 장애물이 기도 부분의 통로를 완전히 막아 공기의 흐름을 막으면 수면무호흡 상태가 될 수 있다. 나이가 들수록 목 뒷부분의 조직이 느슨해지고 편도선 부위에 지방이 붙어 부어오르면서 기도를 좁아지게 만든다.

시도 때도 없이 밤마다 찾아오는 불면증은 괴로운 증세지만 신체적으로 위험한 것은 아니다. 수면무호흡증도 그 자체로 심각한 병은 아니지만, 뇌에 산소가 제대로 도달되지 않아 깊은 잠을 이룰 수 없게 된다. 수면무호흡증은 밤에 깊은 잠을 자지 못하기 때문에 몸에 쌓인 피로를 씻어주지 못한다. 또한 낮에 집중력이 떨어지고 만성 두통을 일으키기도 하며 고혈압, 심장병 같은 심각한 질환을 유발할 수 있다.

깨어있는 시간을 효율적으로 활용하기 위해서는 잠을 잘 자야 한다. 잠자는 동안 우리 뇌는 낮에 받아들인 정보를 처리하고 장기기억으로 변환시킨다. 복잡하고 어려운 문제에 당면했을 때 잠자고 난 후 해결 방법이 떠오르는 것은 결코 우연이 아니다. 잠을 설치고 난 다음 날은 하루 종일 피곤하다. 잠이 부족하면 뇌에서 즐거움을 선사하는 세로토닌의 분비량이 줄어든다. 그런 경우 우리는 그것을 보상하기 위해 단 음식이나 커피, 담배 같은 자극성 물질을 많이 섭취하게 된다.

우리는 잠을 많이 자면 뚱뚱해질 것이라고 생각한다. 하지만 잠을 적게 자면 오히려 체중이 늘어나고 잠을 충분히 자면 체중이 줄어든다. 잠을 적게 자는 경우, 수면 시 분비되는 호르몬의 균형이 깨져서 렙틴이 줄어들고 그렐린이 늘어난다.

렙틴은 지방 세포에서 분비되는 호르몬으로 렙틴의 농도가 높다는 것은 몸속에 지방이 많다는 것을 의미한다. 그러면 우리 몸은 지방 섭취를 줄이고 이미 섭취한 영양분을 지방으로 바꾸는 일도 줄일 것이다. 반면 렙틴이 줄어들면 몸속의 지방이 부족하다는 의미로 받아들여 지방이 늘어나게 된다. 그렐린은 식욕을 높이고 체내 지방의 합성을 촉진시킨다. 결국 렙틴 감소와 그렐린 증가는 식욕을 높이고 섭취한 영양분을 지방으로 저장시켜 체중을 증가시킨다.

우리가 잠을 잘 때 몸이 휴식을 취하듯 피부도 휴식을 취하게 된다. 잠을 못 자면 피부가 푸석푸석해지고 거칠어지는 것을 흔히 경험할 수 있다. 잠은 피부의 땀샘이나 피지선의 기능을 감소시켜 피부가 휴식을 취할 수 있는 시간을 제공한다. 또한 뇌에서 멜라토닌을 분비하여 색소 세포의 기능을 떨어뜨려 피부를 하얗게 만들어주기도 한다.

피부의 세포 분열이 가장 활발하게 일어나는 시간은 밤 9시부터 시작해서 새벽 2시경 정점에 이른다고 한다. 반면 오전 5시에서 10시 사이에는 피부의 활동이 가장 낮아진다. 따라서 밤에 잠을 설치거나 밤을 새게 되면 피부가 거칠어지고, 색소 세포의 기능이 활발해져 피부가 칙칙해진다.

잠을 충분히 자지 못하면 어떻게 될까? 잠 안자고 오래 버티기 신기록은 무려 264시간 12분약 11일인데, 그동안 몸에 나타난 다양한 증상들이 기록되었다. 첫날은 눈의 초점을 맞추기 힘들었고, 이틀이 지나니 짜증이 늘면서 말이 느려지고 발음이 불분명해졌다. 4일이 지나자 기억력이 떨어지기 시작하고 환각을 보기도 했다. 또한 심장박동이 불규칙해지고 손발의 떨림이 나타나기 시작했다. 이처럼 장기간 잠을 못자면 생리적 증상을 비롯해 정신적 기능을 마비시키는 것으로 나타났다.

잠을 많이 자면 피부가 좋아질까? 오랫동안 잠을 자면 심장박동이 떨어져서 혈액순환이 느려지게 된다. 이러한 경우 혈액 내의 수분이 빠져나가 부종이 생기기도 하고, 체온이 떨어지면서 땀샘과 피지선의 기능이 감소해 피부가 유분을 배출하지 못하는 지성 상태가 된다.

미국항공우주국NASA의 연구에 따르면, 이른 오후 잠깐 잠을 자면 집중력이 개선되고 일의 효율이 높아지며, 기분도 좋아진다고 한다. 낮잠은 길어야 20분이면 충분하다. 아인슈타인은 자칭 잠꾸러기였는데, 낮잠이 길어지지 않는 기발한 방법을 생각해냈다. 그는 집게손가락과 엄지손가락으로 열쇠 꾸러미를 쥔 채 졸다가 열쇠 꾸러미가 바닥에 떨어지면 잠을 깨곤 했다.

어떻게 하면 단잠을 잘 수 있을까? 불면증 환자의 딜레마는 잠을 자려고 노력하면 할수록 잠이 달아난다는 것이다. 공중에 떠서 날아다니는 깃털을 잡으려고 바람을 일으키면 깃털은 더 멀리 달아난다. 불면증으로 고생하는 사람들은 의식적으로 몸을 피곤하게 만들려고 운동을 하기도 하고 술을 마시기도 한다. 만약 잠을 자기 위해 무언가를 해야 한다면 밤이 아니라 낮에 해야 한다.

대개 불면증 환자들은 충분히 잠을 자지 못하기 때문에 무력감을 호소하며 거의 활동을 하지 않고 심지어 누워서 지내기도 한다. 다소 피곤하더라도 낮에는 눕지 말고, 간단한 일거리라도 만들어 집중하는 습관을 길러야 한다. 뇌를 자극해서 새로운 것을 배우거나 머리를 많이 쓴 날은 깊은 잠을 잘 수 있다.

밝은 태양 아래서 한 시간 정도 산책을 하면 낮 동안 멜라토닌 분비가 완전히 억제된다. 일정한 속도로 20분 이상 걸으면 근육과 말초신경이 우리 뇌를 자극해서 엔돌핀이나 도파민 같은 쾌락 호르몬을 분비하게 만든다. 멜라토닌은 밝은 빛 아래에서는 억제되고 어두울 때 분비된다. 햇볕을 쬐는 동안 억제된 멜라토닌은 그만큼 비축되어 밤에 활발히 분비된다. 햇빛은 천연 수면제인 셈이다.

육류 같은 고단백질 음식을 먹으면 잠이 잘 오지 않는다. 단백질에는 뇌를 각성시키는 '타이로신'이라는 아미노산이 많이 함유되어 있기 때문이다. 한편 탄수화물은 소화과정에서 인슐린을 분비하는데, 인슐린은 잠을 유도하는 물질인 '트립토판'의 활동을 돕는다. 트립토판은 세로토닌과 멜라토닌 같은 수면 유도 물질을 만드는 원료로 사용된다. 잠자기 전에 간단하게 먹을 수 있는 음식으로는 탄수화물과 칼슘을 함유하고 단백질이 약간 들어 있는 아이스크림, 두부, 오트밀, 건포도 등이다. 우유, 콩, 해산물, 달걀, 현미 등도 트립토판을 많이 함유해 수면을 돕는다.

잠을 자려고 술을 마시는 사람들이 있다. 하지만 술은 중추신경계를 억제하기 때문에 잠이 드는 데 도움을 줄지 몰라도 깊은 잠을 자는 데는 방해가 된다. 술을 마시고 잠이 들면 새벽 3, 4시경에 잠이 깨 화장실에 가고 싶어진다. 술이 깨면서 중추신경계에 대한 억제가 풀리기 때문이다. 잠을 푹 자고 싶다면 잠자리에 들기 3시간 전에는 술을 마시지 않는 것이 좋다.

필요 이상의 잠을 자는 것은 피로 회복에 좋지 않다. 신체 리듬이 깨져서 다음 날 아침에 일어나기 힘들다. 주말에 잠을 많이 자면 다음 날 하루 종일 피곤한 '월요병'으로 이어진다. 주말에는 평소 일어나는 시간보다 1∼2시간 더 늦게 일어나는 것이 바람직하다. 낮잠은 10∼20분이 적당하며, 30분 이상 자는 것은 오히려 밤에 잠을 자지 못하게 하는 원인이 될 수 있다.

한여름 밤에 너무 더우면 몸의 열이 쉽게 방출되지 않아 잠을 이루기 어렵다. 잠들기 적합한 온도는 체온보다 낮은 18도에서 20도 사이가 좋다. 주변의 온도가 높으면 말초 혈관이 확장되어 혈액순환 속도가 빨라지면서 몸의 열을 방출시킨다. 반면 주변의 온도가 낮으면 근육을 수축시켜서 열을 발생시킨다. 추운 곳에서 자고 나면 온몸이 두들겨 맞은 것처럼 아픈 것은 체온을 유지하기 위해 근육 수축이 일어났기 때문이다.

잠들기 전에 따뜻한 목욕을 하는 것도 숙면에 도움이 된다. 따뜻한 물속에 몸을 담근 상태로 20분 정도 있으면 우리 몸속 깊은 곳의 온도 _{심부체온}가 상승하게 된다. 목욕을 마치고 밖으로 나오면 몸이 식으면서 심부체온이 떨어지는데, 이때 가장 깊은 잠을 잘 수 있게 된다. 심부체온을 높이려면 약간 빠르게 걷거나 가볍게 뛰는 유산소 운동을 하는 것이 좋다. 유산소 운동을 하면 우리 몸의 신진대사가 활발해지고 열이 발생하면서 심부체온이 올라갔다가 떨어진다. 하지만 잠자리에 들기 직전에 운동을 하면 교감신경이 흥분돼 오히려 잠이 안 온다.

단잠을 위한 10계명

1. 낮에 머리를 많이 써라
2. 태양 아래서 산책하라
3. 저녁에 육류를 피하고 탄수화물을 섭취하라
4. 커피, 녹차, 홍차, 초콜릿, 코코아를 피하라
5. 잠들기 3기간 전부터는 술을 마시지 말라
6. 주말에 필요 이상으로 자지 말라
7. 낮잠은 30분 이상을 넘기지 말라
8. 유산소 운동을 즐겨라
9. 잠들기 전에는 운동을 하지 말라
10. 더운 물로 목욕을 하라

기억력을 좋게 하는 생활습관

　　　　　　　　　　　　　　적당히 휴식을 취하고 적극적으로
스트레스를 푸는 것이 기억력 향상에 중요하다. 충분한 휴식 없이 공
부나 일만 할 경우 뇌에서 스트레스 호르몬이 급격히 늘어나면서 기억
력을 떨어뜨린다. 스트레스 호르몬은 단기기억이 장기기억으로 변환
되는 과정을 방해한다. 심한 정신적 충격이나 과도한 스트레스는 일시
적으로 기억 상실을 일으키기도 한다. 평소에 열심히 공부해도 시험에
대한 스트레스 때문에 몽땅 잊어버리는 것은 바로 이 때문이다.

　우리 몸에서 술의 영향에 가장 민감한 곳은 바로 뇌다. 술을 마시면
일단 기분이 좋아지지만 장기적으로는 여러 가지 악영향을 미친다. 필
름이 끊길 정도의 폭음은 이미 뇌세포에 손상이 갔다는 증거로서 이러
한 일이 자주 반복되면 알코올성 치매에 이르게 된다.

　술을 마시면 '필름이 끊긴다'고 표현하는 단기기억 상실은 의학용
어로 '블랙아웃'이라고 한다. 이러한 현상은 측두엽의 해마 부위에서
기억을 입력하는 과정에서 문제가 생겼기 때문에 일어난다. 알코올의
독소가 직접 뇌세포를 파괴하기 보다는 신경세포 사이의 신호전달 메
커니즘에 이상이 생겨 기억이 나지 않는 것이다. 필름이 끊길 때 뇌의
다른 부분은 정상적으로 작동하기 때문에 다른 사람은 필름이 끊기는
사고를 알아채지 못한다. 뇌에 저장된 정보를 꺼내서 사용하는 데는
이상이 없기 때문에 집에는 무사히 갈 수 있지만, 지난 일은 기억하지
못한다.

　또 과도한 흡연은 니코틴에 의한 신경 독성을 비롯해 혈중 이산화탄
소의 농도 증가, 뇌혈관의 혈류를 막아서 기억력에 나쁜 영향을 미친

다. 영국 런던대학의 마커드 리처즈 박사 연구팀은 40세 이상의 남녀를 대상으로 10년 동안 기억력의 차이를 조사했다. 연구 결과 40대일 때 흡연자와 비흡연자의 기억력에는 별로 차이가 없지만, 나이가 들수록 흡연자는 비흡연자보다 더 빠르게 기억력이 떨어지는 것으로 나타났다.

담배에 들어 있는 니코틴은 폐에 들어가면 곧바로 혈액 속에 흡수되어 뇌에 도달한다. 그 결과 뇌의 신경세포가 활성화되어 머리가 산뜻해진 느낌을 갖는다. 이러한 비정상적인 뇌의 활성화는 5~10분 정도 지나면 사라진다. 그로 인해 니코틴을 다시 찾게 되고 결국 흡연량이 늘어나는 악순환에 빠지게 된다. 담배 연기에는 일산화탄소가 포함되어 있어 혈액 속의 산소량을 감소시킨다. 산소가 충분히 공급되지 않으면 뇌의 기능이 떨어지고 신경세포의 자살로 이어진다.

아침에 식사를 하면 머리가 좋아질까? 일본 규슈대학의 연구팀은 생쥐에게 탄수화물의 일종인 포도당을 투여할 때 학습에 어떤 영향을 미치는지 조사했다. 그 결과 학습하기 전에 혈당 수치를 높이면 학습 효과가 향상된다는 점이 확인됐다. 흥미로운 점은 포도당을 투여하는 시간에 따라 효과가 다르게 나타난다는 것이다. 가장 큰 효과를 보인 시간은 학습하기 2시간 전이었으며 1, 3, 5시간 전에는 효과가 약간 떨어졌다. 연구팀은 식사 시간이 학습이나 기억에 미치는 효과가 사람에게도 비슷하게 나타날 것이라고 추측한다.

우리가 깨어 있든 잠을 자든 뇌세포는 하루 24시간 내내 쉬지 않고 활동한다. 끊임없는 정보가 뇌와 신체 각부에서 전달되고 보내진다. 이러한 모든 일을 해내기 위해 뇌는 산소와 에너지를 필요로 한다. 뇌는 생각하고 느끼고 행동하기 위해 인체 내에 있는 산소의 4분의 1 이상을 소모한다. 또한 집중력은 격렬한 운동에 필요한 만큼의 산소와 에너지를 소모시킨다.

뇌에 필요한 산소를 공급해주기 위해서는 적당한 운동이 필요하다. 운동은 뇌에 공급되는 산소의 양을 30퍼센트 이상 높여준다. 연구 결과에 의하면 뇌에 보내지는 산소량의 증가는 뇌를 더욱 활발하게 만들어주는 것으로 나타났다.

나이에 상관없이 정기적으로 운동하고 좋은 음식을 먹으면 뇌의 크기를 늘릴 수 있다. 미국 솔크 생물학 연구소와 컬럼비아대학의 연구 결과에 따르면, 운동은 일반적인 효과 외에도 유전자에 좋은 영향을 주고 세포의 노화를 늦추는 것으로 나타났다. 또한 새로운 뇌세포의 성장을 촉진시키는 것으로 밝혀졌다. 이것은 우리가 일정한 수의 신경세포를 갖고 태어나며, 나이가 들수록 신경세포가 죽는다는 그 동안의 통설을 뒤집은 것이다.

운동은 평소보다 두 배나 많은 피를 뇌에 공급해준다. 미국 일리노이대학의 연구팀은 단 3개월 동안 일주일에 3시간 정도만 걸으면 상당히 많은 신경세포가 새롭게 생성되어 뇌의 크기가 늘어난다는 연구결과를 발표했다.

뇌를 최대한 활용하는 방법

충분한 수면과 휴식을 취하라

뇌가 적절한 활동을 유지하기 위해서는 휴식이 필요하며 이러한 휴식은 대부분 수면을 통해 이루어진다. 잠을 자는 동안 우리 뇌는 믿을 수 없을 정도로 활발하게 작동한다. 우리는 낮에 학습한 정보를 꿈을 통해 재연한 다음, 정리해서 장기기억으로 전환시킨다. 따라서 충분한 수면을 취할수록 뇌가 제 기능을 발휘할 수 있다. 문제를 해결하기 위해 곰곰이 생각하다 잠든 사람은 그렇지 않은 사람보다 3배 정도 좋은 성과를 거뒀다는 연구 결과도 있다.

캐나다 몬트리올대학의 연구팀에 따르면 어릴 때 수면 장애를 겪은 아동은 커서 뚱뚱하게 될 확률이 높은 것으로 나타났다. 따라서 어린 시절부터 숙면을 취하는 생활습관을 기르는 것이 중요하다. 수면 장애는 우울증 유발에도 영향을 미친다. 미국노스텍사스 대학의 연구팀에 따르면, 특히 청소년기의 불면증은 성인이 돼서 우울증 발병을 2.3배 높이고, 알코올 중독이나 자살 충동을 유발할 위험도 큰 것으로 나타났다.

불면증이 오래 지속되다 보면 우울증이 올 수 있고, 반대로 우울증이 있는 경우 불면증이 나타나 증상을 더욱 악화시킬 수 있다. 또한 충분한 수면을 취하지 못하면 뇌의 창의력도 위축된다. 충분한 수면은 기억들을 통합하고 단기기억을 장기기억으로 전환하는 효과가 있다. 하지만 충분하게 잠을 자지 못하면 뇌의 창의성이 위축된다. 그렇다면 짧은 낮잠은 어떨까? 미국 뉴욕시립대학 윌리엄 피시바인 박사팀에 의하면, 낮잠을 자면 단순 기억력뿐 아니라 배운 사실을 응용하는 창조력까지 증진시키는 것으로 나타났다.

명상, 산책, 음악 감상, 짧은 낮잠 등을 통해 뇌를 쉬게 하자. 복잡한 일상으로부터 잠깐이나마 벗어나서 휴식을 취하는 것은 신체적으로나 정신적으로 윤활유 같은 작용을 한다. 단 10분 정도의 휴식으로도 뇌는 다시 생기를 찾고 스트레스를 날려 보낼 수 있다. 만성적인 스트레스는 일을 하는데 중요한 방해 요소이다. 스트레스에 대한 뇌의 자연스런 반응은 혈관에 아드레날린을 분비하여 신체적인 위협 상태처럼 전투 모드로 만들어준다.

화를 내거나 스트레스를 받으면 코르티솔의 분비를 증가시켜 뇌세포를 파괴하고 학습과 기억력에 중요한 역할을 하는 축색과 수상돌기의 성장과 연결을 방해한다. 어떤 일에 집중하다 무의식적으로 자신의 몸 상태를 인식하게 될 때는 적절한 운동과 명상 등으로 스트레스를 줄여야 한다. 코르티솔은 기억과 감성에 관여하는 뇌의 해마를 손상시켜 기억력을 떨어뜨리고 뇌를 급격하게 노화시켜 치매를 유발한다. 또한 스트레스는 활성산소를 증가시키는데, 활성산소는 뇌세포를 파괴하여 파킨슨씨병, 치매 등을 유발한다.

스트레스나 과로로 인해 두통에 시달리는 사람들은 가끔 '머리가 아프다'고 하는데, 엄밀히 말해서 이는 틀린 말이다. 뇌는 통승 수용체가 없기 때문에 아픔을 느끼지 못한다. 머리가 아픈 것은 뇌 바깥쪽에 있는 근육 및 혈관의 수축과 팽창 때문이다. 뇌에서 통증을 느끼는 것이 아니라 실제로는 뇌의 바깥쪽, 안면근육, 목 등에서 온다. 스트레스를 많이 받는다고 모든 사람이 병에 걸리는 것은 아니다.

스트레스를 받으면서도 건강을 유지하는 사람들은 골치 아픈 문제들에 대해 느긋하고 여유 있는 자세를 갖고 있다. 건강한 삶의 자세는 스트레스를 받는다는 사실 자체가 중요한 것이 아니라 스트레스를 받을 때 얼마나 활력 있게 대처하느냐는 것이다.

정기적으로 운동하라

우리 뇌는 생존을 위해서 뿐만 아니라 모험과 호기심을 가지고 끊임없이 움직이며 진화했다. 규칙적인 운동은 뇌에 산소 공급을 원활하게 해주고 뉴런의 성장과 연결을 촉진시킨다. 특히 운동 중에서도 달리기는 체력과 정신 건강에 좋고 뇌가 활성화된다는 연구 결과가 있다.

미국 캘리포니아대학의 칼 코트만 교수팀은 쥐를 대상으로 운동과 기억의 연관성을 조사했다. 매일 달리기와 같은 유산소 운동을 한 쥐와 그렇지 않은 쥐의 뇌를 조사한 결과, 달리기를 한 쥐의 해마가 훨씬 발달해 있다는 사실을 밝혀냈다. 해마는 학습과 기억을 담당하는 뇌 부위로, 달리기를 하면 기억력 증진과 학습능력 향상에 도움이 된다.

유산소 운동은 혈액순환을 원활하게 하여 뇌로 가는 산소와 영양공급을 증진시켜 뇌세포를 보호하는 효과가 있고 스트레스를 줄여주므로 일석이조의 효과가 있다. 조깅이나 속보 등의 유산소 운동을 꾸준히 한 사람이 그렇지 않은 사람들보다 기억력이 더 좋은 것으로 나타났다. 유산소 운동은 기억력이나 인지기능 같은 뇌의 기능만을 좋게 유지하는 것이 아니라, 뇌 조직의 손상을 막아준다는 연구 결과도 있다. 또한 노인들이 적당히 운동을 하면 집중력이 높아지고 창조력과 문제해결 능력이 좋아진다고 한다.

미국 일리노이대학의 처칠 교수팀은 운동과 뇌의 인지기능 사이의 관계를 연구했는데, 운동은 뇌혈류를 개선시켜서 뇌세포의 사망 속도를 늦추며 인지기능을 개선시킨다는 결과를 얻었다. 또 다른 연구에 의하면, 운동이 인체의 노화를 지연시킨다고 한다. 정상적인 생활을 할 경우 뇌의 무게는 1년에 1그램씩 감소하고 뇌세포는 하루에 10만 개씩 퇴화된다. 그런데 규칙적인 운동을 하는 사람의 경우 뇌의 무게는 1년에 0.5그램, 뇌세포는 하루 5만개씩 감소한다는 결과를 얻었다. 우리는 진시황처럼 불로장생의 헛된 꿈을 쫓을 것이 아니라 운동을 통해 뇌를 젊게 만들어야 한다.

충분한 영양을 섭취하라

뇌는 체중의 약 2퍼센트밖에 차지하지 않지만 신체가 사용하는 에너지의 20퍼센트 이상을 사용한다. 뇌가 제대로 작동하기 위해서는 충분한 영양공급이 무엇보다 중요하며, 그 중 뇌가 가장 필요로 하는 에너지원인 포도당이 중요하다. 따라서 식사를 거르지 말아야 한다. 대부분의 사람들이 뇌의 활동을 가장 왕성하게 하는 시간이 오전이므로 아침식사는 절대 거르지 말아야 한다.

뇌의 노화방지를 위한 식생활에서 가장 중요한 것은 활성산소의 공격으로부터 뇌를 보호하는 항산화 성분이 풍부한 음식을 먹는 것이다. 항산화 성분이 풍부한 음식으로는 각종 비타민과 미네랄이 풍부한 야채와 과일이 해당된다. 엽산을 많이 먹는 것도 기억력 증진에 도움이 되는데 콩이나 푸른 채소에 많이 함유되어 있다.

비타민 B1, B2, B12, 비타민 E 등의 비타민과 셀레늄 같은 미네랄,

유리아미노산, 레시틴, DHA 등이 모두 뇌의 기능을 향상시키고 노화를 방지하는데 도움이 된다. 특히 콩에 함유된 레시틴이라는 물질은 뇌에서 아세틸콜린의 감소를 막아준다. 알츠하이머 치매 환자의 뇌에는 아세틸콜린이 감소되어 있으므로 콩은 뇌의 노화방지에도 효과가 있다.

생선은 양질의 단백질이 풍부하며, 콜레스테롤 수치를 낮추고 혈전 예방 효과가 있는 EPA와 지능 개발과 치매에 좋은 DHA를 함유하고 있어 뇌기능을 좋게 하고 뇌의 노화를 방지하는 데 특별한 효력을 발휘한다. 반면 기름진 음식은 혈관을 노화시켜 혈액순환을 방해하고 뇌세포로 가는 산소와 영양 공급을 가로막아 뇌의 노화를 촉진시킨다.

끊임없이 생각하고 탐구하라

평범한 직장인의 하루를 생각해보자. 그는 정해진 시간에 일어나서 정해진 시간에 출근하고 비슷한 업무를 한 다음, 정해진 시간에 퇴근한다. 퇴근 이후의 시간에도 대부분 아는 사람이나 친구를 만나서 비슷한 대화를 나눈다. 집에 돌아올 때도 항상 같은 버스나 지하철을 이용한다. 이러한 생활을 오랫동안 반복하다 보면 특별히 뇌를 사용할 일이 없을 것이다. 뇌를 자극하기 위해서는 가끔씩 다른 길을 걷거나 다른 음식을 먹는 등 주위 환경을 변화시켜야 한다. 평소 하던 방식에서 벗어나 뇌에 새로운 자극을 주는 것이 머리가 좋아지는 비결이다.

변화를 추구하는 사람들의 뇌와 그렇지 않은 사람들의 뇌는 신경세포의 연결 구조가 다르다. 독일 본대학의 연구팀은 새로운 경험을 즐기는 사람들은 뇌의 기억 중추와 보상 중추가 새로운 것을 싫어하는 사람들에 비해 보다 강력하게 연결되어 있는 것을 발견했다. 생활양식의 변화를 적극적으로 추구하는 사람들은 새로운 기억과 오래된 기억을 저장하고 되살리는 뇌의 해마와 쾌락을 추구하는 보상 중추가 잘 연결되어 있는 것으로 나타났다.

우리는 요람에서 무덤까지 타고난 호기심을 가진 탐험가다. 우리는 모든 일에 대해 미래에 대한 예측과 수많은 가능성을 가진 현재를 관찰해서 자기만의 독특한 방식으로 실행을 통해 결론을 이끌어낸다. 뇌에 대한 과거의 연구는 우리가 평생 사용할 뇌세포를 처음부터 가지고 태어난다고 생각했다. 하지만 최근 연구에 의하면 나이에 상관없이 새로운 신경세포들이 끊임없이 생성되고 퇴화된다.

과학자들은 뇌의 기능을 잘 이해하지 못해 개인뿐 아니라 기업들이 상당한 사회적 손실을 감수하고 있다고 지적한다. 어떤 연구에 의하면 미국에서 직원들의 스트레스로 매년 기업이 입는 손실은 약 3천억 달러에 이른다고 한다. 마찬가지로 수면 부족으로 인한 손실 비용도 매년 1천억 달러가 발생한다. 미국항공우주국 NASA은 26분의 낮잠이 조종사의 직무 능력을 34퍼센트나 향상시킨다는 사실을 밝혀냈다.

무엇보다 중요한 것은 일, 자원봉사, 독서, 낱말 맞추기 등 지적 활동을 게을리 하지 않으면서 새로운 언어, 컴퓨터 등을 배우는 것이다. 뇌 회전이 많이 필요한 바둑이나 카드게임, 문제해결 방식의 컴퓨터 게임도 뇌의 노화를 방지하는데 도움을 줄 수 있다. 이러한 것들은 정신적인 운동으로 '뇌 조깅'이라고 부르기도 한다. 항상 새로운 것을 배우고 공부하려는 자세와 삶에 대한 열정과 목적의식이 뇌의 노화를 막는 최선의 방법이다.

오감을 자극하라

뇌는 외부로부터 오는 감각 자극을 받아들여 반응하는 과정에서 발달하기 때문에 오감을 자주 사용하면 뇌가 활발해진다. 아름다운 음악을 듣고, 좋은 그림이나 경치를 감상하고, 맛있는 음식을 먹고, 좋은 냄새나 향기를 맡고, 사랑하는 사람의 손을 만지는 것만으로도 뇌는 활성화되고 노화가 방지된다. 또한 오감은 각자 독립적으로 활동하는 것이 아니라 서로 협동하는 체계를 통해 다른 생물종들과는 달리 가장 진보된 문화를 발전시켜 왔다.

오감은 효율적인 사고를 위한 촉매제로서 우리가 학습에 더 많은 감각을 동원하면 할수록 더 많이 기억할 수 있다는 점이다. 그중에서 시각은 가장 강력하고 중요한 감각이다. 학습에 시각적인 효과를 이용하면 55퍼센트나 더 많은 정보를 기억할 수 있다는 연구가 있다. 우리는 본 것의 90퍼센트를 기억하는 반면, 읽은 것은 약 10퍼센트만을 기억한다. 예를 들어 책이나 문서에 그림이 포함되어 있다면 기억력은 65퍼센트 이상 향상된다. 따라서 책을 읽을 때 항상 시각적인 연상을 활용하는 습관을 들이되 소리를 내면서 읽으면 더욱 효과적이다.

글을 쓰거나 그림을 그리는 것과 같은 창작 활동은 인간이 하는 일 중에서 가장 고차원적인 작업으로, 이 때 뇌가 가장 많이 활성화된다. 화가나 음악가들이 치매에 잘 걸리지 않는 것도 오감의 자극과 창작 활동이 뇌를 활성화시키기 때문이다. 가장 간단히 할 수 있는 창작 활동은 일기를 쓰는 것이다. 나이가 들어 자신의 인생을 되돌아보는 자서전을 써 보는 것도 기억력을 좋게 하고 뇌를 활성화시키는데 도움이 될 것이다.

흔히 손을 제2의 뇌라고 부르는데, 대뇌 운동중추의 30퍼센트 정도를 손이 차지하는 것을 보아도 손과 뇌는 밀접한 연관이 있다는 것을 알 수 있다. 아동발달 학자들은 활발한 손 운동이 아이들의 창의력 발달과 뇌 발달에 도움이 된다고 주장하며, 부모들이 아이들에게 젓가락 사용, 피아노 연주, 손으로 하는 놀이 등을 시킬 것을 권장하기도 한다. 이것은 어른들에게도 마찬가지로 적용될 수 있으며, 손가락 운동이 치매를 예방하는 효과가 있다는 연구 결과도 있다.

손 운동을 통해 신경세포에 자극을 주면 신경세포들 사이에 새로운 시냅스 회로가 생기고 연결이 점차 조밀해져 뇌의 기능을 향상시킬 수 있다. 한 가지 주의할 점은 반복적이고 의미 없는 손 움직임은 별로 도움이 되지 않는다는 것이다. 즉, 악기를 배우는 등 익숙하지 않은 손놀림으로 새로운 것을 배울 때 뇌가 많이 자극되므로 매일 익숙한 손놀림만 하지 말고 손을 많이 사용하는 새로운 일에 도전해야 한다.

일반적으로 오른손잡이는 좌뇌가 발달해 있고 왼손잡이는 우뇌가 발달해 있다. 평소 잘 쓰지 않는 쪽의 몸을 움직이면 발달이 덜된 뇌가 자극이 되어 뇌의 기능이 향상될 수 있다. 오른손잡이라면 일상생활에서 왼손을 많이 사용해 보자. 뒤로 걷기, 옆으로 걷기 등 평소 하지 않던 운동을 하는 것도 사용하지 않던 뇌의 영역을 활성화시키는 좋은 방법이다. 매일 습관적으로 반복되던 일상을 탈피해서 새로운 방법을 찾아보는 것도 뇌에 자극을 줄 수 있다.

사람들과 좋은 관계를 맺어라

인간은 본능적으로 이기적인 유전자를 가진 개인적 동물인가 아니면 이타적인 유전자를 가진 사회적 동물인가? 이 문제는 오랜 세월 동안 동서양을 막론하고 수많은 철학자들과 사상가들이 인간의 본질을 탐구하기 위한 중요한 이정표가 되어 왔다.

『이기적 유전자』의 저자인 영국 옥스퍼드대학의 리처드 도킨스는 인간이 "유전자에 미리 프로그램된 대로 먹고 살고 사랑하면서 자신의 유전자를 후대에 전달하는 임무를 수행하는 존재"라고 말했다. 인간을 포함한 모든 생명체는 DNA 또는 유전자에 의해 창조된 기계에 불과하며, 그 기계의 목적은 자신을 창조한 주인인 유전자를 보존하는 것이라고 한다. 따라서 자기와 비슷한 유전자를 조금이라도 많이 지닌 생명체를 도와 유전자를 후세에 남기려는 이타적 행동도 바로 이기적 유전자에서 비롯된 것이다. 마찬가지로 인간을 포함한 생명체가 다른 생명체를 돕는 이타적 행동도 크게 볼 때 자신과 공통된 유전자를 남기기 위한 행동일 뿐이다.

생존이 본질적으로 경쟁적인 투쟁이라면 그토록 많은 협동이 존재하는 이유는 무엇일까? 인간 사회의 뿌리는 단순히 다윈의 자연선택에 의한 생물학적 진화와는 달리 인간 본성의 훨씬 깊은 곳에 자리잡고 있다. 협동 사회는 이성이 고안한 것이 아니며 인간 본성의 일부로서 진화되어 왔다. 사회는 인체와 마찬가지로 유전자의 진화적 산물로서 인간은 좀더 많은 것을 획득하기 위해 협동과 호혜주의를 통해 사회적으로 진화해왔다. 이것은 사회적으로 좋은 관계를 맺고 유연한 태도를 지니면 뇌도 변한다는 사실을 통해 알 수 있다.

우리는 뇌를 효과적으로 활용하면서 사람들 사이에서 물리적 강제력을 동원하지 않고 현명하게 살아가는 방법을 터득해 왔다. 뇌에 대해 수많은 연구들은 우리가 새로운 것을 학습할 때마다 뇌세포가 생성되고 뉴런들 간의 연결이 더욱 강화된다는 것을 알려주고 있다. 더욱 놀라운 사실은, 이러한 회로가 사람들마다 모두 다르다는 점이다. 따라서 우리가 성공하기 위해서는 이러한 뇌 회로의 법칙에 따라 사람들과 잘 어울리고 협력하는 동시에 세상을 다르게 바라보는 다양성과 유연성을 길러야 한다.

행복 유전자는 타고나는 걸까

우리가 기분 좋게 느낄 때 몸의 근육은 이완되고 부드러워진다. 맥박은 평소보다 좀더 빨리 뛰고 체온 또한 약간 올라가기 때문에 얼굴은 약간 홍조를 띨 것이다. 모든 감정이 그러하듯 행복은 뇌뿐 아니라 육체에서 출발한다. 좋은 감정은 뇌가 심장과 피부, 근육이 보내는 신호를 제대로 해석할 때 발생한다.

우리가 원하는 대로 행복을 느낄 수 없는 것은 감정이 육체와 연결되어 있기 때문이다. 우리가 즐거운 때를 회상하면 행복의 순간은 마음에서 비롯되는 것처럼 보인다. 하지만 생각과 기억만으로는 그 어떤 감정도 느낄 수 없다. 그것들이 육체적 신호와 결합될 때 비로소 우리는 기쁨을 느낄 수 있는 것이다. 우리는 만족을 행복으로 착각하는 경우가 많다. 그렇다면 그 둘 사이의 차이는 무엇일까?

행복은 우리가 무언가를 경험하는 바로 그 순간 체험된다. 그에 반해 만족이란 그러한 행복의 느낌을 머릿속에 간직하는 기억의 잔상이다. 즉 행복은 항상 현재 진행형이며, 만족은 과거를 되돌아보는 시선

속에 존재한다. 우리가 한 편의 영화 속에서 진한 감동을 받는 순간 느끼는 감정은 행복이고, 영화가 끝난 뒤 돌아서며 느끼는 감정은 만족이다.

우리는 일상에서 느낌과 감정을 구분 없이 사용하는 경우가 많다. 하지만 두 가지 개념 사이에는 분명한 차이가 있다. 느낌은 흥에 겨워 반짝이는 눈빛이나 변명이 탄로났을 때 붉어지는 얼굴처럼 특정한 상황에 자동적으로 응답하는 육체적 반응이다. 그리고 이러한 육체적 느낌을 기쁨이나 부끄러움으로 의식하게 될 때 우리는 감정으로 경험한다. 즉 육체적 느낌은 무의식적이고, 정신적 감정은 의식적인 것이다.

먼저 몸의 느낌이 나타난 다음 감정이 생긴다. 마찬가지로 우리의 정신은 단순히 뇌에 기반을 두고 있는 것이 아니라 몸 전체에 기반을 두고 있다. 육체가 없는 존재는 기쁨도 슬픔도 느낄 수 없는 것처럼, 행복의 감정은 육체적 느낌과 머릿속 신경이 동시에 반응했을 때 비로소 나타난다.

행복과 불행은 공존할 수 있을까? 우리는 종종 이중적인 느낌을 체험한다. 예를 들어 당신이 열심히 일한 대가로 월급이 오를 것이라고 기대했다고 치자. 그런데 실제로 월급은 당신의 기대만큼 오르지 않았다. 당신은 일에 매진한 노력이 합당하게 평가받지 못했다고 느끼기 때문에 화가 난다. 하지만 동시에 당신은 추가로 받게 된 봉급에 대해 기뻐한다. 이렇게 긍정적인 느낌인 기쁨과 부정적인 느낌의 화가 뒤섞여 있다.

공포영화를 볼 때나 애증 관계의 연인 사이에도 서로 상반되는 감정들이 공존하고 있다. 쾌감과 고통, 행복과 불행은 서로 대립되는 것이 아니라 상이한 감정들에 따라 매우 다양한 방식으로 작동된다. 행복한 뇌와 불행한 뇌를 촬영한 사진을 보면 둘 다 대뇌 아래에 있는 대상회의 앞쪽 오른편이 밝게 빛나고 뒤쪽 왼편은 어둡게 나타난다. 이것은 뇌에서 기쁨과 슬픔을 관장하는 영역이 따로 있는 것이 아니라 여러 부분들이 함께 작용한다는 것을 의미한다.

대뇌피질의 왼쪽과 오른쪽은 서로 임무가 다른 것처럼 보인다. 뇌 사진을 비교해보면 부정적인 감정에선 전두엽 오른쪽이, 긍정적인 감정에선 전두엽 왼쪽이 더 활발하게 작동하는 것으로 나타난다. 이러한 차이는 행복한 상태와 두려운 상태의 뇌 사진을 비교해볼 때, 뇌의 바깥쪽 가장자리에서 극명하게 드러난다. 그것은 마치 뇌의 반쪽은 행복을 위해, 다른 반쪽은 불행을 위해 존재하는 것처럼 보인다. 실제로 뇌출혈로 전두엽 왼쪽이 손상된 환자들은 심각한 우울증 증상을 나타낸다.

오른쪽이 손상된 환자들은 명랑한 행동을 보이고, 심지어 자신들이 환자라는 사실조차 부정한다. 젖먹이들에게 신 레몬즙과 달콤한 음료수를 먹였을 때도 동일한 반응을 보인다. 따라서 좌뇌가 긍정적인 감정의 발생에 기여하고 우뇌가 부정적인 감정에 기여한다는 사실은 우리 유전자에 각인되어 있는 것처럼 보인다.

미국 위스콘신대학의 신경심리학자 리처드 데이비슨은 실험 참가자들의 좌뇌와 우뇌의 정신 상태를 조사했다. 그 결과 전두엽의 왼쪽이 주도적인지 아니면 오른쪽이 주도적인지에 따라 삶에 대응하는 방식이 달라진다는 사실을 밝혀냈다. 데이비슨은 실험 참가자들에게 즐거운 영화 장면들과 두려운 영화 장면들을 보여줄 때 전두엽이 어떻게 반응하는지를 관찰했다. 두려운 장면에서 우뇌가 활성화된 사람들은 좌뇌가 강하게 반응하는 사람들에 비해 더 혐오감과 공포심을 나타냈다. 반면 좌뇌가 더 활동적인 사람들은 즐거운 장면에서 더 많은 기쁨과 웃음을 보였다.

연구에 따르면 우뇌가 더 많이 작동하는 사람들은 좀더 내성적이고 염세적이며 신뢰보다는 불신이 많은 편이었다. 한편 좌뇌가 많이 발달해 있는 사람들은 자긍심이 강하고 낙관적이며 여유 있는 태도를 보이고 다른 사람들과 관계를 맺는 것도 별로 어려워하지 않았다.

뇌의 기질 상태는 정신뿐 아니라 몸의 건강에도 영향을 미친다. 데이비슨은 사람들에게 감기 예방주사를 놓아준 다음, 그에 따른 반응을 조사하여 뇌의 구조가 면역 체계에 미치는 영향을 살펴보았다. 실험 참가자들 중 좌뇌의 활동이 많은 사람일수록 혈액 속의 항체 숫자가 많아졌다. 이것은 좌뇌가 주도적인 사람들의 경우 불쾌한 일들을 잘 처리할 뿐 아니라 신체적인 질병도 잘 이겨낼 수 있음을 뜻한다. 설문 조사의 연구 결과에 따르면 행복한 기질을 갖고 있는 사람과 불행한 기질을 갖고 있는 사람 그리고 중성적인 기질을 갖고 있는 사람의 비율은 각각 3분의 1 정도로 거의 동일한 것으로 나타났다.

유전자가 우리 인격에 영향을 미친다는 사실은 의문의 여지가 없다. 예를 들어 우울증을 앓는 환자들의 직계 가족을 살펴보면 보통 사람들보다 우울증에 걸릴 확률이 4배나 높다. 하지만 유전자는 언제나 동일한 계산만을 반복하는 컴퓨터 회로가 아니다. 오히려 특정한 유전자가 유기체 내에서 발휘하는 기능은 많은 경우 외부 세계와의 상호작용에 따라 달라진다.

외부 세계의 자극은 신체의 다른 어느 곳보다도 뇌와 신경체계에 강력한 영향을 미친다. 캐나다 맥길대학의 신경생물학자 마이클 미니는 새끼 쥐들의 실험을 통해서 유아기의 체험이 어른이 되어 마주치게 되는 어려운 상황에 대처하는 능력에 영향을 미친다는 사실을 밝혀냈다. 어미가 충분히 핥아주고 보살펴준 새끼 쥐들은 그렇지 못한 쥐들에 비해 나중에 스트레스를 훨씬 잘 극복했다. 하지만 인간은 쥐들과 달리 유년기에 체질이 각인되지 않는다.

데이비슨에 의하면 아기 때 뇌파 검사를 한 사람들을 대상으로 10년 후에 다시 관찰했을 때, 어린 시절 나타났던 뇌파의 흔적이 거의 남아 있지 않았다. 어릴 때 좌뇌가 주도적이었던 아이들이 이제 우뇌에서 강한 활동성을 보였으며, 그 반대의 양상을 보이는 아이들도 마찬가지로 많았다. 그동안 겪은 체험이 아이들의 기질을 바꿔놓은 것이다.

어른이 된 후에도 환경은 계속 바뀌므로 뇌는 여전히 유연하게 변할 수 있다. 새로운 경험은 우리의 뇌를 바꾸어 놓기도 하며, 뇌 스스로 유전자가 갖고 있는 프로그램을 변경할 수도 있는 것이다.

우리는 본능적으로 위험을 피하기 위해 공포, 슬픔, 분노 같은 불쾌한 감정에 민감하게 반응한다. 또한 우리는 부정적인 느낌을 긍정적인 느낌보다 더 강렬하게 체험한다. 사람들에게 즐거운 사진과 슬픈 사진들을 보여주었을 때 사람들은 자신도 모르는 사이에 슬픈 사진들에 더 강한 반응을 보인다. 모든 신문에서 나쁜 소식이 기쁜 소식보다 더 큰 머리기사로 처리되는 것도 그 때문이다. 게다가 손실이 주는 고통은 동일한 양의 기쁨보다 더 크게 느껴진다.

부정적인 생각에 초점을 맞추기 쉬운 우리 마음처럼 뇌를 연구하는 심리학과 뇌과학도 정신질환 같은 부정적인 상태에 집중해왔다. 그런데 최근에는 긍정, 행복, 성공이라는 주제에 관심이 모아지고 있다. 긍정적인 감정은 뇌와 몸을 건강하게 할뿐 아니라 보다 도덕적이고 선한 행동을 하려는 욕구를 만들어낸다. 이토록 강력한 힘을 발휘하는 긍정적인 감정은 뇌의 보상체계와 관련이 있다.

배가 고프면 음식을 찾게 되고 식사를 함으로써 뇌는 도파민 같은 행복 호르몬으로 보상을 해준다. 이러한 보상체계 덕분에 동기의식이 만들어지고 목표를 달성할 수 있게 된다. 즉 성공하면 할수록 그만큼 만족과 행복을 느끼고 다음번에는 좀더 쉽게 성공할 수 있는 것이다.

보상체계는 뇌의 어느 한 부분이 처리하는 것이 아니라 대뇌피질과 변연계, 뇌간, 호르몬을 비롯한 모든 영역에서 상호경쟁과 협력을 통해 만들어진다. 따라서 성공과 행복의 가치 추구도 뇌의 전반적인 조화와 통합에 의해 이루어질 수 있다.

나이가 들수록 뇌의 기능이 떨어진다고 생각하지만 감정 조절에서는 긍정적인 면들도 존재한다. 미국 일리노이주립대학의 에드 디너는 1에서 10까지 행복감의 수준을 측정했을 때, 8 정도를 기록한 사람들이 9나 10을 기록한 사람들보다 더 성공적이며 교육과 소득 수준이 높다는 것을 발견했다.

무조건적인 행복이나 과도한 행복은 오히려 현재의 모습에 안주하고 미래의 발전을 저해하는 요소로 작용하는 것이다. 행복과 불행 사이에서 부정을 긍정으로 바꾸려고 노력하는 뇌야말로 또 다른 긍정과 성공을 끌어당기는 바람직한 뇌라고 할 수 있다.

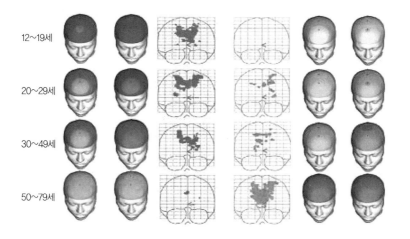

:: 행복과 불행에 대한 뇌의 반응 : 나이가 들수록 긍정적인 감정이 증가하고(왼쪽), 부정적인 감정
이 완화된다(오른쪽).

생체 리듬에 맞춰 생활하라

18세기 초 프랑스의 천문학자 장자크
드 마랑은 창가에 둔 미모사의 잎이 늘 같은 시간에 태양을 향해 열린
다는 것을 발견했다. 호기심이 생긴 마랑은 미모사를 어두운 방안에
갖다 놓았다. 그런데 깜깜한 방안에서도 미모사는 아침마다 잎을 열고
저녁에는 잎을 닫았다. 다른 식물들에게서 미모사와 비슷한 생태를 관
찰한 스웨덴의 식물학자 칼 폰 린네는 주기가 다른 12가지 식물을 이
용하여 꽃시계를 만들기도 했다.

유글레나 같은 아주 원시적인 생물도 생물학적 시계를 가지고 있다.
연못에 초록색의 죽 같이 떠다니는 단세포 생물인 유글레나는 10억
년 이상 지구에 서식해왔다. 유글레나는 광합성을 하는 식물의 특성을

지니고 있지만 계통수에서는 동물계의 뿌리 쪽에 위치한다. 그런데 강이 바다로 흘러드는 지점에서 유글레나는 아주 독특한 생태를 보여준다.

썰물 때에는 유글레나가 수면으로 올라와 강을 빛나는 녹색으로 물들인다. 하지만 밀물 때가 되면 깜쪽같이 물밑으로 사라진다. 그리고 물이 빠지면 다시 수면으로 올라와 장관을 연출한다. 그런데 유글레나는 밀물과 썰물이 없는 곳에서도 주기적으로 떠올랐다 가라앉았다를 반복한다. 진흙이 담긴 유리컵에 유글레나를 놓아두면 6시간 주기로 위로 떠올랐다가 밑으로 가라앉는다. 유글레나는 미모사처럼 완전한 어둠 속에서도 규칙적으로 움직이는 생체 시계를 내부에 가지고 있는 것이다.

인체는 약 100조 개의 세포로 구성되어 있다. 각각의 세포는 유글레나만한 크기이고, 놀랍게도 각각의 세포에는 생체 시계가 하나씩 들어 있다. 세포 내의 특정한 유전자들이 단백질 합성을 조절하면서 모래시계처럼 작동한다. 제 아무리 정확한 시계라도 시간을 계속 맞추어주지 않으면 언젠가는 틀리기 마련이다. 고등동물의 경우 간뇌에 있는 시상핵이 시계를 맞추어주는 역할을 한다. 만일 뇌종양 등으로 이 부분에 장애가 생기면 일상생활은 완전히 엉망이 된다. 그래서 아무 때나 먹고, 아무 때나 자고, 아무 때나 깨어난다.

생물학적 시계는 선천적으로 타고나는 것으로 보인다. 사람들마다 약간의 차이가 있지만, 일반적으로 24시간 30분 정도를 주기로 반복된다. 인간의 생체 시계가 두 눈의 시신경이 교차하는 시상핵에 위치하는 것은 우연이 아니다. 아침 햇살이 눈꺼풀을 비추면 시신경의 신호를 받은 시상핵이 이를 감지하는 것이다. 생체 시계는 아침마다 앞쪽으로 당겨지고 저녁이면 다시 뒤쪽으로 늘어난다. 그래서 하루의 길이가 변해도 우리 몸의 휴식시간은 약 8시간 정도로 일정하게 유지된다.

생체 리듬이 24시간 30분 이상인 사람은 자꾸만 늦게 자고 늦게 일어나게 된다. 이러한 사람은 저녁형 인간인 올빼미 체질이다. 하지만 하루 리듬이 24시간 정도인 사람은 일찍 일어난다. 머릿속 시계가 빨리 돌아가므로 아침 해가 뜨자마자, 심지어는 그전에 벌써 쌩쌩해진다. 이러한 사람은 아침형 인간인 종달새 체질이다.

오래 전부터 많은 사람들이 시간과 계절의 변화에 무감각하게 살아가고 있다. 우리 몸의 생체 시계는 미모사처럼 빛을 향하려 하지만, 삶의 터전은 이미 집과 사무실 안쪽의 깊숙한 곳으로 옮겨진 상태이다. 창문을 사이에 두고 집안과 집밖에서 빛의 양은 50배 정도 차이가 난다. 전구가 아무리 밝다고 하지만 창으로 흘러드는 햇빛보다 10배나 약하다. 사무직 근로자들은 생물학적으로 암흑 속에서 사는 것과 마찬가지다. 그 결과 생체 시계가 제 기능을 하지 못하면서 불면증, 능력 저하, 의욕 감퇴 등이 나타난다.

많은 사람들이 생체 리듬의 교란으로 고통받고 있다. 우울증 환자들은 밝은 빛만 쪼여도 증상이 호전된다. 우울증으로 고통받는 환자들에게 일반 전구보다 100배 정도 밝은 특수 램프를 30분~1시간 정도 쪼여주면 탁월한 치료 효과를 볼 수 있다.

생체 시계에 맞춰 생활하는 사람은 훨씬 유쾌한 삶을 즐길 수 있다. 멜라토닌은 기분을 고조시키는 세로토닌과 베타 엔돌핀 같은 다른 호르몬의 분비를 억제하기 때문에 아침에 일어나면 우울증이 가장 심해진다. 아침을 약간 몽롱한 상태로 시작하는 올빼미형은 이메일을 체크

하거나 주변을 정리하는 일로 하루를 시작하는 것이 좋다. 긴급하지 않은 전화 용무는 점심식사 후 약간 나른한 시간에 하는 것이 좋다.

생체 리듬이 최고점에 달하는 시간과 최저점에 달하는 시간 사이에는 업무 능력이 30퍼센트까지 차이가 난다. 업무에 효율이 떨어질 때는 대뇌피질을 자극하고 기분을 좋게 만드는 카페인이 함유된 음료수를 마시면 좋다. 오전에는 논리적인 사고가 정점에 달하므로 복잡하고 창의적인 업무를 처리하고, 오후에는 단조로운 과제를 처리하는 것이 좋다.

12시 정도에는 기분이 최고조에 이른다. 연구에 의하면 이때쯤 베타 엔돌핀과 세로토닌이 분비되어 근육의 긴장이 늘어나면서 그 어느 때보다도 악수를 세게 하는 것으로 나타났다. 또한 운동 감각이 예민해져 시간 감각이 생겨나면서 시간이 다른 때보다 더 빨리 지나가는 것처럼 느껴진다. 또한 실험에 의하면 오후에 입력된 정보가 다른 때보다 더 잘 기억된다는 사실이 밝혀졌다.

저녁 8시경이 되면 간의 기능이 절정에 달한다. 이때 술을 마시면 간은 알코올 분해효소를 분비하여 알코올을 인체에 유해하지 않은 물질로 바꿔준다. 밤보다 낮에 술을 마시면 취기가 오래 가는 이유도 바로 이 때문이다.

우리는 빛을 이용하여 자신의 타고난 유형을 거스를 수 있다. 아침형 인간은 침실에 두꺼운 커튼을 치고 잠으로써 생체 리듬을 이른 아침의 햇빛으로부터 보호할 수 있다. 또한 오후나 초저녁에 햇빛이 잘 드는 곳을 돌아다님으로써 신체의 시간을 늦추어 밤늦게까지 쌩쌩하게 보낼 수 있다.

저녁형 인간은 커튼을 치지 않고 잔다거나 오전에 산책하는 습관을 가지면 생체 리듬을 앞당길 수 있다. 그렇게 며칠을 보내면 아침에 더 생기가 돌게 된다. 하지만 타고난 생체 리듬을 바꾸는 데는 한계가 있다. 우리의 유전자가 생체 시계를 조종하므로 올빼미더러 아침에 생기가 없고 굼뜨다고 비난하는 것은 눈동자가 왜 갈색이냐고 비난하는 것처럼 의미 없는 일이다.

아침잠이 많은 사람들이나 늦게 자고 늦게 일어나는 사람들은 '성공하려면 아침에 일찍 일어나야 한다.' 거나 '집중력을 높여주는 아침 시간을 낭비하지 말라.' 는 이야기를 들으면 자신도 모르게 의기소침해진다. 하지만 아침형과 저녁형의 직업 종류와 성공도를 비교한 결과 특별한 차이가 없었다는 연구 결과가 있다. 당연한 얘기지만 저녁형 인간 중에도 성공한 인물은 많다.

의학적으로 밝혀진 바에 의하면, 자신의 생체 리듬에 맞춘 수면 습관이 몸에도 좋은 것으로 나타났다. 아침형 인간이 성공한다고 해서 억지로 맞추려고 하면 몸이 스트레스를 받는다. 보통 창의적인 일을 하는 사람들은 올빼미형, 활동적인 일을 하는 경우에는 종달새형이 잘 맞는다고 한다. 만약 밤에 늦게 자고 일찍 일어나서 잠이 부족할 경우에는 다음날 10~20분 정도 짧은 낮잠을 즐기는 것만으로도 피로가 회복된다.

수면은 멜라토닌이라는 호르몬과 관계가 있다. 면역력을 높여주는 멜라토닌 호르몬은 주위가 어둡고, 깊은 수면 단계에서 체온이 적당히 내려갈 때 많이 분비된다. 하지만 늦게 자고 늦게 일어나면, 이러한 조건을 맞추기가 어렵다. 따라서 저녁형 수면 습관을 가진 사람은 두꺼운 커튼 등으로 새벽에 햇빛이 들지 않도록 해주면 된다. 어떠한 수면 습관을 가졌든 하루 7~8시간의 수면을 취하는 것이 적당하다.

어린아이는 기상시간이 부모보다 빨라 먼저 일어나는 경우가 많다. 하지만 자라면서 생체 리듬이 계속 늦어지면서 십대가 되면 대개 올빼미족이 되어버린다. 왜 이러한 현상이 일어날까?

청소년들은 대개 밤 11시경에 멜라토닌이 분비되기 때문에 그 이후에야 자고 싶다는 생각을 하게 된다. 이러한 경향은 사춘기, 특히 중학교 때보다는 고등학교 시절에 더욱 강해진다. 십대들은 밤중까지 놀아서 아침에 피곤한 것이 아니라 밤중까지 피곤하지 않아서 늦게까지 노는 것이다. 스무 살이 넘어야 다시 아침형 인간으로 바뀌고, 노인이 되면 아예 새벽형 인간으로 발전한다. 이것은 노화로 인해 멜라토닌 분비가 줄어들면서 벌어지는 현상이다.

미국 브라운대학의 수면과학자 메리 캐스케이던에 따르면, 십대들이 예민하거나 퉁명스러워 보이면 수면량이 충분한지 살펴봐야 한다고 권고한다. 새벽에 일찍 일어나는 학생들은 수업 시간에 제대로 집중을 하지 못하며, 슬픔이나 분노 같은 감정을 잘 조절하지 못한다. 교내 폭력이 증가하는 이유도 이른 아침의 등교 시간에 맞추다보니 신경질적인 반응이 심해져서 자신을 제어하지 못하기 때문이다.

잠을 자는 동안 우리 뇌는 낮 동안에 배운 경험과 지식 중에서 쓸데없는 정보는 지워버리고 중요한 것들을 장기기억으로 넘겨서 다음날 새로운 정보를 받아들일 수 있도록 재충전한다. 따라서 밤을 새워 공부한 후 시험을 보는 것보다 조금이라도 잠을 자고나서 시험을 치를 때 더 높은 점수를 올릴 수 있다.

뇌를 키우는 긍정의 힘

우리가 병에 걸리는 이유는 주로 몸의 건강 상태를 지배하는 정신 때문이다. 질병을 일으키는 병원균이 우리 몸에 들어올 때 병에 걸리느냐 아니냐를 판가름하는 것은 우리 몸의 상태뿐 아니라 생각, 신념, 마음가짐, 정서 상태에 달려 있다. 병에 대해 얼마만큼 저항할 수 있느냐 하는 것은 마음의 대응방식과 그로 인해 생기는 화학작용의 변화에 달려 있다.

기분이나 느낌은 뇌의 시상하부에서 제어하는데, 이곳에서 즐거움과 고통을 통제하는 엔돌핀이나 아드레날린을 분비하라는 신호를 보낸다. 삶의 문제들에 대하여 두려움, 분노, 좌절감처럼 부정적인 마음으로 대응하면 뇌에서 분비되는 호르몬은 신체의 저항력을 약하게 만든다. 이렇게 되면 체내에 잠복하고 있던 병원균이나 바이러스가 날뛰게 되어 병에 걸리게 된다. 반면 즐거움, 낙관, 애착처럼 긍정적인 마음으로 대응하면 뇌에서 분비되는 호르몬은 면역시스템을 강화시킨다.

우리 몸과 마음은 자체적으로 스트레스를 해독하는 능력을 갖고 있다. 이것을 이완 반응이라고 한다. 긴장을 풀면 혈류는 스트레스의 해로운 효과를 중화시키는 화학물질을 많이 분비하게 되며, 좋은 건강상태를 유지할 수 있다. 이러한 화학물질에는 낙관적이고 즐거울 때 분비되는 엔돌핀 같은 호르몬을 포함하고 있다. 깊은 이완 상태로 들어가기 위한 정신적, 신체적 조건들을 만드는 방법은 옛날부터 명상, 기도, 요가 등 여러 가지 이름으로 전해져 내려오던 것들이다.

미국의 심리학자 마틴 셀리그만은 개를 상자에 넣고 바닥에 전기충격을 주는 실험을 했다. 개는 전기충격을 느낀 즉시 도망쳤다. 하지만 전기충격을 주더라도 도망을 칠 수 없는 경우, 개는 가만히 웅크린 채로 있었다. 그런데 도망칠 수 있는 상자에 넣고 똑같은 실험을 했을 때 개는 움직이지 않았다. 개는 아무 것도 할 수 없다는 경험을 수차례 겪었기 때문에 도망치려고 하지 않았던 것이다.

미국의 심리학자 그린과 레퍼는 유치원의 아이들을 A와 B, 두 그룹으로 나누어 실험을 했다. A그룹의 아이들에게는 "그림을 그리면 상을 주겠다."는 말을 미리 이야기한 반면, B그룹의 아이들에게는 아무 이야기도 하지 않았다. 그런 다음 두 그룹의 아이들에게 그림을 그리게 했다. 실험이 끝난 후 A그룹의 아이들에게는 그림 개수에 맞춰 상을 주었다. B그룹의 아이들에게는 아무 이야기도 하지 않았지만, A그룹과 마찬가지로 그림 개수에 맞춰 상을 주었다.

일주일 후, 실험에 참가했던 아이들이 얼마나 그림을 그리는지 관찰했다. 놀랍게도 B그룹의 아이들은 실험 전보다 그림을 더 많이 그렸다. 이에 반해 A그룹의 아이들은 눈에 띄게 그림을 그리는 경우가 적어졌다. 그림을 그리면 상을 받을 수 있다는 사실을 안 상태에서 A그룹의 아이들은 얼마 지나지 않아 '내가 상을 받으려고 그림을 그리고 있는 건가?'라는 생각을 하면서 그림 그리기에 대한 내적 동기가 사라졌다. 반면 B그룹의 아이들은 예기치 못한 상을 받자 '내 그림이 좋은 평가를 받았다.'는 생각에 그림 그리기에 대한 내적 동기가 더욱 높아졌다고 할 수 있다.

인생의 큰 그림을 그리고 싶으면 활짝 웃는 사진을 집 안에 걸어놓고, 반대로 구체적인 현실 문제에 매달리고 싶다면 찡그린 얼굴 사진을 붙여 놓으면 된다.

미국 시카고대학의 아파나 랍루 연구팀은 웃는 얼굴 또는 행복한 추억이 사람의 사고방식을 어떻게 바꿔놓는지를 조사했다. 먼저 실험 대상자들에게 웃는 얼굴 사진과 찡그린 얼굴 사진 중 하나를 보여준 뒤 어떤 주제를 제시하고 그에 대해 말해보라고 했다. 똑같은 주제에 대해 두 그룹은 서로 다른 이야기를 했다. 웃는 얼굴을 본 그룹은 보다 추상적이고 고차원적인 이야기를 한 반면, 찡그린 얼굴을 본 그룹은 현실적이고 구체적인 이야기를 했다.

두 번째 실험에서는 인생에서 가장 행복했던 순간과 가장 불행했던 순간을 떠올리도록 한 뒤 세 가지 질문에 답하도록 했다. 가장 행복했던 순간을 떠올리며 질문에 답한 그룹은 추상적인 답을 내놓았지만, 불행했던 순간을 떠올린 그룹은 구체적인 답을 내놓았다. 이러한 결과에 대해 연구팀은 "긍정적인 기분은 사람을 현실에서 한 발짝 물러나도록 함으로써 유연하고 개방된 생각과 낙관적인 미래를 유도하며, 반대로 부정적인 기분은 현실적 문제에 집착하도록 만드는 경향이 있다."고 밝혔다.

간단한 사진 한 장이 사람의 행동을 얼마나 바꿀 수 있는지는 냉장고에 웃는 자녀의 사진을 붙여 놨더니 몸에 좋은 건강식을 고를 확률이 높아진다는 사실에서도 드러난 바 있다. 웃는 사진을 봄으로써 유발되는 긍정적 사고는 미래에 대한 꿈을 꾸도록 하면서 그 목표를 달성하게 하는 효과를 발휘하지만, 찌푸린 얼굴 사진은 현실에 더욱 집착하도록 만들면서 당면한 과제에 안달하게 만든다.

감정을 솔직하게 표현하라

미국 캘리포니아대학의 심리학과 매슈 리버먼 교수팀은 슬픔이나 분노를 말로 표현하면 감정이 누그러진다는 연구 결과를 얻었다. 연구팀은 18세에서 36세 전후의 정신병력이 없는 성인 남녀 30명을 대상으로 슬픔, 놀람, 분노 등 다양한 표정을 담은 얼굴 사진을 보여줬다. 연구팀은 실험 참가자에게 각각의 사진에 '슬프다', '화났다' 등의 단어나 성별에 따라 '샐리', '해리' 같은 이름을 붙이도록 했다. 그리고 기능성자기공명영상으로 실험 참가자들의 뇌 변화를 관찰했다. 그 결과 감정을 표현하는 단어를 붙인 참가자들의 뇌에서 변화가 나타났다.

화난 표정의 사진에 '화났다'는 단어를 붙인 참가자의 경우 두려움과 공포를 느끼는 편도체의 기능이 눈에 띄게 줄어들었다. 반면 정서적인 충격을 조절하는 전전두엽의 활동은 활발해졌다. 이것은 감정을 말로 바꾸는 과정에서 편도체의 기능은 떨어지고 사고를 담당하는 뇌 부위가 활성화되었음을 뜻한다. 한편 비슷한 표정이나 성별을 구분하는 등 감정을 표현하지 않을 경우 편도체의 기능은 떨어지지 않았다.

아주 간단한 감정 표현만으로도 격한 감정을 누그러뜨릴 수 있다. 심리 상담이나 대화, 글쓰기 등의 언어활동이 감정을 조절하는데 도움을 줄 수 있다. 몸과 마음을 통해 모든 현상을 '있는 그대로' 보는 불교의 명상은 연구 결과와 똑같은 효과를 보여준다. 감정에 따라 행동하지 않고 그 본질을 가만히 살펴보는 과정을 통해 정서를 담당하는 편도체의 자극은 줄고 고차원 사고를 담당하는 전두엽의 활동이 활성화되기 때문이다.

기억력을 높이려면 감정을 솔직하게 표현해야 한다. 미국 스탠퍼드 대학의 제인 리처드는 여학생들에게 심한 부상을 당한 남자. 경미한 부상을 당한 남자, 보통의 남자 등 다양한 남자들의 모습을 슬라이드로 보여주었다. 슬라이드를 보는 동안 절반의 여학생에게는 감정 표현을 솔직하게 하라고 요구하고, 나머지 여학생에게는 아무런 느낌이 없는 것처럼 무표정하게 있으라고 요구했다. 그리고 단기기억을 테스트한 결과 감정 표현이 억제된 집단의 점수가 더 낮게 나왔다.

이것은 감정 중추가 기억 중추인 해마와 붙어 있기 때문에 감정이 활성화될 때 기억 또한 좋아진다는 것을 보여준다. 이처럼 기억력이 떨어지는 이유는 감정을 부자연스럽게 억제하려는 의도가 뇌의 집중력에 변화를 가져와 적은 수의 신경세포들만 기억 과정에 참여하기 때문이다. 따라서 어떤 일을 하든 감정에 솔직하고 그것을 표현하는 습관을 기르는 것이 성격 발달뿐 아니라 기억력 등 두뇌 발달에 도움이 된다.

병원에 가지 않기 위해서는 사과 하나를 먹는 것보다 하루에 한번 웃는 것이 훨씬 낫다. 웃음이 최선의 약일 수는 없겠지만 가장 효능이 있는 약이라는 과학적 증거들이 있다.

정신과 의사인 윌리엄 프레이는 웃음이 운동하는 것과 똑같은 효과를 신체에 미친다고 주장한다. 그에 따르면 20초간의 웃음은 에어로빅을 20분 동안 하는 것과 같은 효과를 보여준다. 또한 웃음은 스트레스를 감소시켜 고혈압, 심장병, 뇌졸중 같은 병에 걸리는 위험을 줄여준다.

웃음은 가장 좋은 마취제이기도 하다. 심리학자인 로즈메리 코간은 웃음이 통증을 견뎌내는데 어떤 효과가 있는지를 실험했다. 그녀는 실험 대상자들에게 코미디 테이프를 듣게 하기 전후에 경미한 쇼크를 주어 통증을 느끼기 시작하는 분계점을 측정했다. 테이프를 듣고 박장대소 하며 웃었던 학생들은 다른 학생들보다 20퍼센트나 더 높은 통증에서도 견뎌냈다. 또한 일련의 실험에서 웃음은 우리 몸이 스스로 분비하는 천연 진통제인 엔돌핀을 분비한다는 사실을 알아냈다.

연구에 의하면 코미디 영화를 본 사람들의 혈류 속에는 감염에 대한 저항력이 큰 단백질이 증가한다는 사실이 밝혀졌다. 웃음은 우리 몸을 건강하게 만든다. 웃으면 변연계가 활성화되어 몸에 좋은 호르몬이 분비되고, 백혈구를 증가시켜 NK 세포natural killer cell의 기능이 활성화된다.

윌리엄 프레이 박사는 눈물에 관한 연구 결과, 사람들이 울고 난 후에 시원하고 기분이 좋아지는 것은 스트레스로 몸 안에 생긴 화학물질을 눈물과 함께 흘려보내기 때문이라고 발표했다. 눈물은 눈을 촉촉하게 하고 먼지로부터 눈을 보호하는 기능뿐 아니라 몸속의 나쁜 체액을 몸 밖으로 흘려보내는 스트레스 청소기라는 것이다. 그는 수백 명의 남녀에게서 눈물을 채취해 그 성분을 조사한 결과, 눈물 속에는 스트레스를 받을 때 몸 안에서 생기는 화학물질이 포함되어 있다는 것을 알아냈다. 또한 조사 대상에서 여성의 85퍼센트와 남성의 73퍼센트가 울고 나면 기분이 좋다고 응답을 했다.

또 다른 연구에서는 건강한 사람이 궤양이나 대장암 등 스트레스성 질병을 앓는 사람들보다 눈물을 많이 흘린다는 사실을 밝혀냈다. 감정을 제대로 표현하면서 사는 것은 건강을 유지하는 비결이기도 하다.

눈물은 웃음과 함께 신이 준 가장 큰 선물이자 우리 몸의 자연스런 방어기전이다. 웃음이 기분을 바꿔주고 면역력을 높여주는 것처럼 울음도 스트레스를 해소시켜 몸과 마음을 건강하게 해준다.

뇌는 쓰면 쓸수록 좋아진다

우리는 태어나면서 부모의 얼굴을 알아보고 말을 배우는 것부터 일생 동안 끊임없이 수많은 경험을 통해 세상 모든 것들을 학습한다. 덧셈, 뺄셈 같은 단순한 지식뿐 아니라 셔츠의 단추를 채우는 법부터 친구를 사귀고 사회생활에 이르기까지 모두가 학습으로 이루어진다. 넓게 보면 사람이 살아가는 것 자체가 곧 학습 과정이다.

수많은 정보들 중에 왜 어떤 것은 오래 기억에 남고 또 어떤 것은 사라질까? 기억에 관한 연구에 의하면, 기억할 것과 기억하지 않을 것에 대한 구분은 감정에 의해 숨아진다고 한다. 뇌는 몸에 필요한 에너지와 산소소비량의 20퍼센트를 사용할 만큼 유지비가 많이 드는 기관이다. 따라서 필요 없는 정보들을 걸러내는 기능 또한 뇌의 중요한 역할이다.

감정은 중요하지 않은 정보를 걸러낼 뿐 아니라 감각도 지배한나. 사랑에 빠질 때는 눈에 보이는 것도 없고 다른 사람의 목소리도 들리지 않는다. 또한 평소에 잘 알고 있는 것도 막상 다른 사람에게 전달할 때는 제대로 생각나지 않는 이유도, 감정이 정보의 실행능력에 영향을 미치기 때문이다.

미국 펜실베니아대학의 클랜시 블레어는 충동적인 행동을 억제하고 주의 집중하는 자기절제 능력이 학습에 중요하다고 말한다. 블레어의 연구에 따르면 지능이 성적을 좌우하는 것이 아니라 '마시멜로 이야기'처럼 자기절제 능력이 성적을 예측하는 가장 확실한 지표가 된다.

미국 스탠포드대학의 월터 미셸 박사는 아이들을 대상으로 한 '마시멜로 실험'을 통해 놀라운 사실을 발견했다. 그는 실험에 참가한 네 살배기 아이들에게 달콤한 마시멜로 과자를 하나씩 나누어주며 15분간 마시멜로 과자를 먹지 않고 참으면, 상으로 한 개를 더 주겠다고 제안을 했다. 그 결과 실험에 참가한 아이들 중 3분의 1은 15분을 참지 못한 채 마시멜로를 먹어치웠고, 3분의 2는 끝까지 기다림으로써 상을 받았다. 그런데 정작 놀라운 사실은 그로부터 14년 후에 밝혀졌다.

당시 마시멜로의 유혹을 참아낸 아이들은 스트레스를 효과적으로 다룰 줄 아는 정신력과 함께 사회성이 뛰어난 청소년들로 성장해 있었다. 반면 눈앞에 마시멜로를 먹어치운 아이들은 쉽게 짜증을 내고 사소한 일에도 곧잘 싸움에 말려들었던 것이다. 이는 사람의 정서지능EQ이 학습에 얼마나 중요한 역할을 하는지를 보여주는 대표적인 경우이다.

학습에 중요한 또 하나의 요소는 몸을 통해 뇌로 전달되는 감각이다. 학습 내용은 스스로 여러 가지 감각을 통해 익힐 때 가장 잘 기억된다. 이것은 학습 자체가 좌뇌와 우뇌의 각 영역들에서 다양하게 분산, 처리되고 종합되는 과정이기 때문이다. 체험 학습이나 멀티미디어 학습은 뇌가 자신이 처한 상황과 연결시켜 감각을 받아들일 때 정보가 잘 전달되는 원리를 적용한 것이다.

몸을 사용하는 운동도 학습에 필수적이다. 운동은 뇌혈관과 세포의 형성을 촉진하기 때문에 나이에 상관없이 뇌의 건강과 발달에 중요한 역할을 한다. 또한 운동은 사회성과 의지력을 키우는데 직접적인 연관이 있다. 운동을 하면 우리 몸뿐 아니라 감정과 사고가 변하게 되고, 열린 감각을 통해 학습 능력을 향상시킬 수 있다.

소를 물가로 끌고 갈 수는 있지만 물을 먹일 수 없듯 스스로 학습하지 않으면 '소 귀에 경 읽기'에 지나지 않는다. 정보를 처리하고 학습하는 과정은 감정을 주관하고 장기기억으로 저장하는 변연계뿐 아니라 분류하고 재구성하는 대뇌피질과 정보를 해석하는 전두엽이 함께 작용해야만 한다. 학습에서 자기주체성이 중요한 이유는 가치 판단에 따라 기억의 질과 정보 처리량이 달라지기 때문이다.

학습의 목적을 이해하고 목표를 세워서 스스로 공부하는 자기주도적 태도는 끊임없는 성장의 동력이 된다. 자신감이 결여되면 스트레스가 발생하여 뇌파가 베타파로 바뀐다. 이때 노르아드레날린이 분비되어 공부의 효율이 떨어지고 기억력이 감퇴된다. 반면 긍정적인 마음을 가지면 뇌에서는 알파파가 발생한다. 알파파는 공부에 대한 집중력을 높여주고 이때 분비되는 베타 엔돌핀은 공부에 쾌감을 느끼게 해주며, 해마의 기억력을 향상시킨다.

효과적이고 효율적인 학습을 위해서는 정서와 운동, 뇌의 고차원적인 사고가 제대로 결합되어야만 한다. 정서가 안정되어 있지 않으면 공부를 해야 하는 이유에 대해 부정적이 되기 쉽다. 운동이 부족하면 지속적인 학습을 실행할 능력이 떨어지고 뇌의 기능이 축소된다. 정서가 안정되고 몸이 건강해도 학습 목표와 계획을 세우고 그 가치를 판단하는 뇌가 없다면 사상누각에 지나지 않는다. 결국 학습은 몸과 마음, 그리고 뇌의 종합적인 정신 활동인 셈이다.

우리 뇌는 쓰면 쓸수록 좋아지고 사용하지 않는 신경세포는 퇴화되어 사라진다. 미국 버클리대학의 연구팀은 쥐를 세 그룹으로 나누어 뇌의 변화를 관찰했다. 한 그룹은 장난감을 넣은 실험실에 열두 마리가 함께 지내도록 했고, 두 번째 그룹은 장난감이 없는 매우 제한된 공간에서 생활하도록 했다. 마지막 그룹은 일반적인 환경에서 지내도록 했다. 그 결과 장난감을 가지고 마음껏 놀게 한 쥐들은 뇌의 무게가 10퍼센트 증가한 반면, 다른 그룹의 쥐들의 뇌는 변화가 없었다. 이것은 재미있고 신선한 자극이 뇌의 발달을 촉진한다는 것을 보여준다.

연구팀은 늙은 쥐들도 같은 결과가 나오는지 알아보기 위해 늙은 쥐 네 마리를 젊은 쥐 여덟 마리와 함께 생활하게 했다. 그러자 늙은 쥐의 뇌 역시 10퍼센트 증가했지만 젊은 쥐의 뇌는 변화가 없었다. 늙은 쥐들은 젊은 쥐들에게 자극을 받아 뇌의 무게가 증가한 것이다. 일단 죽은 신경세포는 다시 살아날 수 없지만 자극을 받으면 신경세포의 끝부분인 수상돌기의 가지가 성장해서 두꺼워진다.

미국의 교육학자 로젠탈과 제이콥슨은 샌프란시스코의 한 초등학교에서 전교생을 대상으로 지능검사를 실시했다. 그리고 교사들에게 실제 점수와는 상관없이 무작위로 뽑은 학생들의 명단을 건네주며 '지적 능력이 매우 높은 학생들'이라는 거짓 정보를 주었다. 몇 개월 후 연구팀이 다시 전체 학생의 지능검사를 실시한 결과 놀라운 현상이 나타났다.

명단에 속한 학생들의 경우 다른 학생에 비해 성적이 큰 폭으로 향상되고 지능도 매우 높게 나온 것이다. 연구팀은 이 결과에 대해 '피그말리온 효과'라고 명명했다. 피그말리온 효과는 이처럼 간절한 소망을 통해 이루어지기도 하지만, 본인 스스로에 대한 기대감이 종종 기적을 낳을 수 있다.

우리 뇌는 평생 동안 자극과 경험에 의해 끊임없이 변할 수 있으며, 이러한 변화는 각자의 노력에 달려 있다. 기본적인 뇌의 구조와 기능은 유전자에 의해 결정되지만, 신경세포의 연결이나 시냅스의 수는 환경의 영향을 받는다. 즉 우리 뇌의 하드웨어는 유전자에 의해 타고나지만, 컴퓨터의 활용 능력처럼 우리 뇌의 발달은 풍부하고 적절한 소프트웨어를 어떻게 사용하느냐에 달려 있다. 이처럼 뇌의 활용 여부는 유전과 환경의 상호작용에 따라 달라지며, 스스로 좋은 환경을 만들어가고 끊임없이 머리를 사용하면 어떤 분야에서든지 성공할 수 있다.

참고문헌

- 『감각과 지각』, 부르스 골드스타인 지음, 정찬섭 옮김, 시그마프레스, 1999.
- 『감성지능 EQ』, 다니엘 골먼 지음, 황태호 옮김, 비전코리아, 1997.
- 『공감의 심리학』, 요하임 바우어 지음, 이미옥 옮김, 에코리브르, 2006.
- 『구멍 뚫린 두개골의 비밀』, 최석민 지음, 프로네시스, 2006.
- 『굿바이 프로이트』, 스티븐 존슨 지음, 이한음 옮김, 웅진지식하우스, 2006.
- 『기억 혁명 학습 혁명』, 프레데리크 페스터 지음, 박시룡 옮김, 해나무, 2004.
- 『기적을 부르는 뇌』, 노먼 도이지 지음, 김미선 옮김, 지호, 2008.
- 『꿈꾸는 기계의 진화』, 로돌프 이나스 지음, 김미선 옮김, 북센스, 2007.
- 『나의 뇌 뇌의 나 1』, 리처드 레스탁 지음, 김현택 옮김, 학지사, 2004.
- 『내 몸 사용설명서』, 마이클 로이젠메멧 오즈 지음, 유태우 옮김, 김영사, 2007.
- 『놀라운 가설』, 프란시스 크릭 지음, 과학세대 옮김, 한뜻, 1996.
- 『뇌 기억력을 키우다』, 이케가야 유우지 지음, 김민성 옮김, 지상사, 2003.
- 『뇌 맵핑마인드』, 리타 카터 지음, 양영철, 이양희 옮김, 말글빛냄, 2007.
- 『뇌 생각의 출현』, 박문호 지음, 휴머니스트, 2008.
- 『뇌 학습혁명』, 이케가야 유우지 지음, 양원곤 옮김, 지상사, 2002.
- 『뇌, 아름다움을 말하다』, 지상현 지음, 해나무, 2005.
- 『뇌』, 앙젤린 오베르-로타르스키 지음, 심지원 옮김, 럭스미디어, 2005.
- 『뇌가 나의 마음을 만든다』, 빌라야누르 라마찬드란 지음, 이충 옮김, 바다출판사, 2006.

- 『뇌과학』, 이케가야 유지 지음, 이규원 옮김, 은행나무, 2005.
- 『뇌과학과 철학』, 패트리샤 처칠랜드 지음, 박제윤 옮김, 철학과현실사, 2006.
- 『뇌내혁명 1』, 하루야마 시게오 지음, 반광식 옮김, 사람과책, 2002.
- 『뇌내혁명 3』, 하루야마 시게오 지음, 심정인 옮김, 사람과책, 2002.
- 『뇌는 하늘보다 넓다』, 제럴드 에델먼 지음, 김한영 옮김, 해나무, 2006.
- 『뇌의 마음』, 월터 프리먼 지음, 진성록 옮김, 부글북스, 2007.
- 『뇌의 비밀』, 안드레아 록 지음, 윤상운 옮김, 지식의숲, 2006.
- 『눈의 탄생』, 앤드루 파커 지음, 오숙은 옮김, 뿌리와이파리, 2007.
- 『느끼는 뇌』, 조지프 르두 지음, 최준식 옮김, 학지사, 2006.
- 『달라이 라마, 과학과 만나다』, 자라 호우쉬만드 지음, 남영호 옮김, 알음, 2007.
- 『당신의 뇌를 점검하라』, 다니엘 에이멘 지음, 안한숙 옮김, 한문화, 2002.
- 『데카르트의 오류』, 안토니오 다마지오 지음, 김린 옮김, 중앙문화사, 1999.
- 『두뇌실험실』, 빌라야누르 라마찬드란 지음, 신상규 옮김, 바다출판사, 2007.
- 『마음』, 이영돈 지음, 예담, 2006.
- 『마음은 어떻게 작동하는가』, 스티븐 핑커 지음, 김한영 옮김, 소소, 2007.
- 『마음을 움직이는 뇌, 뇌를 움직이는 마음』, 성영신, 강은주, 김성일 지음, 해
  나무, 2004.
- 『마음의 역사』, 스티븐 미슨 지음, 윤소영 옮김, 영림가디널, 2001.
- 『마음이 태어나는 곳』, 개리 마커스 지음, 김명남 옮김, 해나무, 2005.

- 『마인드 해킹』, 탐 스태포드, 매트 웹 지음, 최호영 옮김, 황금부엉이, 2006.
- 『만족』, 그레고리 번스 지음, 권준수 옮김, 북섬, 2006.
- 『망각』, 데이비드 셴크 지음, 이진수 옮김, 민음사, 2003.
- 『매직트리』, 메리언 다이아몬드, 재닛 홉슨 지음, 최인수 옮김, 한울림, 2006.
- 『몰입의 즐거움』, 미하이 칙센트미하이 지음, 이희재 옮김, 해냄, 1999.
- 『부자가 되는 뇌의 비밀』, 유상우 지음, 21세기북스, 2004.
- 『브레인 스토리』, 수전 그린필드 지음, 정병선 옮김, 지호, 2004.
- 『브레인 푸드』, 로레인 프레타 지음, 신현승 옮김, 현문미디어, 2005.
- 『사랑을 위한 과학』, 토마스 루이스 외 지음, 김한영 옮김, 사이언스북스, 2001.
- 『살아있는 유전자』, 크리스티아네 뉘슬라인폴하르트 지음, 김기은 옮김, 이치, 2006.
- 『새로운 뇌』, 리처드 레스탁 지음, 임종원 옮김, 휘슬러, 2004.
- 『생각의 벽』, 요로 다케시 지음, 김순호 옮김, 고려문화사, 2005.
- 『생각의 탄생』, 윌리엄 캘빈 지음, 윤소영 옮김, 사이언스북스, 2006.
- 『생명의 신비』, 권덕기 외 지음, 아카데미서적, 2003.
- 『스키너의 심리상자 열기』, 로렌 슬레이터 지음, 조증열 옮김, 에코의서재, 2005.
- 『스피노자의 뇌』, 안토니오 다마지오 지음, 임지원 옮김, 사이언스북스, 2007.
- 『시간의 놀라운 발견』, 슈테판 클라인 지음, 유영미 옮김, 웅진지식하우스, 2007.
- 『시냅스와 자아』, 조지프 르두 지음, 강봉균 옮김, 소소, 2005.
- 『신경과학과 마음의 세계』, 제럴드 에덜먼 지음, 황희숙 옮김, 범양사, 1998.
- 『신은 왜 우리 곁을 떠나지 않는가』, 앤드류 뉴버그 지음, 이충호 옮김, 한울림, 2001.

- 『심리학의 즐거움』, 크리스 라반, 쥬디 윌리암스 지음, 김문성 옮김, 휘닉스미디어, 2005.
- 『아내를 모자로 착각한 남자』, 올리버 색스 지음, 조석현 옮김, 이마고, 2006.
- 『여자의 뇌, 여자의 발견』, 루안 브리젠딘 지음, 임옥희 옮김, 리더스북, 2007.
- 『유뇌론』, 요로 다케시 지음, 김석희 옮김, 재인, 2006.
- 『유혹의 심리학』, 파트릭 르무안 지음, 이세진 옮김, 북폴리오, 2005.
- 『의식과 자유』, 이정원 지음, 동녘, 1998.
- 『의식의 기원』, 줄리언 제인스 지음, 김득룡 옮김, 한길사, 2005.
- 『의식의 재발견』, 마르틴 후베르트 지음, 원석영 옮김, 프로네시스, 2007.
- 『의식의 탐구』, 크리스토프 코흐 지음, 김미선 옮김, 시그마프레스, 2006.
- 『이기적 유전자』, 리처드 도킨스 지음, 홍영남 옮김, 을유문화사, 2006.
- 『인간 뇌 해부도 입문』, 존 핀엘 등 지음, 조신웅 옮김, 학지사, 2001.
- 『인식의 나무』, 움베르토 마투라나 지음, 최호영 옮김, 자작아카데미, 1995.
- 『인체의 오묘한 신비』, 스티븐 주안 지음, 김영수 옮김, 시아출판, 2001.
- 『제3의 침팬지』, 제레드 다이아몬드 지음, 김정흠 옮김, 문학사상사, 1996.
- 『조상 이야기』, 리처드 도킨스 지음, 이한음 옮김, 까치, 2005.
- 『지능의 발견』, 홀크 그루제 지음, 박규호 옮김, 해바라기, 2003.
- 『천재들의 뇌』, 로베르 클라르크 지음, 이세진 옮김, 해나무, 2003.
- 『청개구리 두뇌습관』, 요네야마 기미히로 지음, 황소연 옮김, 전나무숲, 2006.
- 『춤추는 뇌』, 김종성 지음, 사이언스북스, 2005.
- 『하나의 세포가 어떻게 인간이 되는가』, 루이스 월퍼트 지음, 최돈찬 옮김, 궁리, 2001.
- 『화성의 인류학자』, 올리버 색스 지음, 이은선 옮김, 바다출판사, 2005.
- 『휴먼 브레인』, 수전 그린필드 지음, 박경한 옮김, 사이언스북스, 2005.

찾아보기